新型电致发光材料与器件

Novel Electroluminescent Materials and Devices

唐爱伟　胡煜峰　崔秋红　等 编著

化学工业出版社

·北京·

内容简介

目前以有机/聚合物和半导体量子点为代表的新型电致发光材料与器件受到了国内外众多企业和人士的广泛关注。本书从新型电致发光材料与器件原理，以及关键材料的开发与应用技术出发，内容涵盖有机电致发光概念与过程、有机电致发光材料、有机电致发光器件、半导体量子点材料、半导体量子点电致发光器件、卤素钙钛矿材料及其电致发光器件等。全书反映了国内外新型电致发光材料与器件研究及应用领域的更新成果，展现了新技术发展和研究趋势。

本书具有较强的理论性、科学性和系统性，兼具实用价值，可供从事照明与显示技术、发光材料与器件、半导体材料等研发、生产的科技工作者、产业界人士，以及新材料及相关专业领域从事研究、开发及应用的专业技术人员、管理人员参考，也可用作相关专业教学参考书。

图书在版编目（CIP）数据

新型电致发光材料与器件/唐爱伟等编著．—北京：化学工业出版社，2022.3（2024.6重印）

ISBN 978-7-122-40559-3

Ⅰ.①新…　Ⅱ.①唐…　Ⅲ.①电致发光-发光器件　Ⅳ.①TN383

中国版本图书馆CIP数据核字（2022）第010327号

责任编辑：朱　彤　　文字编辑：陈立璞

责任校对：宋　夏　　装帧设计：刘丽华

出版发行：化学工业出版社（北京市东城区青年湖南街13号　邮政编码100011）

印　　装：北京盛通数码印刷有限公司

710mm×1000mm　1/16　印张13¼　字数291千字　2024年6月北京第1版第2次印刷

购书咨询：010-64518888　　售后服务：010-64518899

网　　址：http://www.cip.com.cn

凡购买本书，如有缺损质量问题，本社销售中心负责调换。

定　　价：79.00元

序

随着半导体照明和显示技术的快速发展，高显色指数、高光效、宽色域和高稳定性成为下一代半导体照明与显示器件所面临的共性关键技术。半导体发光材料作为照明与显示产业的基础，近年来引起了学术界和产业界的关注。以有机聚合物、胶体半导体量子点或半导体量子点和钙钛矿材料为代表的新型发光材料的研发取得了快速发展，尤其是有机聚合物电致发光器件和半导体量子点电致发光器件已经从基础研究进入了向产业化转化阶段。这种新型电致发光器件的特点是驱动电压低、主动发光、响应速度快、发光效率高且加工工艺简单，可做成柔性器件等。这些特点使这类新型光电器件具有巨大的市场前景，已成为下一代照明和显示技术的主要候选者之一。近年来，钙钛矿材料由于其独特的光电性能已被广泛应用于光伏和发光等多个光电子领域，引起了国内外科研工作者的广泛关注。

北京交通大学唐爱伟教授等编写的《新型电致发光材料与器件》一书是对多年来国内外该领域研究成果的系统总结，主要内容包括有机电致发光材料和半导体量子点材料体系与特点，有机和半导体量子点电致发光器件的工作原理和性能优化以及目前非常活跃的钙钛矿发光材料与器件的研究进展等。本书的三位主要作者多年来主要从事光电功能材料及光电器件应用的研究，本书既总结了国内外相关领域的研究进展，也包含了作者在该领域的学术成果。本书内容涉及物理学、化学和材料科学等多个学科，覆盖范围较为广泛，适合相关专业的大学生和研究生以及从事该领域工作的科研工作者参考，也有助于推动国内照明和显示领域相关研究的发展。

中国科学院半导体研究所
中国科学院院士、研究员
2023 年 1 月

前言

有机电致发光器件有时也称为有机发光二极管（organic light-emitting diodes，OLEDs 或 OLED），具有超薄、主动发光、响应速度快、驱动电压低以及可做成柔性器件等特点，是下一代照明和显示器件的主流。经过多年来各界人士的努力，OLED 已经广泛应用于手机屏和计算机终端显示器等，并且新一代超薄型大屏幕 OLED 彩色电视也已在市场上出现。此外，随着半导体量子点的研究和应用迅猛发展，基于半导体量子点的电致发光器件（quantum-dot light-emitting diodes，QLEDs 或 QLED；又称为量子点发光二极管）由于色纯度高、发光稳定等优势近年来取得了飞速发展，已成为 OLED 强有力的竞争者，极有可能成为下一代平板显示器件的主力军。

我国已经在国家战略性新兴产业发展规划中明确提出“实现主动矩阵有机发光二极管、超高清量子点液晶显示、柔性显示等技术国产化突破及规模应用”，同时还提出“拓展纳米材料在光电子、新能源、生物医药等领域应用范围”等。总之，目前以有机/聚合物和半导体量子点为代表的新型电致发光材料与器件受到了国内外众多企业和人士的广泛关注，目前已经从基础研究走向了产业化阶段。

本书在化学工业出版社曾出版的《有机电致发光材料及应用》一书基础上，对有机电致发光材料与器件的更新相关研究成果进行了系统总结，特别是对近十年发展起来的半导体量子点发光材料和器件，以及更近的研究热点，也是发光与照明领域极有潜力的竞争者之一的卤素钙钛矿发光材料与器件等相关领域的研究新进展进行了系统阐述，并结合了编者多年来从事发光材料与器件的相关研究经验和体会。

本书由唐爱伟、胡煜峰、崔秋红等编著。全书共分为 7 章。第 1 章概论和第 2 章有机电致发光的物理过程部分由胡煜峰和滕枫编写，第 3 章有机电致发光材料由崔秋红编写，第 4 章有机电致发光器件由胡煜峰编写，第 5 章半导体量子点材料和第 6 章半导体量子点电致发光器件由唐爱伟编写，第 7 章卤素钙钛矿材料及其电致发光器件由唐爱伟和崔秋红编写。特别感谢滕枫教授和侯延冰教授在第 1～4 章编写上给予的大力帮助。在本书的编写过程中，受到了化学工业出版社的大力支持与鼓励，在此也表示衷心感谢。

由于新型电致发光材料与器件的发展日新月异，而且涉及的学科众多，相关文献资料浩如烟海，加之作者水平和时间有限，不足之处在所难免，敬请广大读者批评指正！

编著者

2023 年 1 月

目录

第 1 章　概论 / 001

第 2 章　有机电致发光的物理过程 / 019

第3章 有机电致发光材料 / 056

第6章 半导体量子点电致发光器件 / 154

第 7 章　卤素钙钛矿材料及其电致发光器件 / 181

第1章 概论

1.1 光与发光

太阳光给地球带来了光明，也孕育了生命。同时，人类从外界获取的大部分信息都是通过光传递实现的，离开了光，人类获得信息的能力将大为降低。因此，光对人类的日常生活非常重要。然而人类对光的认识过程却是漫长而坎坷的，对光的本质的认知程度也深刻影响了科学技术的发展。科学家们通过不断实验来试图理解光的本质，牛顿通过三棱镜分光实验得出了光是由不同颜色的微粒组成的推断；托马斯·杨用双缝干涉实验清晰展示了光的波动特性；威廉·赫歇尔在测量光的温度时发现了不同颜色的光具有不同的热量，同时也首次揭示了人眼从未观察到的红外光的存在；夫琅禾费通过显微镜观测到色散光中的黑色特征谱线，并在此基础上发现了宇宙中星体特征谱线的红移现象，从而证实了宇宙的膨胀；而普朗克的黑体辐射公式推导与迈克尔逊-莫雷干涉实验则分别推动了20世纪两门新兴学科——量子力学与相对论的诞生。科学家们坚持不懈地研究光的本质，从微粒学说和波动学说到目前广为接受的波粒二象性学说，让人类对光的特性有了不断深入的认知和理解，这些对光的特性的研究推动了科学的快速发展，改变了人类对自然界的认识。同时，技术人员也利用所获得的光的相关知识制造出了各种光学设备，改变了人类的生活方式。

从太阳光到山火，人类最初对光的认识都与热辐射相关。事实上，任何温度的物体都有热辐射，只不过在较低温度下辐射不强，人眼观察不到而已。人们早期所关注的热辐射主要是可见光范围内的热辐射。从原始人类点燃篝火到工业时代靠灯丝通电发热来点亮白炽灯，这些都是人类利用热辐射制造光源的方法。随着对热辐射光源的认识不断深入，人们开始关注热辐射中温度对光源颜色的改变规律。科学家们开始研究炼铁时炉温与铁的颜色关系：当炉温不高时，铁的颜色是黑色；当温度升到500℃左右时，它开始呈现暗红色；随着温度的进一步升高，颜色逐渐变为橙红色。这种热辐射现象有一个共同特征，即随着温度的升高，辐射的总功率增大，辐射的光谱分布向短波方向移动。以白炽灯为例，由于灯丝材料不能耐受非常高的温度，通常只能达到2000℃左右，因此所发射的光与太阳光相比，颜色偏黄；

而太阳表面的温度高达5800℃，在这一温度附近，热辐射中的可见光部分较强，使人眼的感觉是白光。要靠热辐射有效地产生可见光，物体的温度应该足够高。因此，研究热辐射与温度之间的关系就成了理解光的一个重要课题。物体是由大量原子、分子组成的，而温度就是这些原子、分子不停运动的宏观表现。因此，温度是描述处在热平衡状态下物体分子热运动激烈程度的物理量。而光是一种电磁辐射，除了人眼能看见的可见光，还有人眼看不见的红外光和紫外光。可见光是人眼可感知的波长为380～780nm的电磁波，其辐射颜色由自身辐射波长决定，波长越长的光能量越低，在可见光范围也就偏红色。在热平衡状态下，物体中原本处于各自稳定态分布的原子或分子，随着温度的升高，处在较高能量状态的概率将增加，这些处在较高能量状态下的电子因为能量的增加而变成了非平衡态，因此其跃迁到较低能量状态时发射光子的概率随之增加。温度越高，激发态的能量越高，辐射光的能量就越高，发射光的波长就越短。因此，热辐射是一种与温度有关的辐射。由于物体的能量在不同激发态上有一定的分布，跃迁所引起的热辐射就有很宽的波长范围。除了温度以外，热辐射的强弱还取决于辐射体自身的发射本领，也就是不同材料的热辐射可在一定程度上反映出材料固有的特征。为了准确地研究不依赖于物质自身性质的热辐射与温度的关系，科学家们定义了一种理想物体——黑体。黑体是在一种与外界隔光绝热的密闭容器内，其辐射和吸收的能量完全相等，处于平衡状态。黑体能吸收全部入射的光线，其发射本领也强。严格来说，自然界并不存在绝对的黑体。在研究黑体辐射时，人们通常在一个内壁全部涂黑的中空球体上开一个小孔，从小孔进入的光经过多次反射、吸收后很难从球内再辐射出去，这样的一个封闭体系就类似一个黑体。对这样一个腔体加热，从小孔内辐射出来的光线就可以近似看成为黑体辐射，其光谱是连续的，并且与温度有着一一对应的关系。太阳因其辐射远大于吸收，也可以近似认为是一个黑体，而维持这个黑体不断向外辐射的原因是它体内一直进行着热核反应。

随着对光的认识不断加深，人们发现除了靠热辐射产生的光发射之外，还有一种不需要提高物体温度的光发射，这就是冷光。冷光是物体在某些激发下偏离热平衡态时由激发态到基态的跃迁产生的辐射，它是一种非平衡辐射。发光、散射、契仑科夫辐射都属于这类非平衡辐射。由于光的辐射是物体中的电子从高能态向低能态跃迁产生的，因此物体要发光，首先就应使物体中的电子处于高能态。在热平衡时电子处于高能态的概率是由温度决定的，如果能使电子处在某些更高的能态，让电子在不同能态上的分布偏离与辐射体所对应的热平衡分布，那么从这些高能态跃迁而来的光就会比相应温度下同样波长的发射（即热辐射）强很多。这种将能量传递给物体使电子提升到较高能态的过程，称为激发过程。这种情况下的发光就是把吸收的激发能转化为光辐射的过程。辐射只发生在少数发光中心上，不会影响物体的温度。这种发光方式主要源于确定能级之间的电子跃迁，可以有效地将外界提供的能量转化成特定波段的可见光，能量转换效率相对较高。而热辐射以升高温度来得到人们所要的光，由于电子能量分布比较宽，只有小部分处于合适能级的电子能通过辐射跃迁产生特定需要的光，且其余大量辐射是无用的，所以效率比较低。因此，为了科学地区分热辐射与发光，发光就被定义为超出物体本身温度下黑体辐射以外的辐射。这样发光与热辐射就有了本质意义上的不同。首先，在发光过程中，发光体与环境温度几乎相同，不需要加热，因此发光又被称为“冷光”。其次，微观上，发光体中的个别原子、分子或发色团从外界吸收能量后，经过一定时间将能量转化并释放出光，因此这些原子、分子或发色团的能级就决定了发光的光谱。发光既能表现出反映物质本身特性的光谱，又能展现出能量在时间上的衰减规律。光谱可以区分材料的能级特性，衰减时间则可以将发光和反射光、散射光、契仑科夫辐射等区分开来。

综上所述，发光过程就是发光物质从外界吸收能量后，在内部产生相应的激发，然后经过一系列内部过程，最终发射出反映其本身特征的光。尽管体内能级之间的光辐射过程基本相同，但是产生激发态所吸收的能量来源却有不同。这些能量来源可以是物理能、机械能、化学能、生物能，因此根据能量来源不同，发光可以相应地分为物理发光、机械发光、化学发光及生物发光。其中，利用物理能激发物质获得发光是最重要和最普遍的方式。根据其工作物质的状态不同，又分为气体、液体及固体发光。其中尤以固体发光领域最广，它可在紫外光、阴极射线、X 射线、高能粒子及电场下激发出光来。

发光在日常生活中最重要的应用是照明和显示。基于发光制备的显示器件是利用电场将光信息传递给人的视觉系统，并通过显示技术与人交换信息，实现人机对话。显示器件是连接人与机器的纽带，是人机间传递、交换信息的桥梁。在当今信息社会中，无论军用领域还是民用领域，显示器件的作用都将越来越重要。

随着生活水平的提高，显示器件与人们生活的关系越来越密切。尤其是近年来随着通信技术的迅猛发展，智能手机等移动设备得到广泛而快速的应用。对于现代人来说，智能手机在日常生活中有着不可或缺的地位。与传统的计算机显示屏、电视机及其他带有各种信息显示面板的家用电器一样，显示器件也是智能手机核心部分之一，因此显示技术在日常生活中显得日益重要。除此之外，显示技术在工业、军事、医疗等领域也发挥着重要作用。随着科学技术的发展，显示器件的应用越来越广泛，对其性能的要求也越来越高。进入 21 世纪后，曾经占据市场首要位置的阴极射线管（cathode ray tube，CRT）显示技术，因其体积庞大、真空腔脆弱、功耗比较高等问题，很难实现小型化，逐渐退出了显示市场。取代这一传统技术的是当今占据主导位置的平板显示器。所谓的平板显示技术，就是指显示器件的厚度与面积相比，厚度非常薄。但是，平板显示器并不是利用面积厚度比来定义的，即使利用 CRT 拼接成很大面积的显示器，也不能把它称为平板显示器。在众多平板显示技术中，液晶显示技术（LCD）是目前较为成熟、市场份额最大的。从 20 世纪末开始，液晶显示器受到人们越来越多的青睐，不论是在技术上还是在市场上，都得到了长足的发展。但是，液晶显示技术本身也有致命的缺点。例如，液晶是一种介于液体和晶体之间的物质状态，稳定性比较差，较大的温度变化或较为剧烈的振动都会使器件失去显示功能；另外，液晶显示器件的响应速度比较慢，也影响了其高速动态显示的效果。因此，液晶显示技术并不是理想的平板显示技术。而从科技、生活的发展看，无论是在军事还是普通民用上，都对超薄、大面积、高清晰度、全固态化平板显示器的需求越来越迫切。在这种背景下，各种具有竞争潜力的显示器件迅速发展起来并逐步进入市场，包括有机电致发光器件（OLED)、无机发光二极管器件（LED)、量子点发光二极管（QLED）等。下面将针对各种显示器件进行简要介绍。

1.2 无机发光材料与器件

发光材料主要分为无机发光材料和有机发光材料。无机发光材料一般由基质材料和掺杂中心组成。从基质材料的组成看，无机发光材料主要有硫化物、硫代镓酸盐、硅酸盐、铝酸盐等；从发光中心看，又分为过渡金属离子中心发光材料、稀土离子中心发光材料等；有些材料不掺杂发光中心也能发光，通常称为本征发光材料。无机发光材料的应用范围很广，从应用的角度分类，主要包括：①荧光粉材料，主要用于阴极射线管荧光屏、等离子体显示和场发射显示以及白光发光二极管；②电致发光材料，主要用于各种电致发光器件，其中粉末发光器件与薄膜发光器件又有所不同；③长余辉发光材料，是指可以把能量储存起来、慢慢发光、光线比较弱的材料，其优点是在去掉激发光源后还能持续发光很长时间，主要应用于紧急出口等安全指示标识。除此之外，还有一类应用在照明与显示方面的Ⅲ-Ⅴ族半导体发光材料，主要用于制备发光效率很高的无机发光二极管。

1.2.1 基于荧光粉的发光材料与器件

(1) 阴极射线发光材料与显示器件

阴极射线是人类历史上的伟大发现之一，人们利用它开展了诸多实验，从而发现了电子带负电，随后又测得了电子荷质比，这些都为人们对包括原子结构在内的量子世界的理解积累了丰富的实验数据。基于阴极射线的最重要的应用之一就是CRT 显示器，CRT 电视从面世至今大约已有 80 年的历史。CRT 显示器的结构示意图如图 1-1(a) 所示。CRT 电视机一般由电子枪、线圈、荧光屏和玻璃屏幕组成。图 1-1(b) 给出了 CRT 显示器的工作原理示意图。CRT 显示器工作的基本原理是真空腔内可发射电子的热阴极发射电子束，通过控制栅极、聚焦极、加速极和偏转线圈等结构，将电子束打到涂覆有一层荧光粉的荧光屏上某一点时，这部分涂覆的发光材料会短暂发光；而这个发光点在荧光屏的位置可通过调节控制路径上的磁场，使得阴极射线偏转而改变。当电子束打到前端显示屏上时，每个点都代表一个像素（画面元素）；通过调控电子束的电压，可以调整每一个像素点的明暗。最初黑白电视的显像管只有一个电子枪和单一的发光材料涂层，后来便采用多重电子枪以及分点涂覆发光材料的方法来实现彩色显示。

为了形成图像，电子束会由右至左扫过各条水平线（扫描线），使每个发光涂料点发亮，并通过电压控制明暗程度。显示器显示出一条扫描线的速度称为“水平频率”，以千赫（kHz）为单位。当电子束打到扫描线尾端时，电子束会瞬间关闭（称为“水平消隐间隔”），同时磁力线圈复位，然后再从下一条开始。这样的步骤不断重复，一条接着一条显示，直到填满整个屏幕。此时，电子束又再次关闭（称为“垂直消隐间隔”），磁力线圈复位，整个过程重新从屏幕的左上角再来过。显示器显示整个画面的速度称为“垂直刷新率”或“频率”，以赫兹（Hz）为单位。

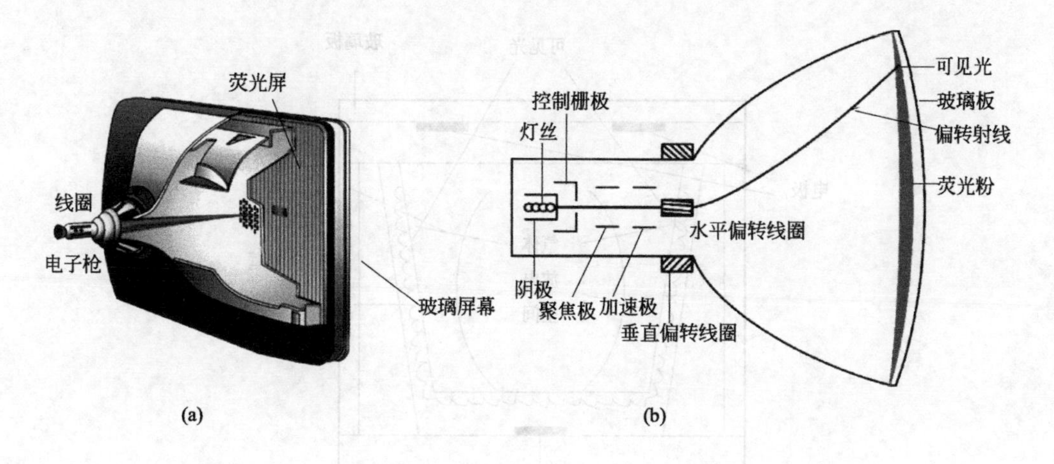

图1-1 CRT电视机的结构示意图和CRT显示器的工作原理示意图

尽管经过多年的发展，阴极射线显示器已经极其成熟，但因其体积大、难以制备高清晰大尺寸的显示器及无法应用在移动显示设备上，目前已被其他显示器件取代。

(2) 等离子体发光材料与器件

等离子体显示技术（panel display of plasma，PDP）是美国 Illinois 大学的 Bitzer 及 Slottow 教授于1964年发明的。到20世纪70年代，该技术由于缺少彩色化、灰度级少、发光效率低、功耗大等缺点，同时又受到液晶显示技术（LCD）的冲击，曾一度处于低谷。直到1985年，Photonics 成功试制出三基色条状屏，同年年底就提供一套对角线为37mm的三基色条状屏 PDP 显示器给海军核潜艇作为温度监视器。1986年，又在制成点阵式单色交流 PDP 显示屏的基础上研究它的彩色化。1987年，实现了由红、绿、黄三色组成的点阵式彩色交流 PDP 显示屏。

图1-2给出的是 PDP 发光单元的原理。和荧光灯的工作原理基本相同，PDP 也是利用气体放电产生的紫外光作为激发源，激发特定的荧光粉，以获得所需颜色的发光。但二者又有差别，荧光灯中的气体是汞蒸气，而 PDP 中则是惰性气体。为了提高电离雪崩效应的效率，PDP 还使用了混合惰性气体：Ne+Xe。Ne 的亚稳态与 Xe 碰撞产生潘宁（Penning）电离反应，使 Xe 电离成 Xe^{+}，然后经内部能量弛豫到 Xe 的亚稳态，在跃迁到基态时发出147nm的真空紫外光。与此同时，离子、亚稳态原子及高能光子还可以从阴极表面轰击出次级电子。

PDP 主要的优点是体积小（平板化）、视角大、技术较为成熟，易制备大尺寸显示器。同时它也存在一些缺点，比如发光效率低、功耗大，其制备工艺决定了其像素较大，难以制备高清晰度的显示器。此外，生产成本也比较高。根据等离子显示器件的特点可以知道，其发展前景为42英寸（in，1in=2.54cm）以上的显示器，而很难在较小尺寸的显示器市场与其他技术进行竞争。这就大大限制了其在计算机（俗称电脑）显示屏和其他各种移动设备显示屏上的应用，最终导致了 PDP 技术在显示器竞争中逐步被淘汰，现在电视市场上已经很难看到 PDP 显示器的身影了。

(3) 场发射发光材料与器件

在显示技术的发展史上，场发射显示技术（field emission display，FED）可

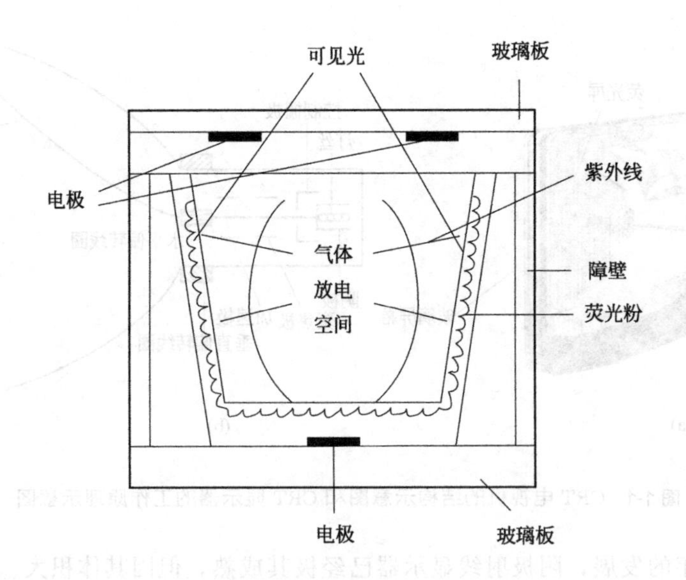

图 1-2 PDP 发光单元的原理

以看成是 CRT 平板化的一种尝试，它也是利用阴极射线发光来显示信息的。图 1-3 给出了 FED 工作单元的原理示意图，其器件主要由发射尖锥、栅极等组成。向器件施加电压后，发射阴极发射出电子，这些电子透射到发光层中成为初级电子；初级电子具有较高的能量，会在发光层中产生大量的电子空穴对；这些电子空穴对在发光层中扩散，有的复合后激发发光中心实现发光。从发光的基本原理来看，FED 发光原理与 CRT 发光原理是相同的，但是二者又有很大的差别。阴极射线发光是热阴极发射，电子靠热发射从电子枪中发射出来，然后再在高电场下加速。这样电子就可以获得非常高的能量，射入发光层表面后，可以进入较深的部分而激发更多的发光中心发光。场发射技术是利用冷阴极发射来发射电子的，冷阴极可以是尖端阵列，也可以是低功函数的材料。采用这两种冷阴极的原因就是希望能得到稳定、高效的发射电子。目前，碳纳米管以及其他材料的纳米管作为冷阴极的应用也是研究领域的热点。由于 FED 中电子的加速距离比较短，一般在几十到几百微米之间，所以其电子能量不可能达到 CRT 的水平。因此，电子进入发光材料表面的深度也比较浅，这样对 FED 中的发光材料提出了更高要求。

FED 主要的优点是体积小（平板化）、视角大、可与控制电路集成、清晰度高；主要的缺点是制备工艺复杂、合适的荧光粉较少、器件的发光效率也比较低。此外，器件中的电子是在真空中加速，所以器件不是全固态化的，因此距离实现商用化还有较大差距。

1.2.2 无机电致发光材料与器件

(1) 无机发光二极管（light emitting diode，LED）

发光二极管也是电致发光器件的一种。无机半导体发光二极管首先属于二极管结构，即由 n 型半导体与 p 型半导体形成 p-n 结。进一步来讲，无机 LED 本质

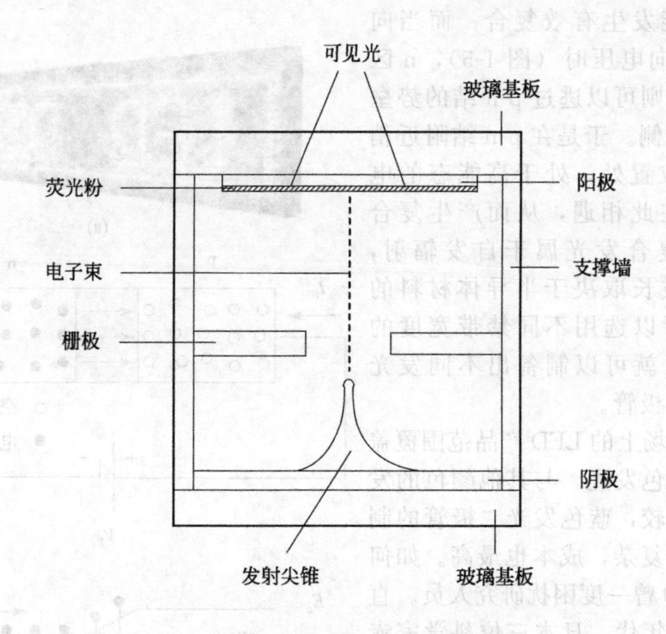

图 1-3　FED 工作单元的原理示意图

上是由诸如 GaAs 和 $GaAs_xP_{1-x}$ 晶体之类的直接带隙半导体制成的 p-n 结二极管。少数电荷载流子的注入是在正向偏置下发生的，从而导致在其附近（在每侧一个扩散长度内）的辐射复合。电极/半导体触点是欧姆接触，这是通过在半导体表面重掺杂来实现的。图 1-4 给出了处于平衡状态和正反向偏压下的 p-n 结能带图。

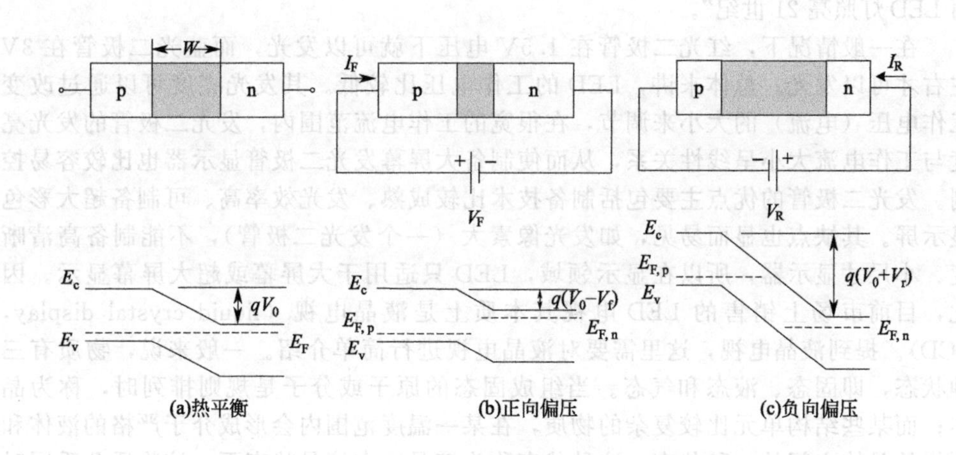

图 1-4　p-n 结在不同电压下的工作原理示意图

制作半导体发光二极管的材料是重掺杂的，热平衡状态下的 n 区有很多迁移率很高的电子，p 区则有较多迁移率较低的空穴。由于 p-n 结阻挡层的限制，正常状态下二者不能发生有效复合；而当向p-n结加以正向电压时（图1-5），n区导带中的电子则可以逃过p-n结的势垒进入到p区一侧。于是在p-n结附近稍偏于p区的位置处，处于高能态的电子与空穴会在此相遇，从而产生复合发光。这种复合发光属于自发辐射，辐射发光的波长取决于半导体材料的禁带宽度，所以选用不同禁带宽度的半导体材料，就可以制备出不同发光颜色的发光二极管。

目前，市场上的LED产品范围覆盖了近红外到蓝色发光。与其他颜色的发光二极管相比较，蓝色发光二极管的制备工艺相对更复杂，成本也最高。如何制备蓝色LED曾一度困扰研究人员。直到20世纪90年代，日本三位科学家赤崎勇、天野浩和中村修二才分别独立开发出蓝光LED技术。之后，在此基础之上利用LED实现白光光源的研究迅速发展起来。2014年这三位科学家共同获得了诺贝尔物理学奖，在颁奖词中，诺贝尔奖委员会写道“白炽灯照亮20世纪，而LED灯照亮21世纪”。

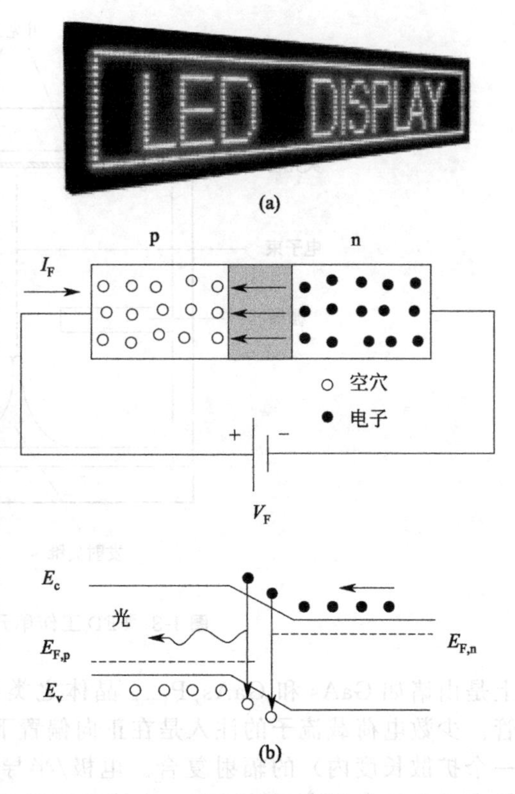

图1-5　无机LED显示板（a）和LED工作原理示意图（b）

在一般情况下，红光二极管在1.5V电压下就可以发光，而蓝光二极管在3V左右才可以发光。总体来讲，LED的工作电压比较低。其发光亮度可以通过改变工作电压（电流）的大小来调节，在很宽的工作电流范围内，发光二极管的发光亮度与工作电流大小呈线性关系，从而使制备大屏幕发光二极管显示器也比较容易控制。发光二极管的优点主要包括制备技术比较成熟、发光效率高、可制备超大彩色显示屏。其缺点也显而易见，如发光像素大（一个发光二极管），不能制备高清晰度、小尺寸显示器，所以在显示领域，LED只适用于大屏幕或超大屏幕显示。因此，目前市场上销售的LED电视其本质上是液晶电视（liquid crystal display，LCD）。提到液晶电视，这里需要对液晶电视进行简单介绍。一般来说，物质有三种状态，即固态、液态和气态。当组成固态的原子或分子是规则排列时，称为晶体；而某些结构单元比较复杂的物质，在某一温度范围内会形成介于严格的液体和严格的晶体之间的一种状态，这种状态称为液晶。在液晶状态下，该物质几乎同时具有液体和晶体的物理特性。液晶不但有一定的流动性，而且构成液晶状态的物质单元是有规则的排列，呈现出晶体才有的相关物理量各向异性的特点。由于液晶的分子排列不像固态那样坚固，在电场、磁场、温度、应力等外部作用下分子排列容易发生变化，因此液晶的各种光学性质也会发生变化。液晶所具有的这种柔软的分子排列，正是其用于显示器件的基础，如图 1-6 所示。利用外加电场调节液晶排布，可以改变光的偏振方向，这样在液晶两侧加上两块偏振方向相互垂直的偏滤光器，就可以通过外加电场的开关来调控背景光通过偏滤光器从而照射在滤色器上，实现屏幕上的显示。液晶显示器就是利用液晶分子在电场下引起的排列变化，从而引起其光学性质即双折射性、旋光性、二色性、光散射性、旋光分散等的变化，这些光学性质的变化可以转变为视觉变化，进而实现其显示要求。

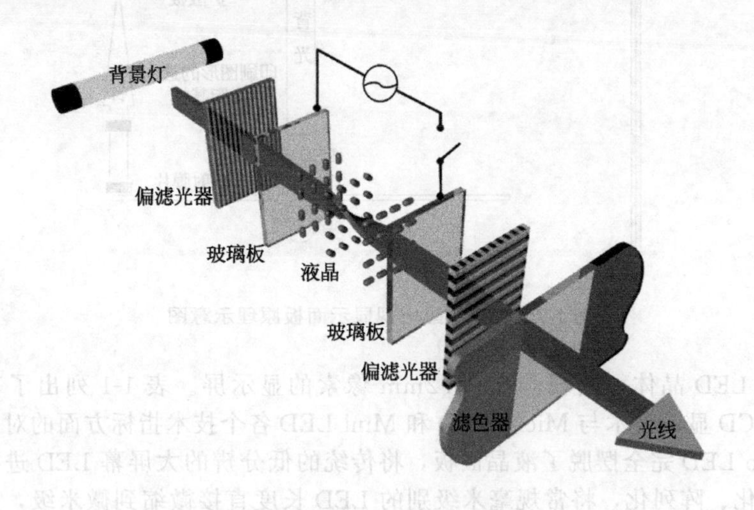

图 1-6 液晶电视显示面板工作原理示意图

液晶显示器件的优点主要包括体积小（平板化）、彩色化，是目前市场占有份额最大的显示技术。目前，几乎所有便携式计算机终端显示器都是液晶显示器。当然，液晶显示器件也有其缺点，如不能主动发光、需要背光源、器件制备工艺复杂、视角小、反应速度慢、难以制备大尺寸显示器件。另外，其工作条件苛刻，不适合在较高温度和较低温度下使用。因此，目前市场上的 LED 电视还是液晶电视的一种。它与传统液晶电视的不同之处在于其采用 LED 灯管作为背光源（图 1-7），而不是传统的荧光灯管，从而在厚度、画面质量、寿命、节能环保方面比传统液晶电视更具优势。同样的，目前市场上的量子点电视也是液晶电视的一种。它主要是以量子点技术作为背光源的电视，这比传统的 LED 灯管作为背光源的电视在画面质量和节能环保上更有优势。有关量子点的优势将在后面章节介绍。

因为传统的无机 LED 产品无法作为高分辨率、小尺寸的显示器，它主要作为液晶电视背光源应用在显示器件上。如何实现高分辨率的 LED 显示器件一直是研究人员努力的目标。近年来，随着 Micro LED 和 Mini LED 等技术的实现以及 Nano LED 等概念的提出，这些新型 LED 技术被认为是下一代显示技术的主要竞争者之一。Micro LED 就是微缩化和矩阵化 LED 技术，由美国德州理工大学的 Jiang 和 Lin 两位教授于 2000 年提出。它主要是指在一个芯片上集成高密度、微小尺寸的 LED 阵列，是采用小于 1～10μm 的 LED 晶体，实现 50μm 或更小尺寸像素的显示屏。而 Mini LED 是介于传统小间距 LED 和 Micro LED 之间，采用数十

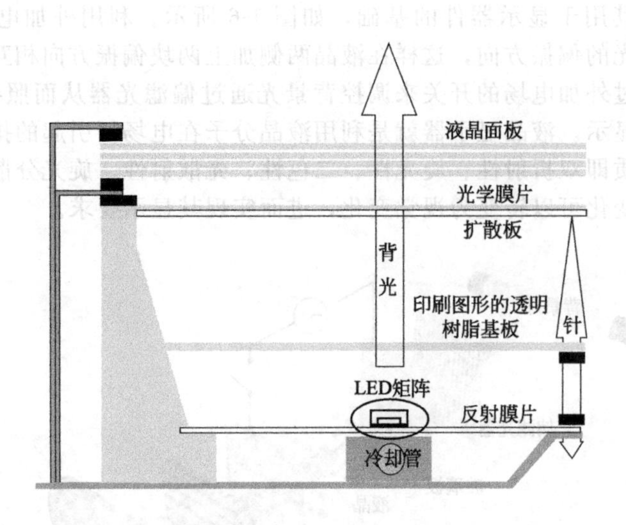

图 1-7 LED 液晶电视显示面板原理示意图

微米级的 LED 晶体，实现 0.5～1.2mm 像素的显示屏。表 1-1 列出了基于传统 LED 的 LCD 显示技术与 Micro LED 和 Mini LED 各个技术指标方面的对比。

Micro LED 完全摆脱了液晶面板，将传统的低分辨的大屏幕 LED 进行了薄膜化、微小化、阵列化，将常规毫米级别的 LED 长度直接微缩到微米级，从而显著提高像素与解析率；同时每一个像素点单独寻址，单独驱动发光。因此，不同于需要液晶面板的传统 LED 电视存在的漏光问题，Micro LED 能够提供极高的对比度和黑位水平。Micro LED 的主要优点是体积小、轻薄、节能、效率高、亮度高、可靠度高且反应快。2012 年，日本索尼公司首次推出了一款 55 英寸全高清分辨率电视，当时这款电视搭载的显示技术正是 Micro LED。该产品在对比度和色域等指标上都比同时期的竞争对手出色，但是由于价格高和产能低，未能大批量商业化。随后，在 2017 年与 2018 年，苹果与三星公司都先后推出了基于 Micro LED 的先锋产品。目前，Micro LED 技术的最大难题是巨量转移和单颗 LED 的色彩均匀性问题。LED 的微小化需要晶圆级的工艺水平，以超高清级别屏幕为例，Micro LED 电视需要集成 800 万个以上的 LED，这极大地增加了制备小尺寸屏幕的难度。除此之外，成本高和发热量高都是目前亟待解决的问题。

与 Micro LED 的高技术难度与高成本等问题相比较，在 LED 作为背光源的 LCD 基础上，研究者们提出了改良方案：采用 Mini LED 取代传统 LED 作为背光源，这样技术难度得以降低，同时也易于实现大规模量产；还可以直接进入液晶显示背光源市场，经济性高。市场调查显示，如果液晶电视面板采用 Mini LED 作为背光源，在实现与目前最先进的有机发光二极管（OLED）电视相同亮度和画质的前提下，其价格只有后者的 60%～80%，同时省电效果更好。而相较于需要几百万个 LED 的 Micro LED 技术，一台 55 英寸的 Mini LED 背光液晶面板只需要 4 万个 LED，显著降低了技术难度。因此，尽管 Mini LED 只是对 LED 作为背光源的 LCD 技术的改良，但在相对容易控制成本的前提下，其大幅提高了液晶电视的画面效果，有望成为未来显示产品的主要竞争者之一。

表 1-1 LED 作为背光源的 LCD、Mini LED 及 Micro LED 的技术指标对比

显示技术	LCD(LED 背光源)	Mini LED	Micro LED
光源	LED 背光源	自发光	自发光
对比率	5000∶1	∞	∞
响应时间	ms	ns	ns
寿命/h	60×10^3	$80\times10^3\sim100\times10^3$	$80\times10^3\sim100\times10^3$
可视角度	160°×90°	180°×180°	180°×180°
工作温度区间/℃	40～400	−100～120	−100～121
LED 数量(量级)	100	10000	1000000
发光效率	低	高	高
对比度	低	高	高
厚度	厚，＞2.5mm	薄	薄，＜0.05mm
柔性显示	难	容易	难
成本	低	中	高
功耗/%	100	30～40	10
价格对比/%	100	120	300
成熟度	高	较低	低

(2) 无机薄膜电致发光（thin film electroluminescence，TFEL）

尽管Ⅱ-Ⅵ族化合物的电致发光很早就被报道出来了，但直到 1974 年，高清晰度显示器件才由日本 Sharp 公司的 T. Inoguchi 等报道出来，这是一种有双绝缘层结构的薄膜场致发光器件。图 1-8 展示了无机薄膜电致发光器件的示意图。这种器件是将无机薄膜发光层夹在两层绝缘层中间，该类器件具有很好的稳定性和较长的寿命。单色薄膜器件的亮度可达 8000cd/m^2，寿命可达上万小时。夹层 TFEL 器件的结构是用两个高介电常数的绝缘层对称地夹在发光体两侧，该器件发光时加在发光层上的电场大约为 10^6V/cm。在这样高的电场下，如果将电极直接加在发光层上，发光层的任何缺陷都会形成短路，从而导致能量流失。因此，将发光层夹在两层绝缘层之间是让绝缘层起到限制电流的作用。同时，绝缘层储存电荷形成自建电场，在反向施加电压时可以增大内部电场，使 TFEL 器件具有记忆效应。

薄膜电致发光是高电场强度下的发光现象，电场强度高达 10^6V/cm。薄膜场致发光的机理是被加速的过热电子直接碰撞发光中心，使发光中心被激发到高能态而发光。场致发光包括四个基本过程：①载流子从绝缘层和发光层界面处的局域态隧穿进入发光层；②载流子在发光层的高电场中加速成为过热电子；③过热电子碰撞激发发光中心；④载流子再次被束缚在定域态中。对于交流薄膜场致发光而言，这四个基本过程反复进行。这些电子随着外电场的周期性变化在发光层与绝缘层形成的两个界面之间振荡，同时实现电子加速和倍增，产生大量的过热电子碰撞激发发光中心，使发光中心能级上的电子处于高能态，然后这些高能态电子通过辐射跃迁发出光子。

无机薄膜电致发光器件的优点主要体现在全固态化、体积小（平板化）、抗振、分辨率高、视角大、寿命长、对工作环境适应强、可制备各种尺寸的显示器件等方

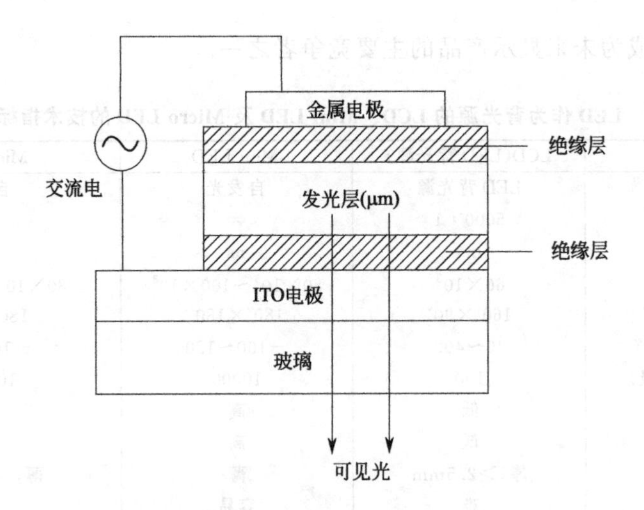

图 1-8 TFEL 显示面板的器件结构示意图

面。同时其也存在缺点，例如蓝色发光亮度低，难以实现全彩色显示；器件制备工艺复杂，生产良品率低，从而导致制造成本较高。

1.3 有机电致发光材料与器件

有机发光二极管（OLED），也称为有机电致发光器件。小米公司发布的透明OLED电视与OLED发光原理如图1-9所示。OLED是将一个几十到几百纳米的有机电致发光层制备在两个电极之间，两个电极中至少有一个是透明的，形成一个三明治结构，因此这种器件也被称为有机薄膜电致发光器件。OLED被用在电视屏幕、计算机监视器、便携式系统（如智能手机、手持游戏机）的显示器和固态照明应用的白色OLED器件上。OLED主要有两个材料体系，即小分子和聚合物。相较于蓝光无机薄膜电致发光器件的进展甚微，有机薄膜电致发光在蓝光器件的制备上已取得突破性进展。因此，近年来OLED受到了国内外科研工作者和公司的广泛关注。与无机LED和液晶显示器（LCD）相比，有机薄膜电致发光的主要特点包括工作电压低、亮度高、效率高、发光颜色可调、可大面积印刷制备器件、可制备柔性器件且响应快等。正是由于这些独特的优点，有机电致发光器件被认为是下一代照明与显示技术的主要竞争者之一。

OLED显示器可以采用无源矩阵（PMOLED）或有源矩阵（AMOLED）控制方案来驱动。在PMOLED方案中，显示器中的每一行（和每一列）都是依次控制的，一个接一个；而AMOLED控制则使用薄膜晶体管背板直接访问和切换每个单独的像素，从而实现更高的像素分辨率和更大的显示尺寸。OLED显示器是主动发光的，无需背光即可工作。因此，OLED显示器可以显示深黑色电平，并且比

LCD显示器更薄更轻。在低光线环境中（如黑暗的房间），OLED屏幕展现出比LCD更高的对比度。

第一个有效的OLED器件诞生于1987年，在柯达公司工作的C. W. Tang等选用了具有电子传输能力的三（8-羟基喹啉）铝（Alq_3）作为发光材料，制备了第一个具有双层结构的超薄OLED器件；该器件将驱动电压降到10V以下，并实现了较高的发光亮度和发光效率，其发光亮度超过1000cd/cm^2，发光效率达到1.5lm/W。这里需要说明的是，Alq_3并不是新材料，但却是首次被应用到OLED器件中。该器件之所以具有如此优良的性能是因为研究人员优化了器件的结构，利用真空镀膜的方法提高了成膜质量，使有机层的厚度降至几十纳米。除此之外，他们还采用低功函数的金属镁作为电子注入电极，以降低驱动电压，提高电子注入效率；并首次引进了二胺衍生物作为空穴传输层，大大提高了空穴的注入效率，从而实现高亮度、高效率的发光器件。C. W. Tang等的工作结果是有机电致发光发展过程中的一个里程碑。从此，有机材料电致发光的研究进入了一个新的阶段。

(a)

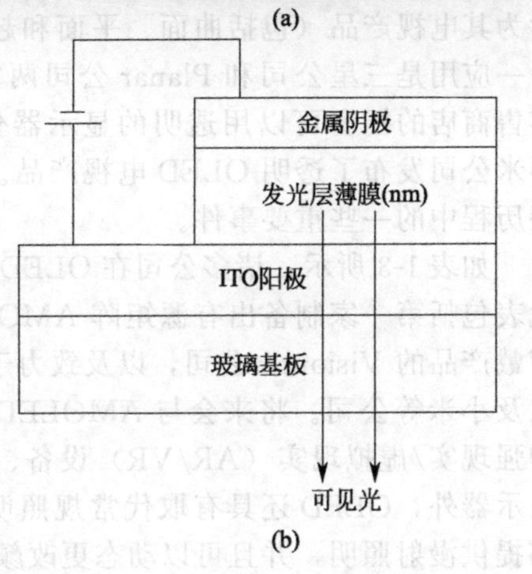

(b)

图 1-9　2020年小米公司发布的透明OLED电视（a）以及OLED发光原理（b）

以提高器件效率为例，OLED出现了三次大的转变，分别为第一代的荧光OLED、第二代的磷光OLED以及第三代的活化延迟荧光OLED。目前，OLED的内量子效率（IQE）接近100%，单色OLED的发光效率超过50%，并且白色OLED（WOLED）的发光效率已经接近了白色LED的效率。OLED当前代表着有机半导体商业化应用的成功案例，在OLED显示器和OLED照明两个主要方向正迅速发展。在过去的数十年时间里，在国内外科学技术人员的努力下，OLED取得了长足进步。表1-2是根据OLED-Info统计列出的近年来OLED产品的重要技术指标成长趋势。

表 1-2　近年来OLED产品的重要技术指标成长趋势

年度	2016年	2017～2019年	2020年
效率/(lm/W)	50	80	120
寿命/h	30000	40000	60000
最大光通量/lm	250	250	400

由于极高的对比度并可实现高性能图像质量等特点，OLED被全世界科技与

产业界高度关注，并积极投入研发，使 OLED 器件迅速从实验室走向了市场。在 OLED 早期开发中，柯达公司一直是配备 OLED 产品的主要供应商。2003 年柯达公司推出了数码相机 EasyShare LS633，这是第一款具有 2.2 英寸 AMOLED 显示器的数码相机，显示分辨率为 512×218 像素。除了将 OLED 技术授权给其他公司外，柯达公司还继续开展了可用于照明、显示器和其他应用方面的 OLED 技术研究。2009 年，该公司推出了第一款利用白色 OLED 和彩色滤光片方法的 100% NTSC 色域的低功耗产品。在过去的几十年中，OLED 被广泛应用于各种领域，例如用于电视显示器，为观看者提供了生动色彩和超高质量的图像。索尼公司和 LG 公司分别在 2007 年和 2013 年推出了 11 英寸和 55 英寸的 OLED 电视。LG 公司继续为其电视产品（包括曲面、平面和超高清屏幕）投资 OLED 生产线。OLED 的另一应用是三星公司和 Planar 公司两家公司推广的半户外应用中的透明显示器。零售商店的橱窗可以用透明的显示器代替，可以增强橱窗的购物体验。2020 年，小米公司发布了透明 OLED 电视产品。表 1-3 列出了自 OLED 诞生起数十年间发展历程中的一些重要事件。

如表 1-3 所示，诸多公司在 OLED 商用化的道路上做出了重大贡献，其中重要代表包括第一家制备出有源矩阵 AMOLED 的 TDK 公司，将 PMOLED 制备成可穿戴产品的 Visionox 公司，以及致力于生产 OLED 手机和电视的三星、苹果、LG 以及小米等公司。将来会与 AMOLED 集成的应用包括具有嵌入式显示器的服装、增强现实/虚拟现实（AR/VR）设备、头盔、腕带、珠宝/手表和游戏设备。除了显示器外，OLED 还具有取代常规照明的潜在应用，这主要是因为它们高效，能够提供漫射照明，并且可以动态更改颜色以适应环境需求。汽车行业将是另一个为 AMOLED 产业做出巨大贡献的市场。许多汽车制造商正在为车辆设计更大的显示器，以帮助支持安全性，提供车辆内部的信息娱乐系统。其中，一些方法包括曲面显示器（该显示器最适合 AMOLED），可在监视各种功能的同时为驾驶员提供更好、更少分散注意力的视角，以及将映射和导航从中心堆栈转移到组合仪表的显示器（驾驶员的前部，通常是速度计所在的位置）。随着无人驾驶汽车即将进入市场，显示需求将发生变化，即从当前的仪表板转移到后部，乘客可以在此访问信息并进行娱乐。随着智能手机在全球的普及，OLED 显示面板在这一新兴市场上将扮演着越来越重要的角色。

表 1-3 OLED 商用化道路上的重要时刻

年度	备注
1982 年	Kodak(柯达)公司第一个专利诞生
1987 年	Kodak 公司 Tang 和 Van Slyke 报道第一个实验室 OLED 器件
1988 年	Kyushu 大学报道了双异质结 OLED
1990 年	Cambridge 大学申请了第一个 PLED 专利
1994 年	Yamagata 大学在日本研制出白光 OLED
1996 年	TDK 公司第一个 AMOLED 诞生
1997 年	Pioneer 公司生产出单色汽车仪表盘
1998 年	研制出单色有源演示器件
	第一个荧光 OLED 诞生在普林斯顿大学

续表

年度	备注
1999 年	Pioneer 公司研制出彩色无源 QVGA 原理演示显示器
	TDK 公司使用白色和彩色滤光片的方法研制了 OLED 彩色显示器
	报道了有源单色演示器件
	研制出单色有源演示器件
	Pioneer 公司生产出多色汽车仪表盘
	Kodak/三洋公司研制出彩色有源演示器件
	Pioneer 公司/Motorola 公司生产出多色手机显示屏
2000 年	研制出 13 英寸有源矩阵显示屏
	研制出 19 英寸彩色有源矩阵显示器
2001 年	生产出彩色有源数字照相机显示屏
	eMagin 公司使用 AMOLED 开发了 0.72 英寸硅基头戴式显示器
	Philips(飞利浦)公司生产出带有单色显示屏的剃须刀
	索尼公司研制出 13 英寸 SVGA AMOLED 原型
	Epson 公司和 CDT 公司开发了 2.1 英寸、130PPI AMOLED 原型
2002 年	Kodak 公司研制出 15 英寸、1280×720 像素 OLED 原型
	Yamagata 大学主办了串联式 OLED 器件展示
2003 年	Kodak 公司第一个 AMOLED 数码相机诞生
	Sony(索尼)公司开发出 20 英寸、a-Si 背板的荧光 AMOLED 原型
	Sony 公司研制出平铺型 24 英寸 AMOLED 原型
2004 年	CDT 公司/Seiko 公司报道了 40 英寸有源彩色显示器
2006 年	UDC 公司使用荧光发射装置制造了白光 OLED
2007 年	Sony 公司展示了 11 英寸 OLED TV
	Minoita 公司研制了使用荧光发射器的白光 OLED
2008 年	Samsung 公司生产了 12 英寸透明和 4 英寸柔性的 OLED 原型
	Kodak 公司通过白色和彩色滤光方法推出 100%NTSC 低功耗 OLED
2009 年	Philips 公司开始将照明产品商业化
	Kyushu 大学研制出 TADF 工艺用于 OLED 中的发射器
2010 年	UDC 公司实现白光 OLED 效能超过 100 lm/W
2013 年	LG 公司推出 55 英寸 OLED TV
	Sony 公司和 Panasonic 公司研制出超高清 OLED TV 原型
2014 年	LG 公司柔性 OLED 显示产品上市
	Minolta 公司使用对卷工艺开发了柔性 OLED 发光产品
2017 年	美国国际显示周举办了"照亮前路:庆祝 OLED 三十年"展览,向行业先驱致敬
2020 年	小米公司发布透明 OLED 电视

根据 DSCC（显示供应链咨询公司）的报告，截至 2019 年 OLED 显示面板的销售收入增长了 19%，达到 310 亿美元；面板出货面积增长了 35%，超过 900 万平方米。智能手机 OLED 的收入在 2018 年以 203 亿美元占据了 OLED 行业的主导地位，约占总产值的 87%，并且智能手机在未来将继续保持产值占比最高的市场；根据市场预期，到 2022 年，智能手机上 OLED 屏幕的销售额将超过 300 亿美元。电视面板在 2018 年收入超过 20 亿美元，到 2022 年将增长到 60 亿美元以上；2018 年智能手表收入超过 10 亿美元，到 2022 年将增长到 14 亿美元。此外，预计 2022 年应用在平板电脑上的 OLED 屏幕收入将增长到 24 亿美元；笔记本电脑和显示器

将分别达到 29 亿美元和 14 亿美元；汽车面板将达到 10 亿美元。得益于出货量的显著提高，预计 2022 年 OLED 电视面板的平均价格将从 2018 年的 771 美元/m^2 降至 488 美元/m^2；OLED 智能手机面板的平均价格将从 2018 年的 5844 美元/m^2 下降至 3720 美元/m^2；智能手表面板将从 2018 年的 42000 美元/m^2 降至 30000 美元/m^2。2021 年，塑料和柔性 AMOLED 显示器的市场接近 200 亿美元。

OLED 技术之所以受到极大关注还体现在照明领域的技术可行性和功能强大的创新性。许多 OLED 产品都是面发光技术，因此该技术非常适合于各种特殊产品，例如需要改变形状、颜色和透明度的照明产品。与传统替代品相比，OLED 照明的其他好处包括能效高、无汞，有利于环保。2009 年，飞利浦公司率先推出一款名为 Lumiblade 的 OLED 照明面板，并将其潜力描述为"薄（小于 2mm 厚）且扁平，并且几乎没有散热，可以轻松地将 Lumiblade 嵌入大多数材料中；它为设计师提供了将 Lumiblade 成型和融合到日常物品中的几乎无限的范围场景和表面，从椅子、衣服到墙壁、窗户和桌面。"2013 年，飞利浦公司、巴斯夫公司共同努力发明了一种带灯的透明车顶。它由太阳能供电，并且在关闭时将变为透明。这只是使用这种新技术可能带来的许多革命性进展之一。

经过十几年的发展，OLED 技术有了很大进展，大有取代或部分取代 LCD 显示器件的趋势。不论是器件的亮度、效率还是寿命都有了很大提高，而且达到了实用水平。OLED 产业化的发展，还推动了有机聚合物激发态过程的研究以及众多新型发光材料的合成。此外，周边技术也得到了很大发展，如导电玻璃、真空系统、封装技术等。由于 OLED 器件的厚度在 100nm 左右，用于制备 LCD 器件的导电玻璃平整度不能满足其要求。目前，已经有厂商提供 OLED 器件专用的导电玻璃。为满足器件制备的要求，尤其是小分子器件的制备，各种真空系统也得到了很大发展。封装技术对 OLED 器件尤其重要，有机/聚合物发光层为在电场下保持性能的稳定，一定要隔绝氧气、水蒸气以及有活性的自由基。目前已经有可以满足要求的封装胶出售。总之，OLED 技术的发展，不但可以提供高性能的显示器件，还可以带动相关产业的发展。

1.4 其他新型电致发光材料与器件

除了上面提到的几种发光材料和显示器件外，还有一些其他的发光材料和显示器件，包括电化学显示器（electrochemical display，ECD）、电泳成像显示器（electrophoretic image display，EPID）、悬浮颗粒显示器（suspended particle display，SPD）、电致变色显示技术（electrochromic display，ECD）等。但是，以上显示技术由于各自存在技术瓶颈都没能成为主流显示技术，这里就不展开介绍。下面简要介绍一下近年来两种新型的电致发光材料与显示器件。

随着有机发光二极管器件获得巨大成功，一些借鉴这种器件结构和工作机制的新型薄膜电致发光器件也快速发展起来。其中，量子点发光二极管（QLED）和钙钛矿型发光二极管（PeLED）也得到了广泛关注。前者更因其平面发光、色纯度高、稳定性好、可全溶液加工和制备柔性器件等特点，受到了学术界和公司的广泛关注，包括中国 TCL 公司在内的多家厂商都已经推出基于量子点技术作为背光源的显示器先锋产品（图 1-10），这成为平板显示和照明领域未来主要的竞争者之一。这里要特别指出，目前市场上的 QLED 电视是利用量子点技术作为背光源的 LCD 电视。不同于 OLED 这样真正的自发光电视，虽然增加量子点发光薄膜可以提高液晶电视的色域，但因液晶电视自身性质导致的漏光，对比度、可视角度、响应速度等性能上的缺陷依然还会出现在这类 QLED 电视上。

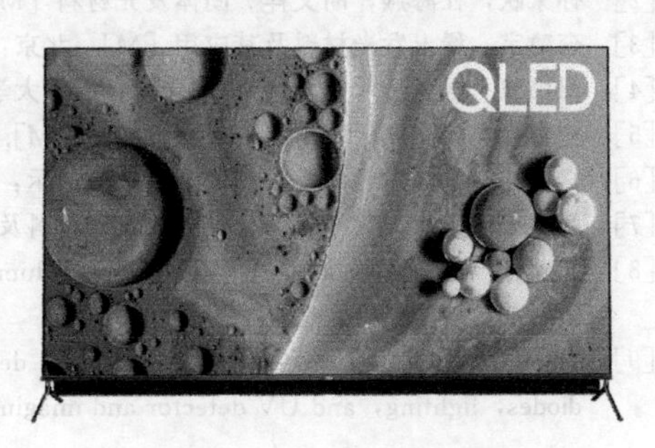

图 1-10 TCL 公司推出的 2020 年款 QLED 电视

QLED 原型器件的结构与 OLED 类似，即将量子点发光层和有机或无机化合物传输层置于金属和氧化铟锡两电极之间构成三明治器件，电子和空穴分别从阴极与阳极注入，经过传输层最终在发光层中相遇形成激子，通过辐射复合发光。相较于 OLED 的发光层是有机发光薄膜，QLED 器件的发光中心则是由半导体量子点组成的发光层。最初 QLED 器件的外量子效率和亮度都比较低，为了提高器件性能，研究者分别从改进量子点材料性能、构筑不同的器件结构和界面工程等方面出发，使得器件性能包括器件亮度、效率、色纯度、色域、寿命等得到了较大改善。目前，QLED 器件的上述性能指标均达到了商用化标准。因此，QLED 被广泛认为是下一代超薄柔性显示器的强有力竞争者之一。同时，QLED 商业化也面临着许多挑战，如需要进一步提高蓝光器件性能和器件寿命，实现全溶液法制备大面积器件和开发低毒、无重金属元素的量子点发光材料与器件。

随着有机光电子器件获得巨大成功，越来越多的材料将被引进到这一类型的器件中进行研究。卤素钙钛矿材料是近年来发展较为迅速的发光材料，在短短三四年时间里，基于钙钛矿材料的电致发光器件的性能就取得了突破。目前钙钛矿电致发光器件的最高外量子效率已经超过 20%，达到了商用化的要求。钙钛矿电致发光器件的结构与 OLED 相似，也是经典的三明治结构，只是发光层由有机薄膜改为钙钛矿薄膜；当外加电压在器件上时，电子和空穴分别通过电极注入活性层材料的导带与价带上，电子和空穴相遇形成激子，激子再通过辐射复合发光。自 2014 年室温钙钛矿型发光二极管被报道之后，国内外研究者分别从活性层成分、薄膜性质和器件结构等方面进行了优化，从而使器件性能在短短几年时间内迅速提升，外量子效率从最初的低于 1%，发展到绿色、红色和近红外器件的外量子效率都超过了 20%，达到了 QLED 和 OLED 等成熟技术的商用指标。但是，相较于 QLED 和 OLED，钙钛矿型发光二极管存在着稳定性差的问题，其特定发光光谱（比如，发射波长为 450～470nm 和 620～650nm）尤其缺乏稳定性，因此器件的工作寿命较短。综上所述，尽管钙钛矿材料具有优异的光电性能，也被普遍认为是下一代显示和照明的主要选择材料之一，但其距离实现商用化仍有一段距离。

参考文献

[1] 徐叙瑢. 发光学与发光材料 [M]. 北京：化学工业出版社，2004.
[2] 孙家跃，杜海燕，胡文祥. 固体发光材料 [M]. 北京：化学工业出版社，2003.
[3] 李建宇. 稀土发光材料及其应用 [M]. 北京：化学工业出版社，2003.
[4] 田民波. 电子显示技术 [M]. 北京：清华大学出版社，2003.
[5] 应根裕，胡文波，邱勇. 平板显示技术 [M]. 北京：人民邮电出版社，2002.
[6] 李文连. 有机发光材料、器件及其平板显示：一种新型光电子技术 [M]. 北京：科学出版社，2002.
[7] 滕枫. 侯延冰. 印寿根. 有机电致发光材料及应用 [M]. 北京：化学工业出版社，2006.
[8] Tang C W，VanSlyke S A. Organic electroluminescent diodes [J]. Applied Physics Letters，1987，51：913-915.
[9] Jiang H X，Lin J Y. Micro-size LED and detector arrays for minidisplay，hyper-bright light emitting diodes，lighting，and UV detector and imaging sensor applications：US6410940 [P]. 2002-6-25.

第2章

有机电致发光的物理过程

2.1 有机半导体的基本概念

一般来说，无机半导体材料是规则排列的晶体。晶体由紧密相连的原子周期性重复排列而成，当这些原子中某个原子的最外层电子吸收能量并被激发后就会脱离原子在晶体中的自由运动，它不再局限于某一个原子而是成为整个晶体中的共有电子，这就是电子的共有化。通常采用能带理论模型来处理无机半导体材料的激发态过程，相关细节可以参考固体物理或半导体物理方面的书籍，本书的第5章也会对能带理论进行简单介绍。

对有机半导体材料来说，其材料结构与无机半导体材料有很大差别，其根本差别在于微观粒子的结合力不同。无机半导体材料一般通过离子键或共价键结合（金属是通过金属键结合的），而有机半导体材料的分子之间主要是通过分子间作用力，即范德华力的相互作用而进行结合。因此，在有机半导体材料中分子之间的相互作用力比较弱，电子在有机材料中的平均自由程很短，不符合无机能带理论模型的假设。为了研究有机半导体材料中载流子的传输和发光过程，一般需要从分子轨道理论出发，构建一个近似的能带模型来解释有机电致发光、电导和有机光伏过程。

现代分子模型的基础是量子力学，其中德布罗意、薛定谔和海森堡等科学家对其做了大量贡献，他们构建的量子理论体系是处理微观粒子运动的理论基础。量子理论引入了波函数来表示原子及分子中电子的特殊分布，即电子密度；采用波函数的平方，表示在空间某一点上电子出现的概率。在原子和分子中，电子的每一种特殊分布只能有特定的能量，不同的分布则具有不同的能量；并且，电子只允许具有这些特定的能量值，而不能处于任何其他能量下。也就是说，在原子或分子中，电子具有的能量是非连续的，即原子或分子中电子的能量是量子化的。

在讨论分子轨道时，一般只考虑原子的价电子，将内层电子与原子核作为一个原子实来处理。以共轭有机半导体聚乙炔为例，其化学结构如图2-1所示。在聚乙炔中，每个碳原子与相邻的碳原子和一个氢原子形成3个紧密的σ键，剩余的价电

子在 p_z 轨道中，垂直于 σ 键。在有机化合物中，σ 轨道是组成分子骨架的轨道。σ 键的键能比 π 键大很多，电子分布对称于键轴，电子云主要分布在两个成键原子之间。σ 键可以由两个 s 轨道电子或者一个 s 轨道电子与一个 p 轨道电子相互交叠形成，也可以由两个 p 轨道电子相互交叠形成。两个 p 轨道电子的哑铃形电子云以“头对头”的方式成键，这种成键方式称为 σ 键；而 p_z 轨道在相邻碳原子之间的重叠形成了沿聚合物主链局部化的所谓 π 键。以“肩并肩”的方式成键（图 2-1），从分子轨道角度说，也称 π 轨道。因此，可以沿着聚合物链（链内传输）或不同的聚合物链之间（链间传输）发生电荷传输。

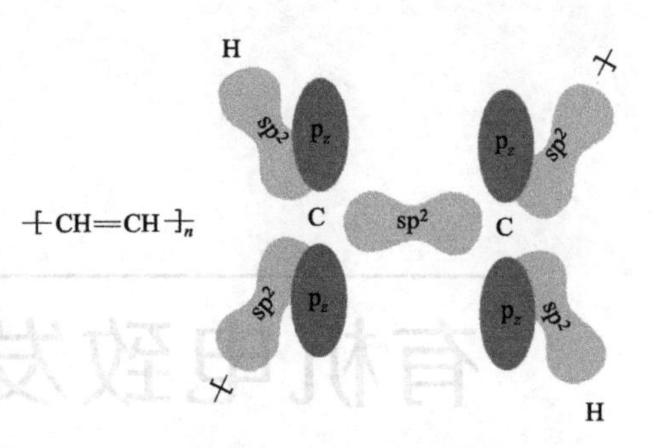

图 2-1 聚乙炔的分子式和分子轨道结构图

利用原子轨道线性组合的方法来表达分子轨道，称为原子轨道线性组合形成分子轨道方法（LCAO-MO），也就是说分子轨道可以由构成分子的原子价电子的原子轨道线性组合来表达。在有机半导体中，轨道之间的相互作用会产生由较低能量组成的对称态（成键轨道）和由较高能量组成的反对称态（反键轨道）。如图 2-2(a) 所示，利用双原子分子来表述分子轨道的概念，构成分子的两个原子的轨道为 ϕ_A 和 ϕ_B，两者相互作用形成的分子轨道为：

$$\psi_1=\phi_A+\phi_B \tag{2-1}$$

$$\psi_2=\phi_A-\phi_B \tag{2-2}$$

式中，ψ_1 是成键轨道，能量低，比原来的原子轨道更稳定；ψ_2 是反键轨道，能量比原来的原子轨道高。从电子云的分布看，对于成键轨道，在两个原子核之间，电子存在的概率最大，也就是说，电子云的重叠最大；而对于反键轨道，在两个原子核之间，存在一个垂直于两个原子核连线的平面，在这个平面上，电子存在的概率为零，也就是说，电子云没有重叠。在共价化合物中，两个原子共有的一对电子形成分子轨道，其能量比单个原子低，所以更稳定。

因此，π 轨道通常可以用两个 2p 电子波函数的线性组合来表示。其特征是在分子平面上，有一个节面，这个节面通过键轴使电子云集中在这个节面的两侧，节面上方和下方各有一半。如果体系中有杂原子，则 π 键的电荷密度将趋向电负性较强的杂原子［图 2-2(b)］。与 π 轨道对应的反键轨道是 π^* 反键轨道，π^* 轨道的能量要比 π 轨道的能量高。我们知道，能量高的轨道不稳定，一般情况，处于反键轨道的电子会在很短的时间内返回到成键轨道而释放出多余的能量。π^* 轨道有两个节面，一个在分子的平面内，与成键轨道的节面相同；另一个处于以 π 键连接的两个原子之间，并且与 π 键垂直。同 π 轨道一样，σ 轨道也对应一个反键轨道 σ^* 轨道［图 2-2(c)］。在那些几乎没有电子占据的反键轨道中，最低的轨道被定义为最低未占据分子轨道或最低空轨道（LUMO）。与之相对应的是在被电子占据的那些成键轨道中，最高的轨道被定义为最高占据分子轨道或最高占据轨道（HOMO）。如图 2-2(d) 所示，HOMO 和 LUMO 轨道统称为前线分子轨道，它们类似于无机半导体中价带的顶部和导带的底部；它们之间的宽度被定义为禁带宽度，也叫带隙（E_g）。有机半导体的 π-π^* 能隙通常在1.5～3eV之间，这赋予了有机材料半导体的性能。

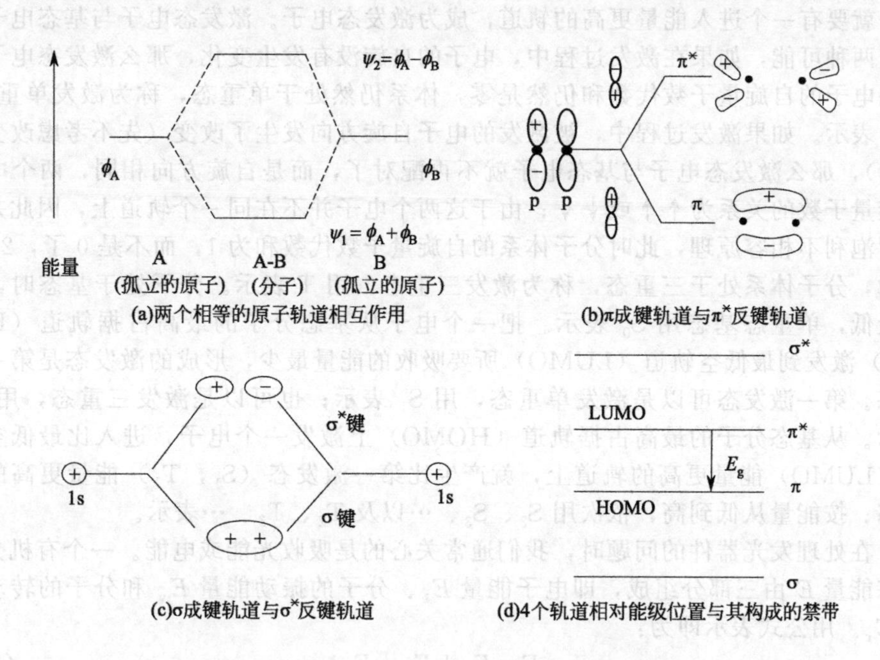

图2-2　原子轨道线性组合形成分子轨道方法

正是因为这些带隙的存在，有些有机半导体才可以发光。这是因为光是一种能量，发光就是把其他能量转化为光能的一个过程，发光来源于电子从高能级向低能级的辐射跃迁。从单个原子来看，原子由原子核与核外电子构成，核外电子按能量从低到高分布在不同的原子轨道上，处于平衡态的原子并不发光。当外层的一个电子获得能量被激发到能量更高的轨道上，即该原子处于激发态时，这个电子是不稳定的。这时它会在非常短的时间内回到低能级轨道上，在这个过程中就可能发射光子，这就是有机半导体的发光机制。在详细介绍有机半导体的发光机制之前，有必要先介绍一下有机半导体的激发态。

2.2　有机半导体的激发态

处于基态的有机分子吸收一定能量后，电子发生跃迁，从基态进入高能态的过程就叫作激发。根据泡利不相容原理，一个分子轨道的基态有两个自旋相反的电子：一个是$+\frac{1}{2}$（用↑表示）；另一个是$-\frac{1}{2}$（用↓表示），即配对的电子，用↑↓表示。如果分子轨道里的电子都是配对的（↑↓），自旋量子数的代数和就是零，光子的数目（$2S+1$）为1，这样的分子状态称为单重态。当分子被激发时，根据泡利不相容原理，分子轨道基态的两个电子在同一个轨道里，自旋量子数一定不同，就要有一个进入能量更高的轨道，成为激发态电子。激发态电子与基态电子自旋有两种可能，如果在激发过程中，电子的自旋没有发生变化，那么激发态电子与基态电子的自旋量子数代数和仍然是零，体系仍然处于单重态，称为激发单重态，用S表示。如果激发过程中，被激发的电子自旋方向发生了改变（先不考虑改变的原因），那么激发态电子与基态电子就不再配对了，而是自旋方向相同，两个电子自旋量子数的关系为↑↑或↓↓；由于这两个电子并不在同一个轨道上，因此并不违背泡利不相容原理，此时分子体系的自旋量子数代数和为1，而不是0了，$2S+1=3$，分子体系处于三重态，称为激发三重态，用T表示。分子处于基态时，能量最低，单重态基态用S_0表示。把一个电子从基态分子的最高占据轨道（HOMO）激发到最低空轨道（LUMO）所要吸收的能量最少，形成的激发态是第一激发态。第一激发态可以是激发单重态，用S_1表示；也可以是激发三重态，用T_1表示。从基态分子的最高占据轨道（HOMO）上激发一个电子，进入比最低空轨道（LUMO）能量更高的轨道上，就产生比第一激发态（S_1，T_1）能量更高的激发态；按能量从低到高，依次用S_2、S_3、…以及T_2、T_3、…表示。

在处理发光器件的问题时，我们通常关心的是吸收光能或电能。一个有机分子基态能量E由三部分组成，即电子能量E_e、分子的振动能量E_v和分子的转动能量E_r。用公式表示即为：

$$E=E_e+E_v+E_r \tag{2-3}$$

有机分子吸收能量会引起上述三种能量的变化。以吸收光能为例，当分子吸收远红外光子后，只能引起转动能量E_r的变化；如果分子吸收的是近红外光子，则既可以引起转动能量E_r的变化，也可以引起振动能量E_v的变化；而如果分子吸收的是紫外光子，且光子的能量超过分子最高占据轨道与最低空轨道之间的带隙时，则基态分子的三种能量都会发生变化。

使有机分子从基态激发到激发态的方法有很多，包括高能粒子轰击、高能射线辐照、化学激活、吸收光子及电能等。利用光激发有机分子是研究有机分子激发态最有效的方法之一，这里主要讨论光激发产生激发态的过程。有机分子发生电子跃迁时吸收的光子能量$E=h\nu$是量子化的，但是通常有机材料的吸收光谱都是一个比较宽的带状谱。这是因为除了电子从能量低的轨道跃迁到能量高的轨道吸收能量外，分子的振动以及分子的转动也要吸收能量，相当于在电子能级上，又附加了许多分子振动及转动能级。对于有机分子，分子的转动能级差非常小，可以近似为连续的，这样就很容易理解为什么测量到的吸收光谱都是带状的了。此外，处于激发态的有机分子几何形状和几何构型可能与基态分子有很大不同。另外，键能、极化率、偶极矩、酸碱平衡关系等物理化学性质也会发生改变。

有机分子的激发态是由电子跃迁产生的。有机分子中有许多能级，电子从低能级向高能级跃迁，这种跃迁有时是允许的，有时却是禁阻的，也就是说只有满足选择定则的跃迁才被允许。对于允许的跃迁，电子跃迁的概率非常大，表现在吸收光谱上，吸收强度就很大；而对于禁阻的跃迁，跃迁的概率很小或者根本不发生跃迁，表现在吸收光谱上，吸收强度很小或者根本没有吸收峰。一种跃迁是允许的还是禁阻的由许多因素决定，这些因素包括跃迁过程中分子的几何形状是否改变、动量是否改变、分子轨道波函数是否对称以及轨道空间的重叠程度。在有机分子中，引起跃迁禁阻的原因主要是电子自旋禁阻和宇称禁阻。电子在跃迁过程中，自旋不改变的跃迁是允许的，如单重态-单重态（S→S）之间的跃迁、三重态-三重态（T→T）之间的跃迁；而自旋改变的跃迁就是禁阻的，如单重态-三重态（S→T）和三重态-单重态（T→S）之间的跃迁。在某些情况下，由于电子的自旋角动量与轨道角动量有部分耦合作用，禁阻的单重态-三重态以及三重态-单重态之间的跃迁是部分允许的。这种引起电子自旋反转的跃迁，在有重金属离子存在时更容易发生。这是三重态也可以发光（磷光）的原因，关于这部分内容在后面会有详细介绍。

分子轨道的对称性也会决定跃迁是禁阻的还是允许的。分子轨道的对称性是指描述分子轨道的波函数的反演对称性。描述分子轨道的波函数通过对称中心反演，如果符号不变则称为对称的，用 g 表示；如果符号改变，则称为反对称的，用 u 表示。宇称选择定则指出，u→g 跃迁和 g→u 跃迁都是允许的，而 u→u 跃迁和 g→g 跃迁都是禁阻的。例如，在乙烯分子中碳碳双键由一个 σ 键和一个 π 键构成，其中 π 键轨道是反对称轨道（u），π^* 键轨道是对称的（g），所以 $\pi\rightarrow\pi^*$ 跃迁（u→g）是允许的；而 σ 键轨道也是对称的（g），所以 $\sigma\rightarrow\pi^*$ 跃迁（g→g）是禁阻的。乙烯中 π 键轨道、π^* 键轨道以及 σ 键轨道的对称性如图 2-3 所示。

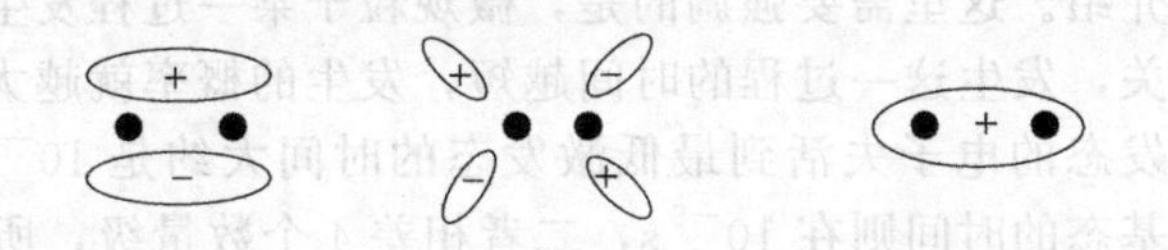

图 2-3　乙烯中 π 键轨道、π^* 键轨道以及 σ 键轨道的对称性

在电子跃迁中，轨道的空间性质对跃迁的影响也非常大。如果电子跃迁涉及的两个轨道在空间中处于同一个区域，即相互有重叠，则这种跃迁就是允许的；否则，跃迁就是禁阻的。空间禁阻的一个例子是羰基化合物中的 $n\rightarrow\pi^*$ 跃迁。在羰基化合物中，π 键轨道和 π^* 键轨道在同一个平面内，且有重叠，所以 $\pi\rightarrow\pi^*$ 跃迁是允许的（由于该跃迁属于 u→g，因此宇称也是允许的）；而 n 键轨道和 π 键轨道相互垂直，轨道重叠很少，因此 $n\rightarrow\pi^*$ 跃迁是禁阻的。

各种选择定则在电子跃迁时同时起作用，跃迁是允许的还是禁阻的，实际表示的是跃迁概率的大小。在理想情况（或理想模型）下，完全允许跃迁的跃迁概率是 100%，完全禁阻跃迁的跃迁概率是 0；而实际有机分子中的电子在各能级之间的跃迁概率介于 100%和 0 之间。对于允许的跃迁，其跃迁概率就大；对于禁阻的跃迁，其跃迁概率就非常小。各个选择定则之间的关系，通过量子力学计算时通常是乘积的关系，也就是说一种电子跃迁，只有全部选择定则是允许的，才是允许的跃迁；如果有一种选择定则是禁阻的，则跃迁就是禁阻的。

2.3 有机半导体的激发态过程

如图 2-4 所示，基态分子吸收能量后，其中一个电子进入较高能级，形成激发态。激发态能量高，很不稳定，通常处于激发态的有机分子会在很短的时间内去激发，回到基态。如果有机分子产生激发态过程吸收的是光子能量，则产生的激发态通常是单重激发态。产生激发态时，吸收的光子能量（波长）也可以不同，则产生的激发态就可以是 S_1、S_2、S_3、…。高激发态之间的振动能级是重叠的，激发态电子通过与分子振动（声子）相互作用（电-声子作用），处于高激发态 S_2、S_3 等的电子会很快失活而弛豫到最低的单重激发态 S_1 上，然后再由 S_1 能级发生光化学及光物理的过程。对于三重态，也有同样过程，高能级的三重激发态（T_2、T_3、…）上的电子也会失活而弛豫到最低三重激发态 T_1 上。所以，在一般情况下，光化学和光物理过程都是由激发态的最低能级——激发单重态（S_1）或激发三重态（T_1）开始发生的。从最低单重激发态 S_1 到基态 S_0 的辐射跃迁被称为荧光，从最低三重激发态 T_1 到基态 S_0 的辐射跃迁被称为磷光，关于荧光与磷光发射将在后面详细介绍。这里需要强调的是，微观粒子某一过程发生的概率与发生这一过程的时间有关，发生这一过程的时间越短，发生的概率就越大，这就是 Kasha 规则。处于高激发态的电子失活到最低激发态的时间大约是 10^{-13}s，而电子由激发态失活弛豫到基态的时间则在 10^{-9}s，二者相差 4 个数量级，所以高激发态的电子更容易失活到最低激发态，而直接弛豫到基态的可能性非常小。其他光化学及光物理过程所用的最短时间也就是接近电子直接从激发态弛豫到基态的时间，所以这些过程也都是从最低激发态能级开始发生的。在研究有机材料发光时，重点也是在最低激发态上。但是有些时候，也存在高激发态 S_2 与 S_1 之间的跃迁概率比 S_1 与 S_0 之间的跃迁概率大的可能。

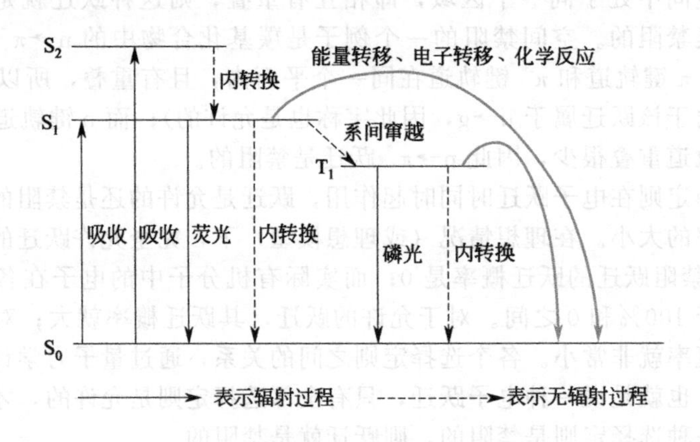

图 2-4 有机分子的激发态失活过程

处于激发态的有机分子可以通过多种途径失活，包括无辐射过程、辐射跃迁、能量转移、电子转移等，如图 2-4 所示。下面将分别介绍这些失活过程。

2.4 有机半导体中无辐射过程

发光材料吸收能量，处于激发态后，并不是所有的激发态电子都会以发光的形式衰减到基态，往往有很大一部分激发态电子是以无辐射过程回到基态的。无辐射过程主要包括无辐射跃迁、内转换和系间窜越等。

2.4.1 无辐射跃迁

有机分子吸收能量处于激发态后，经常处于较高的振动能级上。处于高振动能级上的电子首先通过分子振动相互作用，以热的形式散失能量，然后弛豫到激发态的最低振动能级即零能级上，进而在零振动能级上发生电子向低能级的跃迁。这个跃迁，如果符合辐射跃迁的条件，就可以发生辐射跃迁，以光子的形式释放多余的能量；如果不符合辐射跃迁的条件，就会发生无辐射跃迁，以热的形式释放多余的能量。通常的无辐射跃迁分两个步骤使处于激发态零振动能级的电子回到基态：首先是激发态零振动能级的电子跃迁到基态的高振动能级上；然后，处于基态高振动能级的电子再与分子振动相互作用，散失能量，达到基态的零振动能级。我们描述的这个过程是从第一激发态向基态的无辐射跃迁过程，而在特定的材料中，像发生高激发态荧光一样，也可以发生高激发态之间的无辐射跃迁。

无辐射跃迁也存在选择定则，由于无辐射跃迁过程没有光子的参与，所以跃迁前后的分子轨道节面数没有发生变化，因而其选择定则正好与辐射跃迁的选择定则相反。比如宇称选择定则，对于有光子参与的辐射跃迁或吸收跃迁，始态与终态之间分子轨道对称性不同的跃迁就是允许的，而相同的就是禁阻的，即 u→g 跃迁和 g→u 跃迁都是允许的，u→u 跃迁和 g→g 跃迁都是禁阻的。对于无辐射跃迁，始态与终态之间分子轨道对称性相同的跃迁才是允许的，而不同的就是禁阻的，即 u→g 跃迁和 g→u 跃迁都是禁阻的，u→u 跃迁和 g→g 跃迁都是允许的。

除了选择定则对无辐射跃迁的限制外，能隙的大小和能态密度对无辐射跃迁发生的概率也都有影响。发生无辐射跃迁的两个轨道能级差，能极差越小，即能隙越小，两个不同电子态之间越容易发生共振，也就越容易发生无辐射跃迁；而能隙越大，发生无辐射跃迁的概率越小。能态密度描述了振动能级数，能态密度越大，表明振动能级越密集，彼此之间的能级差就越小。在这种情况下，处于激发态能级的零振动能级与基态的高振动能级重叠概率就越大，因而就越有利于无辐射跃迁。

2.4.2 内转换

内转换是指处于高能态的分子向低能态的变换过程。有机分子吸收光子能量后，电子从基态向高激发态跃迁时，往往会被激发到较高的激发态，而高激发态之间的能隙一般很小，所以电子会在很短的时间内弛豫到最低激发态能级上。因此从最低激发态向基态发生内转换的速率就比较低。有机分子的激发态主要有两种多重性，即激发单重态和激发三重态；内转换也包括两类，即单重态高激发态向低能态的内转换 $S_n \rightarrow S_{n-1}$ 和三重态高激发态之间的内转换 $T_n \rightarrow T_{n-1}$。通常情况下，高激发态之间的内转换速率 k_{ic} 为 $10^{11} \sim 10^{13} s^{-1}$，而从最低激发单重态向基态的内转换速率 k_{ic} 大约为 $10^8 s^{-1}$。由于三重态是指处于激发态的电子与处于基态的电子自旋相同的状态，而基态为 S_0，因此不会发生从 T_1 向基态的内转换。由于高激发态之间的内转换速率比 $S_1 \rightarrow S_0$ 的内转换快几个数量级，所以在有机材料的光物理和光化学过程中，$S_1 \rightarrow S_0$ 的内转换是最重要的内转换过程。描述内转换同描述发光一样，内转换速率常数 k_{ic} 和量子效率（量子产率）ϕ_{ic} 也是最重要的两个物理量。

内转换速率常数 k_{ic} 是分子激发态本身所固有的性质。分子的振动对激发态分子中的激发态电子影响非常大，分子振动能级越多，激发态分子就越容易以无辐射跃迁的形式失活，因此分子的结构可以通过振动的强弱来影响内转换速率常数 k_{ic}。通常情况下，提高分子的刚性，可以减弱分子的振动，因此也会减小分子的内转换速率常数；反之，降低分子的刚性，分子的振动将增强，因此会导致分子的内转换速率常数增大。由于内转换过程与分子的荧光及磷光都是竞争过程，因此在制备发光材料的时候，要尽可能提高分子刚性，以减弱激发态的内转换过程。此外，影响内转换速率的因素还包括温度、重氢同位素以及能隙大小。

2.4.3 系间窜越

系间窜越也是一种无辐射形式的电子失活过程，但是与其他失活不同。其他形式的失活，电子都是回到基态，而系间窜越结果并不都是激发态电子回到基态。其中最重要的系间窜越，单重态的系间窜越实际上只是转变了激发多重态，即转变成激发三重态。

由于处于高激发态的分子会在很短的时间内弛豫到最低激发态，因此发生的系间窜越也主要是在最低激发单重态 S_1 和最低激发三重态 T_1 发生的。通常发生 $S_1 \rightarrow T_1$ 系间窜越的概率最大，有时也会发生 S_1 到第二激发三重态 T_2 的系间窜越。从最低激发单重态发生的系间窜越速率常数表示为 k_{st}。由于 T_1 的能级比 S_1 的能级低，因此很难发生 $T_1 \rightarrow S_1$ 的系间窜越。通常从 T_1 发生的系间窜越只能是 $T_1 \rightarrow S_0$ 的过程，其速率常数用 k_{ts} 表示。

系间窜越速率常数与辐射跃迁速率常数、内转换速率常数等一样，也是有机化合物激发态的固有性质，其数值大小与化合物的分子结构密切相关。对于绝大多数有机化合物，发生 $S_1 \rightarrow T_1$ 的系间窜越速率常数 k_{st} 要远比发生 $T_1 \rightarrow S_0$ 的系间窜越速率常数 k_{ts} 大。这主要是因为通常的化合物，T_1 与 S_0 之间的能隙要远比 S_1 与 T_1 之间的能隙大，而能隙大小是影响系间窜越速率常数的一个重要因素。影响系间窜越的因素有许多，其中发生系间窜越的两个能态之间的能级差，即能隙的大小对其影响比较大。与激发态的其他过程一样，发生系间窜越的两个能级能隙越小，系间窜越速率常数就越大，系间窜越的量子产率也就越大。能隙的大小除了与材料本身的分子结构有关外，还与分子所处的环境有关。此外，影响系间窜越的因素还包括温度、重原子、氧元素以及重氢同位素氘。

这里需要强调的是，在光激发的情况下，直接产生的激发态都是单线态的；基态分子吸收光子能量后，电子跃迁到高能级，不会发生自旋翻转，因而直接产生的就是激发单线态。T_1 态都是从 S_1 态经系间窜越而来的。在有机电致发光器件中，激发态来源于阳极注入的空穴与阴极注入的电子的复合，注入的电子和空穴自旋是随机的，因此与光激发情况不同，此部分内容将在辐射跃迁中详细介绍。

2.5 有机半导体的辐射跃迁

处于激发态的有机分子很不稳定，很容易以不同方式释放能量而回到基态，在各种方式之中，高能级电子向低能级轨道跃迁是去激发的最重要的途径之一。辐射跃迁就是处于激发态的分子以释放光子的形式使激发态失活回到基态的过程。辐射跃迁可以看成是有机分子吸收光子产生的吸收跃迁的逆过程，因而辐射跃迁与吸收过程有很多密切的联系，吸收光谱与发射光谱对研究辐射跃迁同样重要。

由于在物理过程中，辐射跃迁可以看成是吸收跃迁的逆过程，因此二者有很多相似之处。这些相似的地方表现在如下几个方面：①辐射跃迁和吸收都会导致分子轨道电子云节面的改变，电子云的节面数与分子轨道的能量相关，能量高的分子轨道中电子云节面数就多，能量低的轨道中电子云节面数就少；②二者遵从同样的选择定则；③二者都导致分子偶极矩的变化；④二者都遵循弗兰克-康登原理，即在电子跃迁过程中，分子的几何形状及动量都是保持不变的。

当基态分子吸收一个光子，使一个电子进入高能级轨道时，电子的能量增加，其电子云节面数也增加。与吸收过程相同，当一个电子从激发态分子的高能级轨道辐射跃迁到低能级轨道上，使分子回到基态时，分子释放能量，伴随着电子云节面数的减少。有机分子吸收光子变为激发态的过程，要遵守选择定则，表现在吸收系数方面。遵循选择定则的跃迁，引起的吸收系数就大；违背选择定则的跃迁，吸收系数就小。辐射跃迁与吸收过程要遵循相同的选择定则，即：①电子自旋不发生改变；②跃迁涉及的两个分子轨道的对称性不同；③跃迁涉及的两个分子轨道在空间上有较大的重叠。这三条全都满足的辐射跃迁容易发生，而有一条不满足的辐射跃迁，就很难发生。与吸收过程不同的是，有些禁阻的跃迁，在吸收过程中，虽然吸收系数很小，但毕竟会发生一定的吸收，而这些跃迁的逆过程却很难发生，即几乎没有辐射跃迁。这是因为，吸收光子成为激发态后，由于辐射跃迁是禁阻的，很难实现，而激发态电子却可以通过与声子（振动）作用等多种过程去激发，根本不发射光子。

2.5.1 单重态发光

在激发态的分子中，处于高能级的电子向低能级跃迁，以光子的形式释放出能量，实际上就是该物质的发光。发光的形式可以分为荧光和磷光。2.4 节中提到从

最低单重激发态 S_1 到基态 S_0 的辐射跃迁叫作荧光，而从最低三重激发态 T_1 到基态 S_0 的辐射跃迁叫作磷光。荧光就是允许的跃迁的发光；磷光是禁阻的跃迁的发光。从发光的寿命看，荧光的发光寿命比较短，也就是余辉时间很短；而磷光的发光寿命比较长，也就是余辉时间比较长。对于有机化合物，荧光的寿命一般在纳秒水平，而磷光则在微秒水平，或者更长。但是，并不是余辉时间长的发光就是磷光，比如延迟荧光，由于有激发三重态的能级参与，因此其发光余辉与磷光余辉在同一个水平上。这部分会在后面详细介绍，本小节着重介绍传统荧光发射，即无三重态激子参与的单重态激子发光。

许多有机化合物的荧光效率非常高，在普通紫外灯甚至普通的日光灯激发下，都可以清晰地看见荧光，比如制备电致发光最常用的小分子材料八羟基喹啉铝（Alq_3）以及聚合物材料聚对苯乙炔（PPV）等；而有些物质，即使也包含碳碳双键结构，荧光却很弱，甚至没有荧光，比如吡啶、聚苯胺等。有些物质虽然结构有相似之处，但是发射荧光的情况却差别很大，比如丁二烯根本就不能发光，而当丁二烯两端的氢被苯环替代后得到的四苯基丁二烯却有很强的荧光发射。虽然二者结构相似，但是二者的激发能量不同，使丁二烯激发的能量，已经可以使其化学键断裂；而使四苯基丁二烯激发的能量就小多了，不会引起化学键的断裂。对于有机物，保持化合物稳定，是实现辐射跃迁的前提条件。

对于有机化合物，能否产生荧光，除了要保持所吸收的能量不会破坏其最弱的化学键稳定外，还有许多其他因素。这些因素主要包括发色团、助色团、分子的刚性、分子中是否存在重原子等有机分子的内在因素。另外，溶剂的极性、体系的温度等外在因素也会影响有机分子发射荧光的特性。

影响有机分子荧光发射的内在因素如下。

① 一个有机化合物必须有能发射荧光的化学结构发色团，才有可能发射荧光。常见的发色团主要是═C═O、>C═S、>C═N— 、—N═O、C═S、—N═N—以及含有苯环及杂环结构的官能团，这些发色团的共同特点是首先要有包含 π 键的双键结构。π 键实现跃迁的能量比 σ 键跃迁的能量小，更容易实现，而 σ 键构成的是分子的骨架。在一般情况下，σ 键的电子如果跃迁到反键轨道上，就会破坏该分子的化学结构。通常情况，分子中含有的稠合环数目增加，可以增强荧光的发射。

② 稠合环的增加，可以增加分子中 π 电子的离域性，这样就可以降低分子激发态与基态的能量差，使跃迁更容易发生，从而有利于分子的荧光发射。

③ 增加分子的刚性，可以减弱分子的振动，这样就减少了激发态电子与分子振动之间的作用（电声子作用）；而电子与声子的相互作用以热能形式释放激发能，是激发态电子无辐射去激发的一个主要途径。分子刚性的增加，减弱了电声子的作用，实际效果是减少了激发态电子无辐射失活的途径，因而也会增强分子的荧光发射。另外，分子刚性的增加，同时也可以增加 π 电子的离域性，也有利于分子的荧光发射。

④ 分子内的重原子会引起荧光发射的减弱，因为重原子分子的存在，可以加强激发态电子的自旋角动量与轨道角动量之间的耦合作用，从而增大系间窜越的可能性，使可以发射荧光的激发单线态转变成不能发射荧光的激发三线态的可能性增加。同时，却有可能增强磷光发射。

⑤ 除了发色团，有些基团还可以增强分子的荧光发射，称为助色团。助色团一般为给电子基团，比如氨基（$—NH_2$）、羟基（—OH）等。给电子基团可以使有机化合物给电子的能力增强，进而降低有机化合物激发态与基态之间的能量差，从而增强分子的荧光发射。同样道理，吸电子基团可以增加基态与激发态之间的能量差，所以会减弱有机分子的荧光发射。

一些外在因素也会影响有机分子的荧光发射，如溶剂的极性就有很大影响。在一般情况下，有机分子溶解在溶剂中，如果增强溶剂的极性，就可以增强荧光发射。体系的温度对荧光发射也有很大影响。降低体系的温度，实际上就是减弱有机分子的振动，分子的热振动降低，激发态电子与声子之间的作用减弱，就减少了激发态电子无辐射失活的途径，因而会增加有机分子的荧光发射效率。

测量发光时，总要涉及一些物理量，对于荧光，我们关心的物理量有发光亮度、量子效率、荧光寿命等。其中，量子效率和荧光寿命是发光材料本身固有的物理量，而发光亮度则是与激发强度相关的外在物理量。激发强度就是用来激发发光材料的入射光的强度，发光亮度除了与激发光的强度有关外，还与激发光的波长有关。这是因为发光材料对不同波长的光，吸收强度是不同的，只有被吸收的光能，对发射才有贡献。发光亮度可以用下式表示：

$$F=\phi_f I_a=\phi_f I_0(1-e^{-2.303\varepsilon cl}) \tag{2-4}$$

式中，F 就是发光亮度；I_0 是入射光的强度；ε 是摩尔消光系数；c 是溶液浓度；l 是光程，即入射光在荧光物质溶液中走过的距离；ϕ_f 是常数，被定义为量子效率（量子产率），其物理意义是荧光物质发射的光子数与被该物质吸收的光子数之比，也可以用发射光的积分强度与入射光的积分强度之比来表示。量子效率实际上是描述一个化合物发射荧光能力的物理量，前面描述的影响荧光的一些因素，实际上就是影响了化合物的荧光量子效率。一个化合物的 ϕ_f 不随激发光的波长改变而改变，这一规律称为 Kasha-Vavilow 规则。如果溶液浓度很小，入射光只有很少的一部分被吸收，上面的公式可以简化为：

$$F=\phi_f I_0\times 2.303\varepsilon cl \tag{2-5}$$

如果发光材料是固体的，而且体积足够大，也就是光程足够长时相当于浓度 c 与光程 l 的乘积为无穷大，则发光亮度可以表示为：

$$F=\phi_f I_0 \tag{2-6}$$

即相当于入射光被完全吸收。而实际情况，即使看到发光材料不透明，也不会完全吸收入射光，毕竟有很大一部分光被反射掉了。另外，发射的荧光基本上是余弦光，向各个方向发射的强度基本相同，类似于漫反射。所以，在测量固体材料的发光效率时，要用积分球，把所有的发射光都收集起来。

当处于激发态的有机化合物分子只发生物理失活，而不发生光化学变化时，发光效率可以表示为：

$$\phi_f=\frac{k_f}{k_f+k_{ic}+k_{st}} \tag{2-7}$$

式中，k_f 是荧光发射速率常数，也称为荧光速率常数；k_{ic} 是内转换速率常数；k_{st} 是系间窜越速率常数。处于激发态的电子是不稳定的，在去激发的时候，就存在这三种物理过程的竞争。这三种速率常数，也是发光材料本身所固有的内在特性。

对于发光材料，还有一个其本身固有的物理量，即激发态寿命。激发态寿命表现在发光上，就是发光的余辉长度，对于荧光，余辉时间比较短；而对于磷光，余辉要长得多。对于有机化合物，发光行为基本上局限在单个分子或单个发色团上，分子之间或发色团之间的相互作用非常弱，所以有机化合物的激发态行为与无机发光材料中的分立发光中心相似。在处理有机化合物激发态过程时，可以忽略分子或发色团之间的相互作用。假设为经过一个极短的脉冲激发，从激发停止时开始计时，即此时 $t=0$，处于激发态的分子数为 n_0；在时间 t 时刻，处于激发态的分子数为 n，则有

$$\mathrm{d}n=-k_{\mathrm{f}}n\mathrm{d}t \tag{2-8}$$

式中，k_{f} 是辐射跃迁速率常数，这里可以理解为电子从激发态跃迁到基态的概率，是一个与 n 无关，只与能级性质有关的常数。上式的积分形式为：

$$n=n_0\mathrm{e}^{-k_{\mathrm{f}}t}=n_0\mathrm{e}^{-t/\tau} \tag{2-9}$$

式中，$\tau=1/k_{\mathrm{f}}$，就是激发态的寿命。当 $t=\tau=1/k_{\mathrm{f}}$ 时，$n=n_0/\mathrm{e}$，即激发态的寿命等于激发态分子数目减少到初始数目的 $1/\mathrm{e}$ 时所需要的时间。从公式中，我们可以看出来，有机分子的激发态是以 e 指数形式衰减的。在这里，我们要注意的是，τ 并不是指一个处于激发态的电子在激发态能级上停留的时间，而是指多数激发态的平均过程，即 τ 是所有激发态的平均寿命。如果处于激发态的有机分子均是以辐射跃迁的形式去激发的，则发光强度 F 取决于单位时间内，处于激发态的分子数目的减少速度，即取决于 $-\mathrm{d}n/\mathrm{d}t$。由上面描述激发态衰减的公式，可以得到

$$F=h\nu\left(-\frac{\mathrm{d}n}{\mathrm{d}t}\right)=F_0\mathrm{e}^{-t/\tau} \tag{2-10}$$

式中，F_0 是 $t=0$ 时刻的发光强度，即去掉激发时的初始亮度；τ 是发光亮度的衰减寿命，与激发态衰减寿命相同，一般情况下与有机分子所处的环境因素没有关系。对于有机材料的荧光过程，τ 的取值为 1～10ns，即 10^{-9}～10^{-8}s。

在研究一种材料的发光特性时，发光光谱的测量是最基本的手段之一。利用荧光光谱仪可以测得发射光谱，发射光谱描述的是发光强度随发光波长变化的函数。在比较发射光谱和吸收光谱时，绝大多数情况下发射谱带位于相应的激发谱带长波边。发射光谱相对于激发光谱，通常有红移。这是因为当发光有机半导体被能量大于能隙 E_{g} 的光子照射时，电子从基态被激发到单重激发态；然后，这些电子通过振动跃迁迅速弛豫（10^{-13}s 或更快）到激发电子态的底部；最终，电子从激发态的最低振动水平回到基态。在最后一步释放的能量可以是光的形式，也可以是热的形式。在辐射（发光）过程中，由于振动跃迁，所发射的光子的能量始终低于吸收的光的能量。因此，发射光谱相对于吸收光谱发生红移。吸收光谱和发射光谱之间的峰值波长间隔通常称为斯托克斯位移，如图 2-5 所示。

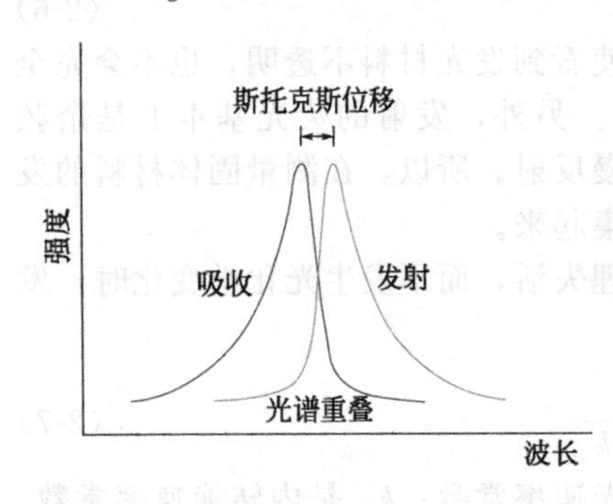

图 2-5 有机材料中的斯托克斯位移与发射吸收光谱的关系

在多数情况下，激发态电子与分子振动相互作用，失去能量产生斯托克斯位移（图 2-5）；

而在非常少的情况下，也会出现激发态电子通过与分子振动相互作用获得能量，使发射光谱与激发光谱相比向短波方向移动的现象，这一现象称为反斯托克斯位移。这种反斯托克斯发光虽然是实际存在的现象。但是，其发光效率和亮度太低，没有实际应用价值。在激光出现以后，人们又观察到了上转换现象，即利用波长比较长的近红外激光激发发光材料，可以获得波长短的绿色或蓝色发光。这种现象，也可以看成是反斯托克斯发光。上转换发光的效率要高得多，具有重要的实际应用意义。

通常发光材料都遵循 Kasha 规则，即我们通常观测到的荧光都是由第一激发态（S_1）向基态跃迁产生的。其原因是通常情况下，高激发态之间的能量差（能隙）比较小，高激发态电子通过与分子的振动、转动相互作用，很容易以无辐射过程弛豫到低激发态上，而以热的形式释放能量。但是有些化合物的激发态能级比较特别，比如硫酮，其 S_1 与 S_0 之间的能隙很小，而 S_2 与 S_1 之间的能量差却很大，处于 S_2 上的激发态电子与分子振动相互作用而无辐射弛豫到 S_1 上的概率很小。因此，在该种化合物中，我们观察到的荧光是 S_2 向 S_1 的跃迁。此外在气相时，高激发态向低激发态弛豫的速率也很低，有时也可以观察到高激发态荧光。

在有机电致发光器件中，电子和空穴分别从阴极和阳极注入。当电子与空穴在有机层中的某个分子上相遇后，由于库仑作用，二者就会束缚在一起，形成激子。激子会在有机层中迁移，并在合适的位置复合，释放出光子。这里要注意的是，电极注入形成激子的过程与光激发下形成激子的过程不同，而且结果也不同。光激发时，电子与空穴是同时产生的，而且相互束缚在一起，因此二者的自旋态保持了基态时的状态，是反平行的，形成的是单重态激子；而在电极注入的电子与空穴的自旋则是随机的，二者复合时，既可能是反平行的，也可能是平行的，所形成的激子既可能是单重态的，也可能是三重态的。在荧光材料中，只有单重态激子才对发光有贡献。在量子力学中，不同量子态形成的概率与其量子态所占的微观状态数有关。从电极注入的电子与空穴复合形成激子时，形成单重态激子的微观状态数是一，形成三重态激子的微观状态数是三，见图 2-6。

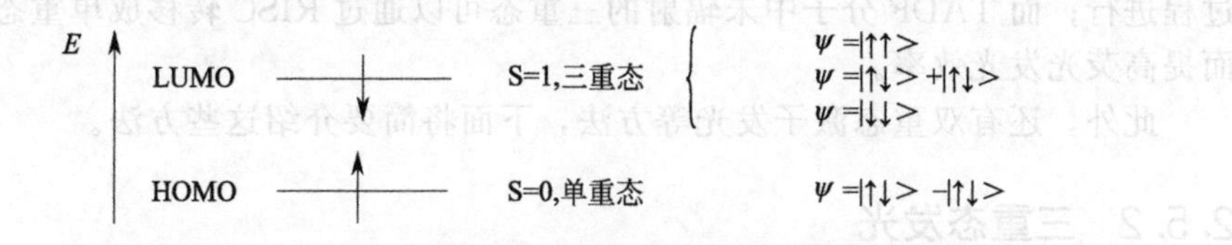

图 2-6　单重态与三重态激子示意图

因此，电极注入产生激子中单重态和三重态的激子比例为 1∶3，也就是用来辐射荧光与磷光的激子比例是 1∶3。而分子内磷光的发生通常伴随电子的自旋翻转，在一般的分子中磷光的发生是禁阻的，所以也就是说器件中有 75% 的三重态激子是浪费掉的。为了提高激子的利用效率，如何收获三重态激子发光就成为人们思考的问题。第一种方式，也是最有效的方式就是直接捕获未发光的三重态激子，通过金属与有机材料配位的方式，利用旋轨耦合效应实现磷光发射，如图 2-7(a) 所示，其理论上内量子效率高达 100%。第二种方式是通过两个三重态激子碰撞湮

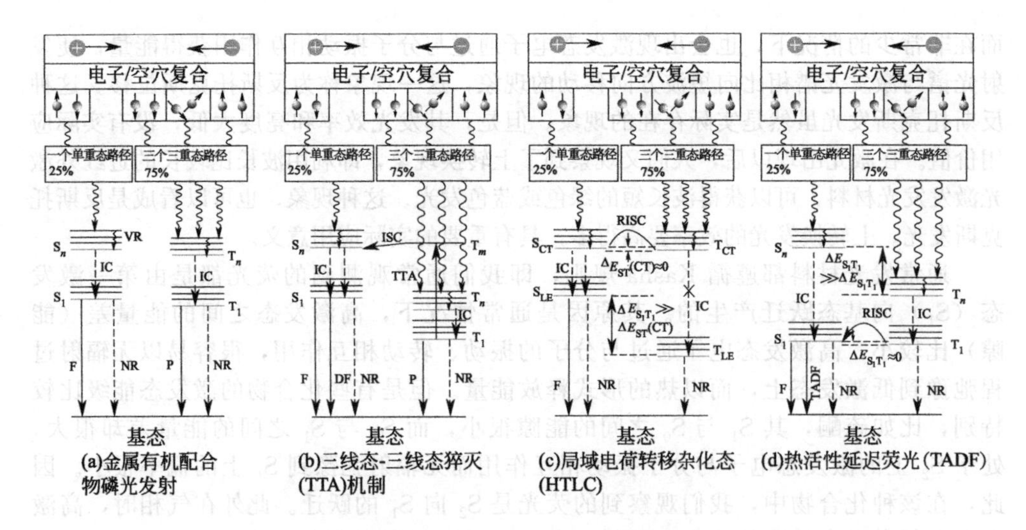

图 2-7 收获三重态激子发光的方式

F—荧光；P—磷光；IC—内转换；ISC—系间窜越；RISC—反系间窜越；VR—振动弛豫；NR—无辐射弛豫；ΔE_{ST}—单-三线态的能级差

灭生成一个具有更高能量的单重态激子和一个稳定的低能量的基态，也就是三重态-三重态猝灭（TTA）过程［图 2-7(b)］。这种发光被称为 P 型延迟荧光，TTA 分子捕获三重态激子促使发射荧光的受主材料突破了荧光 OLED 单重态 25%的限制。第三种方式如图 2-7(c) 所示，激子在相近的 T_m 与 S_n 能级之间的系间窜越过程会实现局域电荷转移杂化态（HTLC），而电荷转移态激子可以通过反系间窜越使高能量的三重态激子回到单线态从而显著提高单线态激子数量，进而提高了 OLED 器件的外量子效率。第四种方法是图 2-7(d) 所示的热活性延迟荧光（TADF），即通过 T_1 到 S_1 之间的反系间窜越（RISC）捕获三重态激子。当单线态 S_1 和三重态 T_1 的能级差（ΔE_{ST}）很小时，这种 RISC 过程可以靠分子的吸热过程进行；而 TADF 分子中未辐射的三重态可以通过 RISC 转移成单重态激子，从而提高荧光发光效率。

此外，还有双重态激子发光等方法，下面将简要介绍这些方法。

2.5.2 三重态发光

与荧光一样，磷光也是辐射跃迁的一种形式。当在激发态分子中，处于激发态的电子多重性与基态不同时，发生的辐射跃迁产生的就是磷光。通常在有机化合物中观察到的磷光都是来自第一激发三重态（T_1）向基态（S_0）的跃迁。由于激发三重态与基态能级之间的跃迁是自旋禁阻的，因此发生的概率比较小。利用光激发有机材料时，不直接产生激发三重态，产生磷光跃迁的 T_1 态主要由 S_1 态经系间窜越而形成（图 2-8)。而 S_1 态的失活途径有荧光、内转换等，这些失活过程与 $S_1 \rightarrow T_1$ 系间窜越是竞争过程，因而量子产率不会很高。通常的材料，处于 T_1 态的分子数目不会很多。从辐射跃迁的过程看，$T_1 \rightarrow S_1$ 的跃迁也是自旋禁阻的，发生的概率也很小。基于这两个原因，通常的材料，磷光的亮度要比荧光小许多。三重态发光，除了发光亮度以及发光效率比荧光低外，一个化合物的磷光光谱通常处于荧光光谱的长波一侧。这是因为对于同一种化合物，发射磷光的三重态（T_1）能级总是比该化合物发射荧光的单重态能级（S_1）低。到目前为止，利用铱、铂、锇、钌等稀有金属络合可以实现发光波长几乎覆盖整个可见光区的磷光发光材料，它们普遍具有很高的量子效率和较长的发光寿命。然而，这些材料的制备相对困难，同时器件封装相对复杂，并且稀有重金属的使用也不可避免地限制了材料的实际应用。

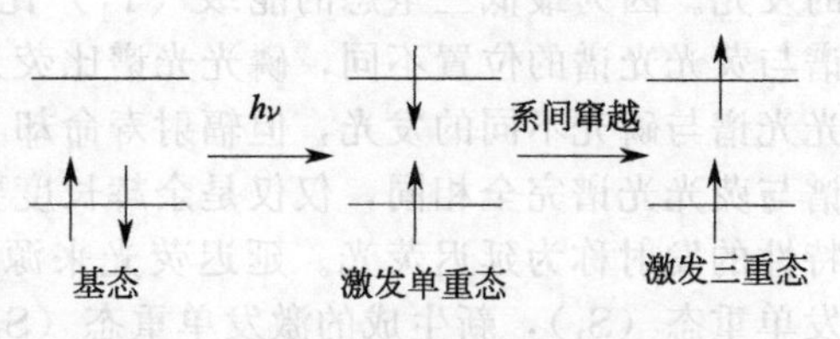

图 2-8　光激发时产生三重态的示意图

磷光量子效率 ϕ_p 与荧光量子效率 ϕ_f 的定义相同，即发射磷光的光子数与被吸收的光子数之比，可以表示为：

$$\phi_p=\frac{\phi_{st}k_p}{k_p+k_{st}} \tag{2-11}$$

式中，ϕ_{st} 是 $S_1 \rightarrow T_1$ 系间窜越的量子效率，可以表示为：

$$\phi_{st}=\frac{k_{st}}{k_{st}+k_{ic}+k_f} \tag{2-12}$$

式中，k_{st}、k_{ic}、k_f 分别是系间窜越速率常数、内转换速率常数和荧光发射速率常数；ϕ_p 和 ϕ_{st} 分别是 T_1 态发射磷光的速率常数和 T_1 态向 S_0 态的系间窜越速率常数。

磷光的寿命定义也与荧光相同，当磷光的余辉衰减到只有初始亮度的 1/e 时的时间，就是磷光寿命 τ，$\tau=1/k_p$。产生磷光的跃迁 $T_1 \rightarrow S_0$ 跃迁是自旋禁阻的，之所以能发射磷光，是因为自旋角动量与轨道角动量耦合，使这种跃迁成为部分允许的。重原子效应及引入顺磁分子都可以增加电子自旋角动量与轨道角动量的耦合，进而提高磷光的量子效率。重原子效应又分为分子内重原子效应和分子外重原子效应。分子内重原子效应是指利用原子量大的原子，取代分子中原子量小的原子，比如用 Br 原子或 I 原子取代分子中的氢原子，或者利用重金属配合物，如 Ir、Pt 等。分子外重原子效应是指采用含有重原子的溶剂时所产生的效应。原子量大的原子可以增强自旋角动量与轨道角动量的耦合，进而增大磷光的发射效率。在电致发光中，通过利用 Ir 和 Pt 等配合物，实现了电致磷光器件，器件的发光效率得到大大提高。在体系中引入顺磁分子，可以起到与重原子相同的作用，如 NO、O_2 等。最近，也有将顺磁性金属的纳米颗粒引入有机电致发光器件，从而利用三重态的发光，提高器件发光效率。通常情况下，由于磷光效率非常低，无辐射过程与磷光发射相比，所占比例很大。无辐射过程主要是激发态电子与分子振动交换作用损失能量，而分子的振动强弱是与温度相关的，降低体系的温度，可以减弱分子振动能量，从而减小无辐射过程的发生概率。所以，在低温情况下，磷光效率会得到很大提高。

2.5.3　热激活延迟荧光（TADF）

如图 2-7 所示，延迟荧光是有三重态能级参与最终通过单重态向基态辐射跃迁的发光。因为最低三重态的能级（T_1）比最低单重态能级（S_1）低，所以磷光光谱与荧光光谱的位置不同，磷光光谱比荧光光谱的波长要长。而有时可以观察到发光光谱与磷光不同的发光，但辐射寿命却与磷光一样长的现象。有些情况，发射光谱与荧光光谱完全相同，仅仅是余辉长度要比荧光长很多。这种长寿命并具有荧光特性的发射称为延迟荧光。延迟荧光来源于最低激发三重态（T_1）重新转变成激发单重态（S_1），新生成的激发单重态（S_1）再发生辐射跃迁。延迟荧光产生的过程如下：吸收光子产生激发单重态，激发单重态弛豫到最低激发单重态（S_1），最低激发单重态经过系间窜越转变成最低激发三重态（T_1），最低激发三重态（T_1）再获得能量转变成最低激发单重态（S_1），最低激发单重态（S_1）向基态（S_0）跃迁，发射荧光。根据产生延迟荧光的过程中，最低激发三重态（T_1）向最低激发单重态（S_1）转变的形式不同，延迟荧光可以分为两种：E 型延迟荧光和 P 型延迟荧光。

不同的发光材料，第一激发单重态能级（S_1）与第一激发三重态能级（T_1）之间的能量差不同。当二者的能量差比较小时，处于 T_1 态的电子就有可能从周围环境吸收能量，比如吸收分子的振动能量（热能），然后转变成能量更高的 S_1 态；新形成的 S_1 态与直接激发的 S_1 态一样，会以原来荧光的辐射速率发射荧光，这种延迟荧光就是 E 型延迟荧光。因为这种现象最先是在四溴荧光素（伊红）上观察到的，故取其英文单词（eosin）第一个字母 E 来命名。

另一种延迟荧光现象最先是从芘（pyrene）和菲（phenanthrene）的溶液中观察到的，在这两种化合物中，第一激发单重态能级（S_1）与第一激发三重态能级（T_1）之间的能量差比较大，处于 T_1 态的电子不能靠从环境中获得能量而转变为 S_1 态。但是，有可能在两个处于第一激发三重态（T_1）的分子靠近时，通过两个 T_1 态的湮灭生成一个最低激发单重态（S_1），而这个 S_1 态也同样与直接激发形成的 S_1 态一样，发射荧光。这种延迟荧光就称为 P 型延迟荧光。在研究激发光强与发射光强关系时，可以发现，对于 P 型延迟荧光，其发光亮度与激发光强度成平方关系，说明 P 型荧光发射经历了双光子过程。

不论是 E 型延迟荧光还是 P 型延迟荧光，其发光寿命都具有磷光的长寿命特点。如果仅从发光的余辉长度方面来考虑，不能分辨延迟荧光与磷光的区别。二者的根本差别是最后实现光发射的激发态多重态不同。热激活延迟荧光（TADF）或 E 型延迟由于高效，被认为是有前途的荧光发射，可以利用所有三重态激子进行发射。第一个纯有机 TADF 分子（PIC-TRZ）由 Adachi 及其同事在 2011 年发现，PIC-TRZ 扭曲的供体-受体结构可以减少 HOMO 和 LUMO 之间的轨道重叠。经计算 ΔE_{ST} 低至 0.11eV。通过使用 PIC-TRZ，外量子效率 η_{EQE} 可以达到 5.3%，而常规荧光的理论 η_{EQE} 仅为 2%，他们得出的结论是有效转换了 RISC 流程。之后，一系列具有小的 ΔE_{ST} 的纯有机 TADF 器件被报道出来：Adachi 及其同事报告了绿色 TADF 器件（4CzIPN），η_{EQE} 为 19.3%，其橙色和蓝色器件的 η_{EQE} 分别为 11.2%和 8.0%。这些结果表明，TADF 是实现高效 OLED 的可行策略。目前，基于 TADF 的蓝色 OLED 的 η_{EQE} 已经达到了 37%，红色 OLED 也实现了 28%的外量子效率，这远远超出了常规荧光 OLED 的器件效率，甚至可与磷光 OLED 相比。但是，TADF-OLED 的稳定性不好，通常只有几十到几百小时，这是一个亟待解决的问题。

2.5.4 三重态-三重态猝灭（TTA）发光

如图 2-7 所示，三重态-三重态猝灭发光（TTA），也就是 P 型延迟荧光（DF），可以将两个三重态激子融合成一个单重态。在 TTA 流程中，高三重态（T_x）和基态通过组合两个低位三重态（T_1）生成，而 T_x（$x>1$）具有的能量大约是 T_1 的两倍，生成的高三重态激子通过系间窜越产生单重激发态并发射延迟荧光。TTA 的激子寿命包含瞬时与延迟两部分，而延迟寿命比瞬时寿命长得多。P 型 DF 的发光过程有以下两步描述方案：$T_1+T_1 \rightarrow T_x+S_0 \rightarrow S_n+S_0 \rightarrow S_1+S_0$ 和 $S_1+S_0 \rightarrow 2S_0+h\nu$。其中 S_0、S_n 和 S_1 表示基态、单重激发态和第一单重态激发态，而光子能量为 $h\nu$。设计 TTA 分子是一个挑战，因为 $2T_1$ 与 S_n 之间的能隙 $2T_1$ 应该比 S_n 大。在掺杂系统中，TTA 过程也可能源自主体材料分子。最后，能量通过福斯特（Förster）能量传递过程转移到客体分子上。三重态激子的积累是高效激发的必要条件，但是，大量的三重态激子可能会导致严重的效率下降。最近的一项工作报道了基于菲并咪唑-蒽（PIAnCN）的高效蓝光 TTA-OLED；在未掺杂情况下，其效率下降被显著抑制了。器件在亮度为 $1000cd/m^2$ 时表现出 9.44% 的高外量子效率，并且即使亮度达到 $10000cd/m^2$，效率也保持在 8.09%。结果表明可以通过三重态融合来利用非发光三重态激子，从而抑制非掺杂系统中的三重态激子猝灭。此外，为了实现器件的稳定性，在 TTA 过程中，三重态激子猝灭也需要抑制。Lin 等开发的 TTA-OLED 实现了在 $2000cd/m^2$ 初始亮度下，使用寿命从 28h 增加到 53h 以及在蓝色 TTA-OLED 上实现了亮度保持在 $1000cd/m^2$ 时寿命可以达到 8000h。目前，除了合成具有 TTA 特性的材料外，将荧光材料转变为 TTA 材料也是追求高效 OLED 的一种方式。该策略需要激基复合物或敏化剂来辅助实现发光层中的三重态激子。这里需要注意的是，在 TTA 转换过程中所需的高驱动电压或者高浓度的感光剂往往会降低器件的效率。

2.5.5 局域电荷转移杂化态（HTLC）发光

局域电荷转移杂化态（HLCT）是另一种通过捕获 75% 的三重态激子来提高发光效率的方法。如图 2-7 所示，在 HLCT 状态下，注入高三重态 T_m（$m\geqslant 2$）的热激子通过反向系间窜越（RISC）转移到单重态。位于第二或更高激发态的激子称为热激子，激子从高三重态向单重态转变的过程称为热态激子过程。Ma 提出了热激子过程的实现需要两个先决条件：T_m 和 T_1 之间的大能隙以及存在于 T_m 和 S_n（$n\geqslant 1$）之间的小能隙。尽管 Kasha 规则指出了激子倾向于优先占据最低激发态而不是高激发态，但 T_m 和 T_1 之间的巨大能隙会阻碍内部转换（IC）流程；而且，T_m 和 S_n 之间的小能隙有利于 RISC 过程。因此，处于 T_m 状态的三重态激子不会转移到最低的三重态而是转移到单重态。由于对能级的确切要求，设计和合成 HLCT 分子非常具有挑战性。HLCT 分子理想情况下应包含局部激发（LE）状态（用于有效的荧光发射）和电荷转移（CT）状态（用于高效 RISC），这意味着分子被激发后，同时满足轨道重叠和轨道空间分离。因此，具有扭曲的给体单元和受体单元的分子往往可以制备成 HLCT 结构，而这里适当的扭转角和两个激发态的比例至关重要。与前面提到的TTA和TADF材料不同，HLCT材料既没有延迟PL也没有延迟EL寿命。激子寿命短主要是因为与辐射速率相比，RISC的速率更快，而这快速地从高三重态到单重态的RISC过程可以抑制三重态到三重态的过程。此外，尽管HLCT器件的η_{ST}高达93%，但总体η_{EQE}仍受低PLQY的限制。Tang及其同事报道了由AIE部分和HLCT核组成的分子，最大η_{EQE}为7.16%。尽管这样的方法可以提高η_{EQE}，但阻止三重态的内转换过程是很困难的，而且大多数的分子趋向于占据最低能级的单重态或者三重态，而不是高能级的激发态。因此，构建和合成具有HLCT激发态结构的分子是很有挑战的。

2.5.6 双重态激子发光

2015年，一种高效率的基于自由基的发光器件被报道出来，因其发光源自双重激发态而被称为双重态激子发光。不同于荧光和磷光发光分子，自由基发射分子具有奇数电子，即为由于未成对而处于开壳状态的外轨道电子。当闭壳分子（荧光或磷光分子）被激发时，一个电子将被转移到LUMO，另一个将留在HOMO。在这种情况下，自旋量子数从这两个电子获得的值可以是0或1。但是，由于泡利不相容原理，有机荧光分子的三重态激子不能过渡到基态进行发光；对于开壳分子，激发态称为双峰态，因为自旋量子数是1/2。而当唯一的基态电子在单占据分子轨道（SOMO）被激发到最低单空分子轨道（SUMO）时，它可以跳回SOMO，且无需任何禁阻规则。因此，基于开壳的自由基发射器的IQE理论上是100%。尽管稳定的自由基有很多，但自由基OLED取得的重大突破是2018年稳定的自由基分子（TTM-3NCz）被用来制造出深红色/近红外光的OLED，其IQE几乎达到100%，η_{EQE}也高达27%。其工作机理是通过将自由基TTM部分与3NCz供体基团结合，使自由基分子可以选择性地控制空穴和电子分别到达HOMO和SOMO，在此基础上，形成了具有小带隙的双重态激子。因此，发射颜色发生在深红色/近红外光谱范围内。但是，目前为止还没有实现稳定蓝色发光基团，这限制了自由基OLED的开发。

2.5.7 激基缔合物与激基复合物发光

在观察溶液光谱时，有时会观察到这样的现象，当发光物质的浓度增加时，发光强度反而下降，发生浓度猝灭；在发生浓度猝灭的同时，在波长较长处，出现新的发光峰。新的发光峰与普通的发光峰相比，没有精细结构，光谱的半高宽很宽，其发射强度随浓度的增加而增强。这个新产生的发光峰是激发态分子与基态分子按一定的化学计量，因电荷转移相互作用而形成的基态与激发态的聚集体。这个聚集体按一定化学计量形成，并成为一个新的发光体系。当形成这种发光聚集体的两个分子是同种化合物时，称为激基缔合物（excimer）；如果是不同种类的化合物时，称为激基复合物（exciplex）。激基缔合物与激基复合物的形成和发光过程可以简单地表示为：

$$A+A^{*}\Rightarrow(AA)^{*}\Rightarrow A+A+h\nu \tag{2-13}$$

$$A+B^* \Rightarrow (AB)^* \Rightarrow A+B+h\nu \quad (2\text{-}14)$$

式中，$(AA)^*$ 表示激基缔合物；$(AB)^*$ 表示激基复合物。

激基缔合物与激基复合物发射的光子能量要比荧光光子的能量低。也就是说，激基缔合物与激基复合物的能量比单个激发态分子的能量低。这可以从分子轨道理论作一个定性的说明。当两个基态分子相互作用时，彼此之间是靠分子之间作用力实现的较弱的作用。两个分子的最高占据轨道相互作用的结果是一个轨道能量升高，另一个轨道能量降低，分子的总能量不变。而激发态分子与基态分子相互作用的结果是，电子轨道重新组合；在激发态分子中，原来处于最低空轨道的电子能量降低，而处于最高占据轨道的电子与基态分子中两个处于最高占据轨道的电子重新组合后，其中两个电子能量降低，一个电子能量升高。这样，两个分子的总和是三个电子能量降低，一个电子能量升高，体系的能量降低，电子势能比单个激发态分子的势能低，所以其发射光谱处于荧光光谱的长波长方向。

激基缔合物与激基复合物发光的另一个特点就是光谱没有任何振动结构。这是因为，当一个激发态分子与一个基态分子相互作用形成激基缔合物或激基复合物后，由于体系能量降低，在二者相互作用的势能曲线上，形成一个势能极小点，辐射跃迁将在这一极小点发生，并直接跃迁到两个基态分子的势能面上，而处于基态的两个分子会很快分离。这种发射，由于两个基态分子的相互作用寿命短以及其振动状态不确定，因此没有任何振动结构。激基缔合物的跃迁示意图如图 2-9 所示。

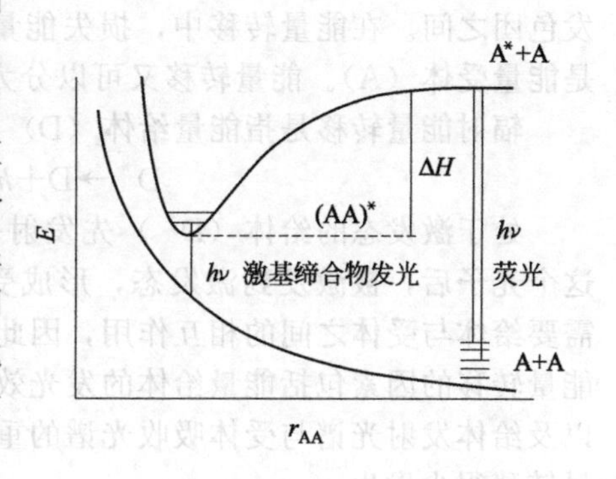

图 2-9　激基缔合物的跃迁示意图

并不是所有能发射荧光的有机化合物都能形成激基缔合物或激基复合物。研究发现，激基缔合物或激基复合物实际上是由两个平行叠对的芳香环构成的夹心结构。要形成激基缔合物或激基复合物通常需要具备如下三个条件：①分子具有平面性，即具有比较多的芳香环，而且相互间距不能太近，要达到 0.35nm 的距离；②如果在溶液中，应有足够高的浓度；③分子间的相互作用是吸引的。

形成激基缔合物或激基复合物实际上就是激发态分子与基态分子之间形成电荷转移络合物，一个激发态分子可以与一个基态分子形成二聚体，也可以由一个激发态分子与两个基态分子形成三元体系；在同一个分子内的两个不同发色团之间也可以形成激基缔合物或激基复合物。形成分子内激基缔合物或激基复合物的化合物可以是刚性结构，如对环芳烃化合物；也可以是柔性分子，如 $A(CH_2)_nB$ 结构，其中 A 和 B 是芳香环。当 A＝B 时，形成的就是激基缔合物；当 A≠B 时，形成的就是激基复合物。对于这一类型的化合物，存在 $n=3$ 规则，即在 $n=3$ 时，最容易形成激基缔合物或激基复合物；n 值偏离 3 越远，形成激基缔合物或激基复合物的效率就越低。激发单重态形成的激基缔合物或激基复合物可以称为激基缔合物荧光或激基复合物荧光，激发三重态也同样可以形成激基缔合物或激基复合物，通常称为激基缔合物磷光或激基复合物磷光。

2.6 激发态的能量转移与电子转移

2.6.1 能量转移

在有机化合物中，激发态分子发生能量转移的现象非常普遍。通常能量转移也被称为能量传递。能量转移是指处于激发态的原子、离子、基团或分子的能量向处于基态的其他粒子转移，或者处于激发态的粒子之间的能量转移。能量转移可以发生在气相、溶液以及固态中。在处理有机发光材料时，我们更关心处于溶液和固态中的能量转移。能量转移可以发生在不同分子之间，也可以发生在同一分子的不同发色团之间。在能量转移中，损失能量的一方是能量给体（D），获得能量的一方是能量受体（A）。能量转移又可以分为辐射能量转移和非辐射能量转移两类。

辐射能量转移是指能量给体（D）有发射光子的过程，可以表示为：

$$D^* \rightarrow D + h\nu \quad h\nu + A \rightarrow A^* \tag{2-15}$$

处于激发态的给体（D^*）先发射一个光子，然后处于基态的受体（A）吸收这个光子后，被激发到激发态，形成受体的激发态（A^*）。由于辐射能量转移不需要给体与受体之间的相互作用，因此可以实现比较远距离的能量转移。影响辐射能量转移的因素包括能量给体的发光效率、受体的吸收系数、受体中发色团的浓度以及给体发射光谱与受体吸收光谱的重叠大小等。在有机发光器件中，这种辐射能量转移很少发生。

无辐射能量转移与辐射能量转移不同，它不经过光子的发射和吸收过程，是一步过程，可以表示为：

$$D^* + A \rightarrow D + A^* \tag{2-16}$$

无辐射能量转移是通过能量给体与受体之间的直接作用完成的，处于激发态的给体失去能量回到基态，与受体获得能量而被激发到激发态是同时发生的。在无辐射能量转移过程中，体系的总能量保持不变，即要遵守能量守恒定律，所以要求能量给体释放出的能量与能量受体吸收的能量相等，即 $D^* \rightarrow D$ 释放的能量与 $A \rightarrow A^*$ 吸收的能量相同。此外，在能量转移过程中还要求体系的自旋守恒。

在无辐射能量转移过程中，根据给体与受体之间相互作用的性质，可以分为两种方式，如图 2-10 所示。即一种是通过库仑力作用（偶极-偶极相互作用）的共振能量转移，又叫作 Förster（福斯特）能量传递；另一种是通过电子交换的交换能量转移，又叫作 Dexter 能量传递。其中，Förster 能量传递可以很好地解释长距离范围内的能量转移，能量给体 D 与能量受体 A 之间的距离可以比它们的范德华半径之和大几倍（最大可达 10nm）。Dexter 能量传递通常发生在能量给体 D 与能量受体 A 之间的距离非常接近时，它们的电子云相互重叠；而在重叠范围内电子是不可分的，因此处于激发态的能量给体 D^* 上的电子就可能移到能量受体 A 上，从

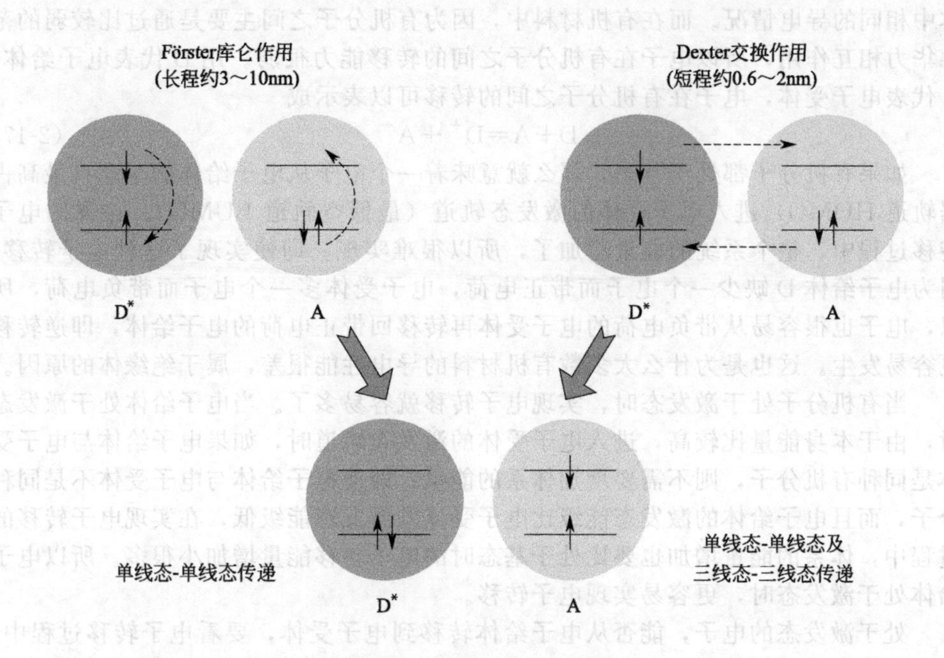

图 2-10　两种能量转移示意图

而形成能量给体激发态电子与能量受体基态电子的交换。由于能量给体 D 与能量受体 A 之间的电子云重叠随 D^* 与 A 之间距离的增大而迅速减小，因此通过交换作用只能实现短程范围内的能量转移（1nm 左右）。

Förster 能量传递方式和 Dexter 能量传递方式实际上就是能量给体（D）与能量受体（A）之间相互作用的 Hamiltonian 方程的两个解。对于有机分子，两个发色团之间相互作用的 Hamiltonian 方程非常复杂。实现无辐射能量转移，是能量给体（D）与能量受体（A）之间的库仑作用与交换作用两种机制共同完成的。在通常的能量转移体系中，这两种机制的作用是不同的，只有一种机制起到主要作用，而另一种作用基本可以忽略。Förester 能量传递和 Dexter 能量传递都是在假定能量给体与能量受体之间的相互作用非常弱，可以作为微扰处理时得到的。Förester 能量传递是一种远程相互作用，是通过空间的电磁场实现的相互作用，因而不需要能量给体与能量受体接触。Dexter 能量传递则是短程相互作用，是通过能量给体与能量受体之间的电子云重叠实现的一种电子交换作用，因而是一种接触型的碰撞作用。值得注意的是，Förester 能量传递是不能引起电子自旋发生翻转的能量转移，而交换作用 Dexter 能量传递则是允许发生自旋翻转的能量转移。前者只能发生在单重态-单重态的传递过程中，而后者既可存在于单重态-单重态的传递中，也可以发生在三重态-三重态的传递中。

2.6.2　激发态的电子转移

电子在导体中的转移，可引起导电现象。在重掺杂的半导体中，也会出现和导体中相同的导电情况。而在有机材料中，因为有机分子之间主要是通过比较弱的范德华力相互作用，所以电子在有机分子之间的转移能力很弱。用D代表电子给体，A代表电子受体，电子在有机分子之间的转移可以表示成

$$D+A=D^{+}+A^{-} \tag{2-17}$$

如果有机分子都处于基态，那么就意味着一个电子从电子给体的基态（最高占据轨道HOMO）进入电子受体的激发态轨道（最低空轨道LUMO）。这样的电子转移过程中，整个系统的能量增加了，所以很难实现。即使实现了这种电子转移，因为电子给体D缺少一个电子而带正电荷，电子受体多一个电子而带负电荷，所以，电子也很容易从带负电荷的电子受体再转移回带正电荷的电子给体，即逆转移更容易发生。这也是为什么大多数有机材料的导电性能很差，属于绝缘体的原因。

当有机分子处于激发态时，实现电子转移就容易多了。当电子给体处于激发态时，由于本身能量比较高，进入电子受体的激发态轨道时，如果电子给体与电子受体是同种有机分子，则不需要增加体系的能量；即使电子给体与电子受体不是同种分子，而且电子给体的激发态能级比电子受体的激发态能级低，在实现电子转移的过程中，体系的能量增加也要比处于基态时的电子转移能量增加小很多。所以电子给体处于激发态时，更容易实现电子转移。

处于激发态的电子，能否从电子给体转移到电子受体，要看电子转移过程中，系统的自由能变化情况。当电子转移反应是吸热的，即系统的自由能 $\Delta G>0$ 时，该反应是禁阻的。此时发生电子转移的可能性就非常小。如果反应过程是放热的，即 $\Delta G<0$ 时，反应是允许的，发生电子转移的可能性就大。

图2-11是基态以及激发态时电子转移示意图。在有机分子中，基态对应着最高占据轨道（HOMO），激发态对应分子的最低空轨道（LUMO）。图中IP(D)是电子给体的电离势，即从HOMO轨道上电离一个电子所需要的能量；IP(D^{*}）是电子给体处于激发态时的电离势，即处于激发态时，电离的电子是激发态上的电子，即电离LUMO轨道上的电子所需要的能量；EA(A)是电子受体的亲和势，即一个电离的电子回归到HUMO轨道所释放的能量；EA(A^{*}）是当有机分子处于激发态时，一个电离的电子回到LUMO轨道上时所释放的能量。

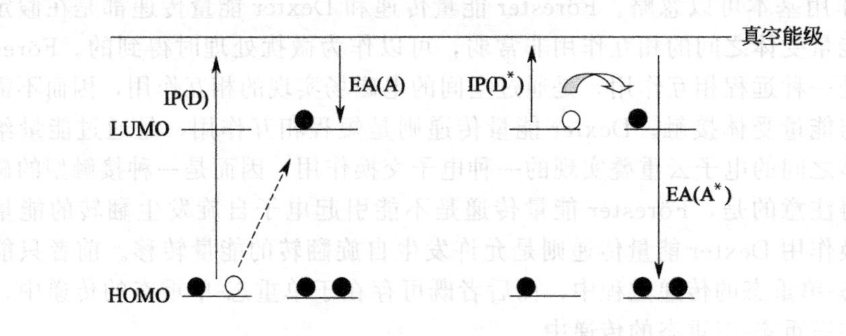

图2-11 基态与激发态时电子转移示意图

光致电子转移过程与有机分子激发态的其他过程存在竞争关系。处于激发态的有机分子去激发的途径很多，包括辐射跃迁、无辐射跃迁、能量转移以及化学

反应等。这些过程，均与电子转移过程成为竞争过程。电子转移过程与能量转移之间的关系尤其密切，经常存在于同一个体系中，彼此成为重要的竞争关系。有机分子处于激发态时，才能比较容易发生电子转移。有机分子获得能量而成为激发态的途径很多，其中吸收光能，即光诱导的情况最为普遍。光诱导实现电荷转移的过程针对不同体系，可能是一个一步过程，也可能是两步过程。一步过程是体系吸收了一个光子后，由基态直接形成电子转移态，这个吸收过程叫作电荷转移吸收。电荷转移吸收在光谱中有时也能观测到，通常称为电荷转移带或价间转移带。通过检测光谱中该带的吸收强弱，可以定性判断体系中，电子给体与电子受体之间的电子耦合程度。由于电子转移是一个快速过程，在通常情况下，比较弱的耦合就可以引起快速的电子转移，而在光谱中能观察到吸收带的情况，则耦合已经比较强了。

两步过程通常发生在体系的电荷转移态能级比定域激发态能级低时，体系在吸收了一个光子后，首先由基态跃迁到定域激发态，然后再由定域激发态经无辐射过程，形成电荷转移态。这个过程，电子实际上是经历了两步过程。

电荷转移态也是一种激发态，电子从电荷转移态回到基态时，也可能发生辐射过程，称为电荷转移发光。电荷转移发光是与无辐射电荷重组相竞争的过程。电荷转移发光光谱与激基复合物的发光类似，也是无结构的宽谱带，并且与激基复合物相同，具有正溶剂效应。

2.7　有机半导体中的电输运

有机电致发光器件是电流型器件，有机半导体中的电输运过程对器件性能的影响是至关重要的，本小节着重讨论这一过程。由于有机材料的结构与无机半导体的结构差别很大，在无机半导体中，原子间通过共价键或离子键结合，彼此之间的相互作用强，原子的轨道重叠大，电子容易在无机半导体中传输；而有机材料主要是通过分子间作用力（范德华力）结合，彼此之间的相互作用小，分子之间的电子云重叠小，电子基本上被限制在一个分子或一个发色团上。因此，有机材料只有在高场下才能表现出一定的导电特性。有机电致发光器件的工作原理是从阴极和阳极分别注入电子和空穴，然后注入的载流子在电场作用下分别在有机半导体内的LUMO 和 HOMO 上传输，电子和空穴相遇时，因受库仑力作用相互吸引而形成激子。激子如果辐射复合就会发光，如果无辐射复合就会发热。

如图 2-12 所示，有机器件的电致发光过程基本上可以分为五个步骤，即载流子的注入、载流子的传输、载流子复合形成激子、激子的迁移以及激子的复合发光。为提高发光器件的发光亮度，就需要提高载流子注入能力。而仅仅增加了载流子的注入数目还不够，为提高器件的发光效率，还必须尽量使到达复合发光区域的载流子数目保持平衡。因此，在有机电致发光器件中，载流子的注入及传输过程是非常重要的物理过程。

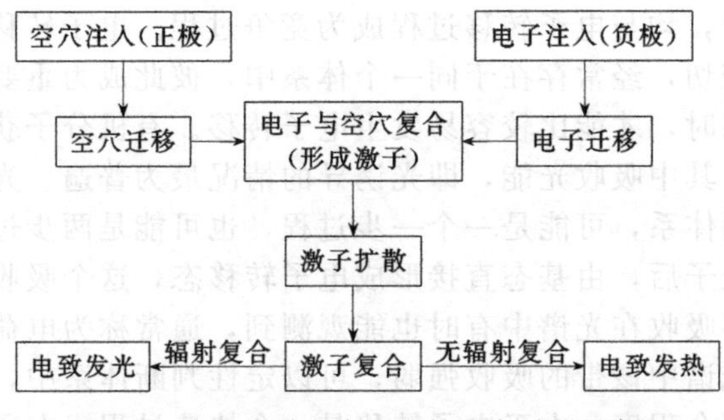

图 2-12 有机电致发光器件的发光过程示意图

无机半导体是通过共价键或离子键结合而成的，原子轨道间的强相互作用使载流子的输运比较容易发生；而有机半导体主要是通过分子间的范德华力结合的，故分子间相互作用较弱，载流子的迁移率低。有机小分子半导体是通过分子间 π 电子云的重叠来实现电荷转移的。在共轭聚合物半导体中，π 电子在共轭链内是离域的，所以 π 电子在链内的转移容易实现；而聚合物链间的相互作用相对弱得多，π 电子在链间的转移比较难。根据有机半导体的特点，其电荷输运的机理可用下述的三种模型来解释：能带模型、隧穿模型和跳跃模型。

(1) 能带模型

该模型是沿用无机半导体处理问题的理论，通常采用三个假设：周期势中的单电子近似；忽略原子的多重结构；将电子-晶格的相互作用作为微扰来处理。运用能带模型分析有机电致发光器件的能带结构有一定的局限性，因为用来制备电致发光的有机材料，包括发光材料和载流子传输材料的载流子迁移率很低。当载流子的迁移率低于 $100cm^2 \cdot V^{-1} \cdot s^{-1}$ 以及载流子的平均自由程小于热电子波长时，电子-晶格间的相互作用强，这时电子-晶格间的相互作用就不能作为微扰来处理。从理论上讲，用于有机电致发光器件的发光材料和载流子传输材料是不适合用能带模型来描述的。但是，在处理有机电致发光器件的物理过程时，运用能带模型不但简化了处理问题的方法，而且确实解决了许多实际问题，比如有机层之间界面的能级匹配、载流子阻挡层的选用等问题。

(2) 隧穿模型

假定在一个分子中，π分子轨道中的一个电子被激发到较高能级，就能隧穿势垒进入一个临近分子的未占据态。在隧穿过程中，能量是守恒的，处在激发态的电子隧穿过程与返回基态过程相竞争，由于三重态的寿命比单重态的寿命长得多，因此处于三重态的电子隧穿概率比处于单重态的电子大得多。在隧穿模型中，分子间的势垒一般采用方形势垒和三角势垒近似。隧穿电子所要克服的势垒包括去除被激发的隧穿电子后的正离子与该激发态隧穿电子的库仑势和原来中心分子的电子亲和势，激发态电子所处的较高能级处的势垒宽度要变小。因此，三角势垒近似更为合理。在处理有机电致发光器件的载流子注入问题时，常采用隧穿模型。

(3) 跳跃模型

该模型是指激发态电子凭借跳过势垒而实现从一个分子到另一个分子的运动。

实际上，可归结为氧化-还原链的传播。即把分立的中性分子或分子中的某个基团看成载流子跳跃的格位。当某个格位被氧化时，看成为空穴，它将从临近的某个格位获得一个电子而被还原为中性态，相当于空穴从一个格位跳跃到另一个格位。同样当一个格位被还原时，看成为电子，它将把这个电子给予相近的某个格位而被氧化成中性态，相当于电子从一个格位跳跃到另一个格位。对于载流子迁移率低于 $1cm^2 \cdot V^{-1} \cdot s^{-1}$、电子与声子的相互作用较强的有机材料，运用跳跃模型处理载流子输运问题更为合适。

这三种模型都能解释一部分物理过程，但又都有局限性；选择运用哪一种模型，其依据是电子与晶格的相互作用，即电子与晶格振动（声子）的耦合程度。

2.7.1　有机半导体与电极接触

有机电致发光器件中的电极与有机层之间的电接触特性对器件的电学性能以及发光性能来说非常重要。实际上的金属电极或 ITO 电极与有机层的接触非常复杂，因为不论是 ITO 电极还是金属电极，与有机层之间都不可能是完整的接触，一定会不同程度地沾染杂质以及存在不同程度的缺陷，因此导致电接触的几何不均匀性。这样的电接触，必然导致载流子的注入是不均衡的。通常在处理有机发光器件时，主要考虑的是平均效果。所以，应不去严格地考虑界面的微观几何形状，而是把这种接触作为真实的完整接触。但是在制备器件时，要尽量减少这种不良接触的形成，比如要尽量清洗干净衬底，要在尽量高的真空度条件下镀膜，采用电极修饰层等。

在不考虑电极与半导体接触时的微观几何形状产生的影响时，根据金属电极功函数与半导体功函数之间的大小关系，电极与半导体之间的电接触可分为：中性接触、阻挡接触和欧姆接触。

中性接触是指金属电极功函数与半导体功函数相等，两界面没有净电流。如果是一个夹在两个电极之间的单层器件，即金属-半导体-金属结构，而且两侧的金属电极是同种金属材料，并且满足中性接触，那么这样的器件电流-电压特性表现为欧姆特性。满足中性接触的条件比较苛刻，具体如下：①在电极与半导体接触界面处没有能带的弯曲，电场在半导体层内的分布是均匀的。②载流子的迁移率不随电场大小而变化。③从阴极注入的电子数目足够多，从阳极抽出的电流小于阴极的注入能力，这样才能保证电流-电压曲线的欧姆特性。在有机电致发光器件中很少出现中性接触。首先，在有机电致发光器件中，有机薄膜层与电极之间始终存在着能级差，在有机层与电极之间要出现能带弯曲，一般情况不满足条件①；其次有机材料的载流子迁移率非常低，而且是电场强度的函数，随电场强度的变化，载流子迁移率也会变化，不满足条件②。

阻挡接触是指当金属电极半导体接触时，如果金属电极的功函数比半导体的功函数高，电子将从半导体层流向金属电极，而在半导体层中接近金属电极的附近留下正的电荷区域，这个正的电荷区域也叫作耗尽区；电子如果要从金属电极进入半导体，就必须克服肖特基势垒。当金属电极与半导体形成的阻挡接触加正向偏压时，即金属电极加正电压，半导体层加负电压，电子很容易从半导体层流入金属电极；而当施加反向偏压时，即金属电极加负电压，半导体层加正向电压，电子从金属电极流向半导体层将受到肖特基势垒的阻挡。因此阻挡接触具有整流特性，所以也称为整流接触。在阻挡接触时，界面处因为存在耗尽区，所以电荷密度要比半导体层内部低很多，从金属向半导体层的热电子发射趋于饱和，因此阻挡接触时的电导是电极限制的，或者说是界面注入限制的。电子从金属穿过阻挡层流入半导体层的过程既与热电子发射过程有关，也与高电场引起的隧穿过程有关。针对空穴情况，与电子正好相反，当金属的功函数比半导体的功函数低时，电子将从金属流向半导体，这就相当于空穴从半导体流向金属电极。此时，对于空穴来说，就是阻挡接触。在有机电致发光器件中，希望有更多的载流子注入有机层中，因此要避免阻挡接触。所以，要选择低功函数金属制备阴极，高功函数材料作为阳极，而ITO导电玻璃（氧化铟锡）正好满足功函数比较高的条件，并且在可见光范围内是透明的。

欧姆接触是指金属和有机半导体之间的接触电阻与半导体体内的串联电阻相比可以忽略时的接触。这就要求在接触处及其附近的自由载流子浓度比半导体体内要高得多，金属/半导体接触界面相当于载流子储存器。值得注意的是，欧姆接触的电流-电压特性并不符合欧姆关系，而是非线性。欧姆接触要求半导体内部的载流子数目很低，一般情况下，只有金属与本征半导体接触时，才可能形成欧姆接触。对电子来说，当金属的功函数比半导体的费米能级低时，二者接触后，电子将从金属流入半导体，在接触的界面处，产生电子积累层，这样的接触，就是电子的欧姆接触。空穴的情形正好相反，当金属电极的功函数比较高，高于半导体的费米能级时，电子将从半导体流出，相当于空穴从金属电极流入半导体，在接触界面处形成空穴积累层。这样的接触，对于空穴来说，就是欧姆接触。比较一下阻挡接触，在金属与本征半导体接触的前提下，对于电子是阻挡接触的金属/本征半导体界面，对于空穴来说，就是欧姆接触；对于空穴是阻挡接触的金属/本征半导体界面，对于电子来说，就是欧姆接触。具体到有机电致发光器件（包括聚合物发光器件）的情况时，由于有机材料的电导率非常低，如果仅仅是从导电的角度看，制备有机（聚合物）发光器件的材料可以看成是绝缘体。因此，如果有机层的厚度不是很薄时，与电极的接触基本上满足欧姆接触的条件。而欧姆接触又有利于载流子的注入。因此，在有机电致发光器件中，也要尽量实现欧姆接触。实现欧姆接触的途径有两个：①采用低功函数的金属制备器件的阴极，阳极则选用高功函数的材料；②对电极附近的半导体进行重掺杂，即在阴极附近进行n型重掺杂，在阳极附近进行p型重掺杂，这样就可以使载流子注入的势垒足够薄，有利于载流子的量子隧穿效应。在有机电致发光器件中，采用低功函数阴极提高电子的注入是常用的办法。对有机材料进行掺杂虽然与对无机半导体进行掺杂相比要困难得多，但是，采用掺杂的办法在有机电致发光器件中也有应用。

2.7.2 载流子的注入

有机电致发光器件是电注入式发光器件，所以电子和空穴的注入是器件工作的关键。当有机薄膜与正负两极的能级不匹配时，存在能级差，导致有机功能层和电极之间形成界面势垒。因此，电子和空穴的注入需要克服界面势垒 ΔE_e 和 ΔE_h，才能进入发光层。通过调节有机半导体层和电极间的势垒，可以调控载流子注入，从而改变 OLED 器件的光电特性，如发光效率和驱动电压等。作为发光层及传输层的有机材料在器件中是非晶态的薄膜，与无机半导体相比，载流子的注入要复杂得多。这里以电子为例简单介绍注入电流的情况。电子从电极进入半导体有热电子发射、场致发射、热电子场致发射等几种形式。有机电致发光器件的有机层非常薄，只有几十纳米到一百纳米左右。在通常情况下，在驱动电压比较低时，由于注入的载流子数目比较少，因此注入的电流是受电极注入能力限制的，称为电极限制电流；继续增加驱动电压，当电极可以注入足够多的载流子后，器件的电流主要受到有机层本身的电荷限制，此时称为空间电荷限制电流。由于有机电致发光器件结构及材料的复杂性，目前还没有一种理论能完全符合有机器件的电流和电压特性曲线。但是，通常的有机电致发光器件电流随电压的变化曲线主要可以分为两个部分，即随器件的电压从低到高逐渐增大时，注入载流子数量将从小逐渐变大，电流也从注入限制逐步过渡到空间电荷限制。

如果电流是受电极注入的能力限制，那么该注入是电极注入限制电流；如果电极注入电流足够大，甚至在器件本体中存在过剩的空间电荷，那么电流限制转变成空间电荷限制。在有机电致发光器件中，载流子从电极注入有机薄膜的过程非常复杂，除了涉及能级匹配问题，薄膜及电极的平整性，对载流子的注入影响也很大。为处理问题的简化，通常主要考虑三种注入情况：隧穿注入、热电子发射注入、热电子场发射注入。

前面提到，在有机电致发光器件中，不论是电子还是空穴，注入有机层时，都需要克服一个势垒。由于外加电场和电象力的联合作用，可以降低载流子的注入势垒，这种现象称为肖特基效应。外加电场的作用不仅是可以降低势垒高度，而且可以使半导体的导带倾斜，从而减小势垒的厚度。金属电极与半导体层之间的肖特基势垒厚度是外加电场 F 的函数，随外加电场的增加，其厚度会降低。如果肖特基势垒的高度比较小，以至于与 KT 大小接近，甚至小于 KT 时，电子很容易克服势垒进入半导体内部。因此，此时肖特基势垒起不到阻挡电子的作用。如果势垒厚度小于电子的波长，即使势垒高度很大，高于 KT，对于电子仍然是透明的，这个势垒也不会阻挡电子的注入。根据势垒厚度的不同，隧穿注入与热电子发射的作用大小也不同。当势垒的厚度比较小、势垒比较高，热电子发射可以忽略时，以隧穿注入为主；当势垒厚度比电子波函数的波长大很多时，隧穿注入可以忽略，电子注入以热电子发射为主。而实际情况，二者对电子的注入可能同等重要。这是因为接近势垒峰值时，势垒的宽度会变得更窄，而有利于隧穿注入。

(1) 隧穿注入

隧穿模型又叫作场发射电子注入，在温度比较低时，金属中的电子能量主要分布在费米能级以下，此时温度对电子的注入影响不大。因此，注入主要靠电场的作用，通过量子力学的隧穿作用，进入半导体层。针对无机半导体，可以对金属/半导体界面处进行 n 型掺杂，以减少界面的势垒厚度，增加隧穿的概率。具体在有机电致发光器件中，由于器件的工作温度一般为室温，加上器件本身产生的热量，其工作温度应该略高于室温，因此温度的作用可能不应该忽略。为解释隧穿模型，我们还是假设金属电极与有机层之间肖特基势垒的大小与厚度作用使温度的影响可以忽略不计，则电子在电场的作用下，可以通过量子力学隧穿作用进入有机层。这种隧穿模型首先是由 Fowler 和 Nordheim 给出的。Fowler-Nordheim 隧穿注入模型同时也忽略镜像电荷效应。在 Fowler-Nordheim 模型中，器件的注入电流是电场强度的函数。由于半导体的能带在电场下的弯曲，在具体器件中，可以把载流子从电极注入有机层的势垒看成为三角形势垒。在三角形势垒近似下，注入电流的表达式为：

$$J_{\mathrm{T}}=BF^{2}\exp\left[-\frac{4(2m_{\mathrm{eff}})^{1/2}\Delta^{3/2}}{3h\mathrm{e}F}\right] \tag{2-18}$$

式中，J_{T} 为注入电流密度；F 为电场强度，与加在器件上的驱动电压 V 相关；Δ 为界面的势垒高度；m_{eff} 为载流子有效质量；h 为普朗克常数；B 是由材料本身性质决定的常数。通常情况，Fowler-Nordheim 隧穿公式基本上可以反映器件的载流子注入趋势。但是由于考虑注入势垒 Δ 时，忽略了镜像电荷效应 ($\mathrm{e}^{2}/16\pi\varepsilon_{0}\varepsilon\chi$)，因而实际上器件的电流要比方程式(2-18) 计算得到的电流低。按 Fowler-Nordheim 隧穿机制，载流子注入需要足够高的电场强度以克服注入势垒，因而其注入效率受控于电场强度。

(2) 热电子发射注入

当加在金属/半导体结上的电压比较低时，注入的载流子数目比较少，因此注入的电子不受空间电荷的限制。如果再忽略陷阱的影响，则从电极注入半导体的全部电子都进入导带，并流向阳极。在没有外加电场的情况下，饱和热电子电流 J_{S} 可以表示为：

$$J_{\mathrm{S}}=AT^{2}\exp(-\phi/KT) \tag{2-19}$$

如果存在外电压在界面处的电场 F，则镜像电势减低势垒高度为 $\Delta\phi=\mathrm{e}\left(\frac{\mathrm{e}F}{\varepsilon_{0}\varepsilon}\right)^{1/2}$；由于外加电场的存在使势垒降低，此时的热电子发射也可以称为电场增强热电子发射。电场增强热电子发射的饱和电流可以表示为：

$$J_{\mathrm{S}}=AT^{2}\exp\left\{-\left[\phi-\left(\frac{\mathrm{e}^{2}}{4\pi\varepsilon_{0}\varepsilon}\right)^{1/2}F^{1/2}\right]/KT\right\} \tag{2-20}$$

式中，J_{S} 为饱和电流；A 为理查德逊常数；T 为温度；ϕ 为界面势垒；K 为玻耳兹曼常数。公式(2-19) 与公式(2-20) 均忽略了势垒对电子的反射作用，根据量子力学的知识，我们知道，不是所有能量高于势垒的电子都可以越过势垒，而是会有一部分电子被反射回来；对于纯金属电极来说，反射系数比较小，一般不会超过 0.02。因此，在这里讨论热电子发射时，可忽略势垒对电子的反射，其对结果影响很小。

(3) 热电子场发射注入

温度比较低时，电子主要靠场发射注入（即隧穿效应）半导体中；而在温度比较高时，则主要靠热电子发射或场增强的热电子发射注入半导体中。在中等温度下，在金属电极中，有许多电子的能量处于费米能级以上，然而由于温度还未足够高，因此这些电子以热电子发射进入半导体中的概率还比较小，主要还是靠隧穿效应进入半导体中；但此时温度的影响已经不能忽略，电子从金属注入半导体中主要靠温度与电场的共同作用，因此称为热电子场发射。热电子场发射的电流密度可以由下式给出：

$$J=J_{\mathrm{S}}\exp(qV/E') \tag{2-21}$$

$$J_{\mathrm{S}}=AT^2\left(\frac{\pi E_{00}}{K^2T^2}\right)^{1/2}\left[qV+\frac{\phi}{\cos(E_{00}/KT)}\right]^{1/2}\exp\left(-\frac{\phi}{E_0}\right) \tag{2-22}$$

$$E'=E_{00}\left[E_{00}/KT-\tan(E_{00}/KT)\right]^{1/2} \tag{2-23}$$

$$E_0=E_{00}\cot(E_{00}/KT) \tag{2-24}$$

通常情况的有机电致发光器件可能更符合热电子场发射模型，因为有机电致发光器件的工作温度可以认为是“中等温度”，而且器件中的电子注入有机层的势垒也比较高。但是，实际上的器件情况比较复杂。利用隧穿模型，基本上可以定性地描述器件在低电压下电流-电压特性的规律性，但是与实际数值相差还是比较大的。图2-13给出了电子从金属进入半导体的三种模型的能级示意图。

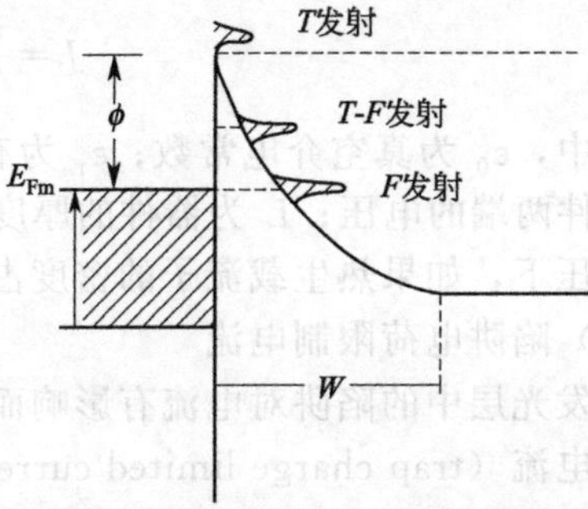

图2-13 热电子（T）发射、热电子场致（T-F）发射及场（F）发射的能级示意图

ϕ—势垒高度；W—势垒厚度；E_{Fm}—金属的费米能级；E_{c}—半导体的导带

2.7.3 载流子的传输

有机分子按晶体结构显示周期性排列。晶体中的电子分布扩散到整个晶体的分子轨道上，此时的电子和空穴不再属于某个分子，在电场作用下在晶体内跳跃地运动。在有机晶体中，分子间的轨道交叠并不多，载流子在其中的运动是从一个分子向另一个分子跳跃运动。在外电场作用下，载流子传输就是注入的电子和空穴分别向正极和负极迁移。载流子的迁移可能发生三种情况：①两种载流子相遇；②两种载流子不相遇；③载流子被杂质或缺陷俘获而失活。显然，只有正、负载流子相遇才有可能复合而发光。载流子传输性能的好坏取决于材料的载流子迁移率，因此载流子迁移率的测量是一个关键的物理问题。由于有机材料的载流子迁移率比无机半导体要低几个数量级，无机半导体载流子迁移率最常采用霍尔效应测量，但霍尔效应不能用于有机半导体载流子迁移率的测量。测量有机载流子迁移率的方法有三种：飞行时间（time of fly，TOF）法、瞬态电致发光法和空间束缚电流法。飞行时间测量方法是在厚膜（$>1\mu$m）和低载流子浓度（$<10^{13}/\mathrm{cm}^3$）下进行的；而第二种方法是在薄膜（$<0.1\mu$m）和高载流子浓度（$10^{15}\sim10^{17}/\mathrm{cm}^3$）条件下测量的；第三种测量方法条件介于前两种之间。

有机分子之间是范德华力或伦敦力，其分子轨道间的重叠较小，电子在分子间的交换很弱，所以一般情况下有机物的载流子迁移率很低。低载流子迁移率不利于载流子在材料内的有效传输。然而，由于OLED器件采用的是薄膜结构，通常在低电压下便可在发光层内产生$10^4\sim10^6$ V/cm的高电场。在高电场作用下，载流子在聚合物内的传输基本不成问题。当电极注入的载流子数目足够多，超过了有机材料空间上所能接纳的数目时，就会导致电荷在有机材料中的局部堆积，产生相反的电场，从而阻止载流子的进一步注入。空间电荷限制是一种体限制。通常的有机电致发光器件在低电压下，电流-电压关系是受到电极注入能力限制的，即电极限制电流；而在高驱动电压下，就变为体限制电流。

（1）空间电荷限制电流（SCLC）

如果电极注入的电流超过体材料所能输运的数目，就会在本体中形成空间电荷，从而形成一个降低电子从阴极发射速率的电场。此时，电流就受半导体或绝缘体的体限制。空间电荷限制电流对界面势垒的影响比较小，不考虑陷阱限制效应时电流-电压特性模型为：

$$J=\frac{9}{8}\varepsilon_0\varepsilon_r\mu\frac{V^2}{L^3} \tag{2-25}$$

式中，ε_0 为真空介电常数；ε_r 为有机材料的介电常数；μ 为载流子的迁移率；V 为器件两端的电压；L 为器件的厚度。公式(2-25) 中忽略了热生载流子的影响。在低电压下，如果热生载流子的密度占优势，电流-电压关系变为欧姆特性。

（2）陷阱电荷限制电流

当发光层中的陷阱对电流有影响而载流子迁移率与电场无关时，将获得陷阱电荷限制电流（trap charge limited current）。其相应的公式是：

$$J_{TCL}=N_{LUMO}\mu_n q^{(1-m)}\left(\frac{\varepsilon m}{N_t(m+1)}\right)^m\left(\frac{2m+1}{m+1}\right)^{m+1}\frac{V^{m+1}}{d^{2m+1}} \tag{2-26}$$

式中，N_{LUMO} 是 LUMO 能级的态密度（density of state，DOS）；N_t 是全部缺陷密度；最重要的 m 值是 T_t/T，$T_t=E_t/K$（E_t 为陷阱能量，K 为玻尔兹曼常数。当 $T_t\gg$环境温度 T 时，可以假定在准费米能级（quasi-feimi level）以下的缺陷都被填满，以上都是空的。

2.7.4 有机半导体中的激子产生

激子的概念是从无机半导体中得来的。在研究具有绝缘性质或半导体性质的晶体光吸收时，对于完整的晶体，一般情况下，当入射光的频率 ν 小于某一特定频率 ν_0 时，晶体就变成透明了，这个特定频率 ν_0 对应的光子能量 $h\nu_0$ 就相当于该晶体禁带宽度 E_g 的大小。但是，当晶体处于低温时，尽管入射光的频率小于 ν_0，也可能被吸收。按照能带理论，当入射光子的频率大于 ν_0 时，入射光子的能量 $h\nu$ 大于禁带宽度 E_g，晶体吸收这样的光子后，满带（价带）中的电子被激发到导带上；同时，满带（价带）中留下空穴。这一结果相当于某一个原子被离化。此时产生的电子和空穴分别在导带和价带上，是自由的，在电场下可以进行漂移，形成光电流。但是，在低温下发现的频率 ν 小于 ν_0 的光吸收，并不能把电子从晶体的满带激发到导带上；而晶体又是非常完整的，杂质能级和缺陷能级是可以忽略的。因此，此时吸收的、小于频率为 ν_0 的光子，只能把电子激发到禁带中的某些能级上。研究发现，这些能级还是比较稳定的（衰减时间为微秒水平）。Frenkel 首先认为，禁带中的这些能态是激发态，当晶体吸收的能量小于禁带宽度 E_g 的光子后，就从某些原子上激发出一个电子，而该原子（离子）则留下一个空穴；当电子与空穴处于同一个原子上时，彼此的作用很强。这种电子与空穴构成的一个体系，就是激子。激子是一种激发态，它是瞬时定域的，即激子可以从一个原子跳到另一个原子上；激子在固体中是以波的形式传播的，这种波叫作激发波。换句话说，激子是激发波的量子。激子是由电子空穴对通过库仑作用束缚在一起形成的，它是电中性的，是玻色子。激子在固体中传播时，不伴随电导，即激子不传输电荷。但是，激发态能量却随激子的迁移转移到不同的地方，即激子的迁移伴随着能量的迁移。

在几乎任何的绝缘晶体内都可能形成激子，通常激子分成两类（图2-14）。一类是Frankel激子：一个电子从已填充的轨道移除，去占据一个预先空着的更高能量的轨道，结果在原来的轨道（基态）中留下一个空穴，二者相互吸引形成激子，它在紧束缚近似下激发限制在分子的内部或其附近。这种激子电子空穴对之间的距离与晶格大小相当时，被称为紧束缚激子。Frankel激子的库仑作用势能为：

$$\frac{-e^2}{4\pi\varepsilon\varepsilon_0\left|r_e-r_h\right|} \tag{2-27}$$

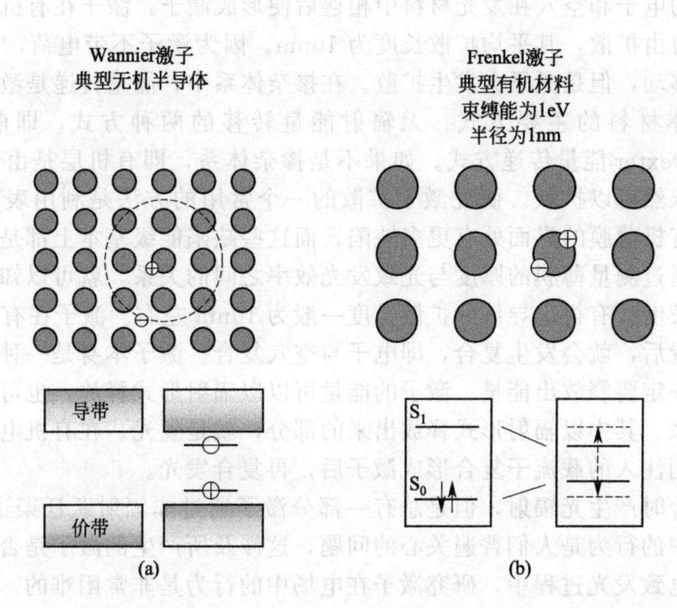

图2-14　Wannier激子与Frankel激子的示意图

式中的“介电常数”ε很难确定，因为激子在固体中不是固定的，在迁移过程中，固体内的极化作用非常复杂。另一类是Wannier激子。由于分子（或原子）堆积紧密，分子间相互作用很强，这就降低了电子和空穴间的库仑相互作用，它们之间的距离也随之增加；当电子空穴之间的距离很大，有几十个甚至上百个晶格的大小时，彼此之间的束缚力也比较小，很容易离化，只有在低温下才能观察到该类激子的吸收。此类激子称为松束缚激子，最先提出这类激子的是Wannier和Mott。Wannier激子的库仑作用势能表达式与式(2-27)的形式完全相同。由于电子与空穴的距离比Frankel激子大很多，因此式中的“介电常数”ε可以看成为常数，就是固体的介电常数。

这里要特别指出，有机材料与无机半导体有很大差异。首先，制备成有机器件的有机层不是晶体结构，而且载流子迁移率非常低。虽然通常采用能带模型可以解释许多有机电致发光器件的物理过程，但实际上，由于载流子的平均自由程很短，很难用能带模型来处理载流子的复合过程。引进激子模型来处理有机发光材料中载流子的复合发光会更合理一些。一般的无机半导体在吸收能量大于禁带宽度 E_g 的光子时，电子被激发到导带上，为整个半导体晶体所共有。但是，在有机发光材料中，吸收了光子能量的电子被激发到激发态时，实际上是与产生这个电子而形成的空穴束缚在一起，形成电子-空穴对，而这个电子-空穴对在性能上相当于 Frankel 激子。

2.7.5 激子的扩散与复合

当注入的电子和空穴在发光材料中相遇后便形成激子，激子在有机固体中不停运动，称为自由扩散，其平均扩散长度为 10nm。因为激子不带电荷，不会在电场下进行定向移动，但是激子会发生扩散。在掺杂体系中，能量传递是激子从主体材料漂移到客体材料的主要方式。无辐射能量转移的两种方式，即前面介绍的 Förester 和 Dexter 能量传递方式。如果不是掺杂体系，即有机层是由同种材料构成的，激子依然可以扩散。研究激子扩散的一个常用的方法是利用表面的猝灭效应。由于在有机薄膜的界面处有更多缺陷，而这些缺陷能级基本上都是发光的猝灭中心，因此通过测量薄膜的厚度与光致发光效率之间的关系，就可以知道该材料中的激子扩散长度。有机半导体的扩散长度一般为 10nm 左右。激子在有机层中迁移到合适的位置后，就会发生复合，即电子与空穴复合。激子本身是一种激发态，所以激子复合一定要释放出能量。激子的能量可以以辐射形式释放，也可能以无辐射形式释放出来。其中以辐射形式释放出来的部分，就是发光。在有机电致发光器件中，就是利用注入的载流子复合形成激子后，再复合发光。

激子复合时产生光辐射，但是总有一部分激子通过非辐射跃迁渠道回到基态。激子在电场中的行为是人们普遍关心的问题，这涉及所产生的激子是否能有效地复合发光。在电致发光过程中，研究激子在电场中的行为是非常困难的。由于目前无研究证明光生激子与注入载流子复合产生的激子不同，因此人们利用光生激子作为研究对象，研究在电场中的激子行为。在电场作用下光致发光强度降低，光致发光强度降低的主要原因被归结为以下几种机制。①电场导致光发射的动力学参量变化。②注入带电载流子相互作用导致的激子离化。③电场诱导激子离化。④焦耳效应产生的温度效应。在电场强度和电流密度不是很强时，机制①和机制④引起电场产生的发光猝灭可以忽略。对于机制②，在激子和激化子相互作用理论研究中给出注入载流子引起的发光猝灭存在的可能，但至今为止尚没有令人信服的证据证明在 OLED 驱动条件下，注入带电载流子可以导致明显的激子离化。对于有关电场诱导激子离化的机制③，当电场强度低于 10^7 V/cm 时，有机半导体材料的光吸收在电场作用下变化很小，比电场引起发光强度的相对变化要小两个数量级，一般不予考虑。对于高驱动电压情况，很多研究显示 OLED 电致发光的效率明显降低，原因之一就是电场离化激子。载流子在链内和链间的跳跃会引起组成激子的电子和空穴在空间上的分离，这种分离被认为是发光减弱的主要原因。在足够强的电场作用下构成激子的电子和空穴在链间和链内跳跃，当它们之间的距离超出激子束缚距离时，激子变成束缚电子空穴对。电子-空穴对的束缚能小于激子的束缚能，很容易被离化成自由的电子和空穴，被电场扫向两电极。激子离化必须克服链内激子的库仑束缚能和电子-空穴对的束缚能能量差 ΔE_0。当有机材料没有受到电场的作用并且电子-空穴对的束缚能比链内激子的库仑束缚能大时，激子解离的可能性不大。当受到外界电场作用时，构成激子的电子和空穴所具有的电偶极矩沿着电场方向排立。如电子（或空穴）沿着电场方向跳跃距离为 d 时，载流子获得能量值 $E=qFd$，电子-空穴对的束缚能变小，激子离解变为可能。激子离化会分流基态电子，降低发光效率，它可以通过电场调制光致发光和光电导测量。

2.8 有机电致发光效率

发光效率的表示方法很多，常用的有量子效率、功率效率等。量子效率对光致发光与电致发光的定义很接近：光致发光时，是指发射的光子数与吸收的光子数之比；电致发光时，是指发射的光子数与注入的载流子数目之比。对于电致发光器件来说，又分为内量子效率和外量子效率。内量子效率是指发光层所发射的光子数与注入的载流子数之比；外量子效率是指器件所导出的光子数与注入的载流子数之比。功率效率是器件发射光子的总功率与驱动器件的电功率之比。

一般情况，有机材料在溶液状态下的效率要比薄膜的效率高。因此在制备有机发光材料时，考察其薄膜状态的发光效率要比溶液状态下的效率更有意义。综合考虑各种因素，器件的外量子效率可以表示为：

$$\eta_{EQE}=\alpha\chi\eta_{out}\eta_{PL} \tag{2-28}$$

式中，α 是常数，与载流子注入的平衡程度有关；χ 是单线态激子形成的概率，为 25%左右；η_{out} 是器件的光导出效率，与器件的结构有关；η_{PL} 是发光材料的光致发光效率。在制备器件时，首先要选发光效率高的材料，即选择 η_{PL} 大的材料。通过优化器件结构，选择合适的载流子传输层材料以及激子限制层等措施，可以使到达发光区域的电子和空穴尽可能平衡，而且限制激子无法漂移到猝灭中心，因而可以提高 α 的大小，这也是提高器件发光效率的主要途径。量子效率可以很清楚地表示注入的载流子产生光子的效率。但是，由于量子效率需要把测量的光发射换算成光子数，相对复杂，因而科研工作者经常采用一个比较简单的效率表示方式，即 cd/A。其分子与辐射的光子数相对应；分母是电流的大小，与注入的载流子数目相对应。因此，该效率与量子效率大小成正比，且实际应用起来非常直观。

功率效率是指发射光的能量与消耗电能的比值。但是，在显示器件的实际应用中，由于人眼睛对不同波长光的响应不同，因而更多采用流明效率。流明效率也是功率效率的表示方式之一，只是采用流明效率更直观一些。流明效率可以表示为：

$$\eta_{\mathrm{P}}=\frac{L}{VI}=\Phi\eta_{\mathrm{EQE}}\frac{V_{\lambda}}{V} \tag{2-29}$$

式中，L 为发光器件的照度，单位是流明（lm）；V 和 I 分别为器件的驱动电压和工作电流；Φ 为视见函数；η_{EQE} 为式(2-28) 给出的外量子效率；V_{λ} 是波长为 λ 的一个光子的能量。比较式(2-28) 和式(2-29) 很容易看出，在量子效率关系式中没有出现器件的驱动电压。也就是说，如果两个器件的发光材料相同，即发射波长相同的两个器件，只要在相同的电流密度下，具有相同的发光亮度，那么这两个器件的发光外量子效率就是相同的，而与驱动电压没有关系。可是对于功率效率来说，驱动电压的影响就很大，因为在相同的工作电流下，电压不同，消耗的电功率就有很大差别。因此降低器件的工作电压，在量子效率不变的情况下，可以提高器件的功率效率，降低电能的消耗。

器件的发光亮度也是器件的一个重要参数。有机电致发光器件是注入型器件，亮度和参与复合的电子及空穴浓度乘积成正比，可以表示为：

$$B \propto qn \tag{2-30}$$

式中，q 和 n 分别是复合区域空穴与电子的浓度。由于空穴与电子浓度分别同空穴电流密度与电子电流密度成正比，因此亮度又可以表示为：

$$B \propto J_{\mathrm{h}}J_{\mathrm{n}} \tag{2-31}$$

式中，J_{h} 与 J_{n} 分别是空穴电流密度和电子电流密度。亮度与效率是相关联的，如果器件的效率大，那么，就可以在较小的电流密度下实现较高的亮度。从效率角度看，如果为了实现较大的效率，就需要载流子注入的平衡。实现载流子平衡注入可以从两个方面入手：一是减少多数载流子的注入，采用一些限制层，来控制多数载流子的数目；二是可以增加少数载流子的数量，通过降低注入势垒，增加传输层的传输能力等。虽然两个方面都可以提高器件的发光效率，但是第一种方法却牺牲了器件的亮度。此外，为减少多数载流子的数目，就需要增加多数载流子的注入势垒，这样就在相同的电压下，降低了器件的电流。换句话说，就是为了达到相同的工作电流，必须增加器件的电压。从前面提到的功率效率可以知道，在增加量子效率的同时，可能会降低功率效率。因此，通过控制多数载流子的数量来提高效率的方法并不可取，最佳的方法还是尽可能增加少数载流子的数目，这样就可以同时提高器件的发光亮度和发光效率。

参考文献

[1] 樊美公．光化学基本原理与光子学材料科学［M］．北京：科学出版社，2001.

[2] 吴世康．高分子光化学导论：基础和应用［M］. 北京：科学出版社，2003.

[3] Schwartz B J, Nguyen T Q, Wu J J, et al. Interchain and intrachain exciton transport in conjugated polymers: ultrafast studies of energy migration in aligned MEH-PPV/mesoporous silica composites［J］. Synthetic Metals, 2001, 116 (1-3): 35.

[4] Cornil J, Calbert J P, Beljonne D, et al. Interchain interactions in π-conjugated oligomers and polymers: a primer［J］. Synthetic Metals, 2001, 119 (1-3): 1.

[5] Li W J, Pan Y Y, Xiao R, et al. Employing～100% excitons in OLEDs by utilizing a fluorescent molecule with hybridized local and charge transfer excited state［J］. Advanced Functional Materials, 2014, 24

(11)：1609-1614.
[6] Zhang Q S，Zhou Q G，Cheng Y X，et al. Highly efficient green phosphorescent organic light-emitting diodes based on CuI complexes [J]. Advanced Materials，2004，16 (5)：432-436.
[7] Peng Q M，Obolda A，Zhang M，et al. Organic light-emitting diodes using a neutral π radical as emitter：the emission from a doublet [J]. Angewandte Chemie，2015，54 (24)：7091-7095.
[8] Ai X，Evans E W，Dong S Z，et al. Efficient radical-based light-emitting diodes with doublet emission [J]. Nature，2018，563 (7732)：536-540.
[9] Tao Y，Yuan K，Chen T，et al. Thermally activated delayed fluorescence materials towards the breakthrough of organoelectronics [J]. Advanced Materials，2014，26 (47)：7931-7958.
[10] Kim K H，Moon C K，Lee J H，et al. Highly efficient organic light-emitting diodes with phosphorescent emitters having high quantum yield and horizontal orientation of transition dipole moments [J]. Advanced Materials，2014，26 (23)：3844-3847.
[11] Lee C W，Lee J Y. Above 30% external quantum efficiency in blue phosphorescent organic light-emitting diodes using pyrido [2，3-b] indole derivatives as host materials [J]. Advanced Materials，2013，25 (38)：5450-5454.
[12] Uoyama H，Goushi K，Shizu K，et al. Highly efficient organic light-emitting diodes from delayed fluorescence [J]. Nature，2012，492 (7428)：234-238.
[13] Lee S Y，Yasuda T，Yang Y S，et al. Luminous butterflies：efficient exciton harvesting by benzophenone derivatives for full-color delayed fluorescence OLEDs [J]. Angewandte Chemie，2014，53 (25)：6402-6406.
[14] Shu Y A，Hohenstein E G，Levine B G. Configuration interaction singles natural orbitals：an orbital basis for an efficient and size intensive multireference description of electronic excited states [J]. Journal of Chemical Physics，2015，142 (2)：024102.
[15] Ahn D H，Kim S W，Lee H，et al. Highly efficient blue thermally activated delayed fluorescence emitters based on symmetrical and rigid oxygen-bridged boron acceptors [J]. Nature Photonics，2019，13 (8)：540-546.
[16] Wu T L，Huang M J，Lin C C，et al. Diboron compound-based organic light-emitting diodes with high efficiency and reduced efficiency roll-off [J]. Nature Photonics，2018，12 (4)：235-240.
[17] Zhang Y L，Ran Q，Wang Q，et al. High-efficiency red organic light-emitting diodes with external quantum efficiency close to 30% based on a novel thermally activated delayed fluorescence emitter [J]. Advanced Materials，2019，31 (42)：1902368.
[18] Endo A，Sato K，Yoshimura K，et al. Efficient up-conversion of triplet excitons into a singlet state and its application for organic light emitting diodes [J]. Applied Physics Letters，2011，98 (8)：083302.
[19] Cui L S，Ruan S B，Bencheikh F，et al. Long-lived efficient delayed fluorescence organic light-emitting diodes using n-type hosts [J]. Nature Communications，2017，8 (1)：2250.
[20] Zhang D D，Cai M H，Zhang Y G，et al. Sterically shielded blue thermally activated delayed fluorescence emitters with improved efficiency and stability [J]. Materials horizons，2016，3 (2)：145-151.
[21] Kim M，Jeon S K，Hwang S H，et al. Stable blue thermally activated delayed fluorescent organic light-emitting diodes with three times longer lifetime than phosphorescent organic light-emitting diodes [J]. Advanced Materials，2015，27 (15)：2515-2520.
[22] Chiang C J，Kimyonok A，Etherington M K，et al. Ultrahigh efficiency fluorescent single and Bi-layer organic light emitting diodes：the key role of triplet fusion [J]. Advanced Functional Materials，2013，23 (6)：739-746.
[23] Luo Y C，Aziz H. Correlation between triplet-triplet annihilation and electroluminescence efficiency in doped fluorescent organic light-emitting devices [J]. Advanced Functional Materials，2010，20 (8)：1285-1293.
[24] Kondakov D Y. Triplet-triplet annihilation in highly efficient fluorescent organic light-emitting diodes：current state and future outlook [J]. Philosophical Transactions of the Royal Society A，2015，373

(2044): 20140321.

[25] Zhou J, Chen P, Wang X, et al. Charge-transfer-featured materials-promising hosts for fabrication of efficient OLEDs through triplet harvesting via triplet fusion [J]. Chemical Communications, 2014, 50 (57): 7586-7589.

[26] Tang X Y, Bai Q, Shan T, et al. Efficient nondoped blue fluorescent organic light-emitting diodes (OLEDs) with a high external quantum efficiency of 9.4%@1000 cdm^{-2} based on phenanthroimidazole-anthracene derivative [J]. Advanced Functional Materials, 2018, 28 (11): 1705813.

[27] Boyen L, Mingzer Lee, Pochen T, et al. P-174: 16.1-times elongation of operation lifetime in a blue TTA-OLED by using new ETL and EML materials [J]. Sid Symposium Digest of Technical Papers, 2017, 48 (1): 1928-1931.

[28] Chen C H, Tierce N T, Leung M K, et al. Efficient triplet-triplet annihilation upconversion in an electroluminescence device with a fluorescent sensitizer and a triplet-diffusion singlet-blocking layer [J]. Advanced Materials, 2018, 30 (50): 1804850.

[29] Lin B Y, Easley C J, Chen C H, et al. Exciplex-sensitized triplet-triplet annihilation in heterojunction organic thin-film [J]. ACS Applied Materials & Interfaces, 2017, 9 (12): 10963.

[30] Wallikewitz B H, Kabra D, Gelinas S, et al. Triplet dynamics in fluorescent polymer light-emitting diodes [J]. Physical Review B, 2012, 85 (4): 045209.

[31] Hu D, Yao L, Yang B, et al. Reverse intersystem crossing from upper triplet levels to excited singlet: a 'hot excition' path for organic light-emitting diodes [J]. Philosophical Transactions of the Royal Society A, 2015, 373 (2044): 20140318.

[32] Li W J, Liu D D, Shen F Z, et al. A twisting donor-acceptor molecule with an intercrossed excited state for highly efficient, deep-blue electroluminescence [J]. Advanced Functional Materials, 2012, 22 (13): 2797-2803.

[33] Yao L, Zhang S T, Wang R, et al. Highly efficient near-infrared organic light-emitting diode based on a butterfly-shaped donor-acceptor chromophore with strong solid-state fluorescence and a large proportion of radiative excitons [J]. Angewandte Chemie, 2014, 53 (8): 2119-2123.

[34] Tang X Y, Bai Q, Peng Q M, et al. Efficient deep blue electroluminescence with an external quantum efficiency of 6.8% and CIEy < 0.08 based on a phenanthroimidazole-sulfone hybrid donor-acceptor molecule [J]. Chemistry of Materials, 2015, 27 (20): 7050-7057.

[35] Liu B, Yu Z W, He D, et al. Ambipolar D-A type bifunctional materials with hybridized local and charge-transfer excited state for high performance electroluminescence with EQE of 7.20% and CIEy similar to 0.06 [J]. Journal of Materials Chemistry C, 2017, 5 (22): 5402-5410.

[36] Zhang H, Zeng J J, Luo W W, et al. Synergistic tuning of the optical and electrical performance of AIEgens with a hybridized local and charge-transfer excited state [J]. Journal of Materials Chemistry C, 2019, 7 (21): 6359-6368.

[37] Cho Y J, Yook K S, Lee J Y. A universal host material for high external quantum efficiency close to 25% and long lifetime in green fluorescent and phosphorescent OLEDs [J]. Advanced Materials, 2014, 26 (24): 4050-4055.

[38] Pope M, Swenberg C E. Electronic processes in organic crystals and polymers [M]. Oxford: Clarendon Press, 1999.

[39] Hattori Y, Kusamoto T, Nishihara H, et al. Luminescence, stability, and proton response of an open-shell (3,5-Dichloro-4-pyridyl) bis (2,4,6-trichlorophenyl) methyl Radical [J]. Angewandte Chemie, 2014, 53 (44): 11845-11848.

[40] Heckmann A, Dummler S, Pauli J, et al. Highly fluorescent open-shell NIR dyes: the time-dependence of back electron transfer in triarylamine-perchlorotriphenylmethyl radicals [J]. Journal of Physical Chemistry C, 2009, 113 (49): 20958.

[41] 高观志，黄维. 固体中的电输运 [M]. 北京：科学出版社，1991.

[42] Sorescu M, Xu T H, Wade C, et al. Synthesis and properties of V_2O_3-Fe_2O_3 magnetic ceramic nano-

structures [J]. Ceramics International, 2013, 39 (7): 8441-8451.

[43] Zhou X, Pfeiffer M, Huang J S, et al. Low-voltage inverted transparent vacuum deposited organic light-emitting diodes using electrical doping [J]. Applied Physics Letters, 2002, 81 (5): 922-924.

[44] Zhou X, Qin D S, Pfeiffer M, et al. High-efficiency electrophosphorescent organic light-emitting diodes with double light-emitting layers [J]. Applied Physics Letters, 2002, 81 (21): 4070-4072.

[45] Jain S C, Geens W, Mehra A, et al. Injection-and space charge limited-currents in doped conducting organic materials [J]. Journal of Applied Physics, 2001, 89 (7): 3804-3810.

[46] Hou Y, Koeberg M, Bradley D D C. Electric field-induced quenching of photoluminescence in a blend of electron and hole transporting polyfluorene [J]. Synthetic Metals, 2003, 139 (3): 859-862.

[47] Zou S, Shen Y, Xie F, et al. Recent advances in organic light-emitting diodes: toward smart lighting and displays [J]. Materials Chemistry Frontiers, 2020, 4: 788-820.

第3章

有机电致发光材料

1963年，Pope开始研究有机材料蒽单晶（10～20μm）的电致发光并观察到蒽的蓝色荧光；随后，Williams等继续进行了研究，但由于发光层较厚、驱动电压较高，器件的转化效率太低。1982年，Vincett用真空蒸镀法制成了50nm厚蒽的薄膜，降低了驱动电压。但由于电子的注入效率太低，其外量子效率只有0.03%左右，且蒽的成膜性不好致使器件易于击穿。1983年，Partridge发表了聚合物材料电致发光的文章，但由于亮度低，他的工作并未引起广泛的重视。总之，在20世纪60～80年代中期，有机电致发光徘徊在高电压、低亮度、低效率的水平上。1987年，美国Kodak公司的C. W. Tang和VanSlyke对OLED做了开创性的工作，引起了科技界和工业界的广泛重视。1990年，英国剑桥大学的Burroughs等用简单的旋涂法将聚对苯乙炔（PPV）预聚体制成薄膜，在真空加热条件下转化成PPV薄膜，成功地制成了单层结构的聚合物电致发光器件，使聚合物的电致发光研究成为热点之一。

在有机电致发光器件的研制中，材料的选择是至关重要的。从器件的结构来考虑，有机电致发光材料可以分为：电极材料及电极修饰材料、载流子传输材料（空穴传输材料和电子传输材料）和发光材料。

3.1 发光材料

有机发光材料的多样性和对其分子结构设计的可能性极大地丰富了有机电致发光的内容。一般认为，作为有机电致发光的发光材料主要应满足以下条件：

① 固体（薄膜）状态下应具有高的荧光量子效率，且荧光光谱主要分布在400～700nm的可见光区域内；

② 良好的半导体特性，具有一定的载流子传输性；

③ 良好的成膜性，易于真空下蒸发制膜；

④ 良好的化学稳定性和热稳定性；

⑤ 不与电极和载流子传输材料发生反应。

到目前为止，人们已把大量的有机化合物作为发光材料进行了研究，按化合物的分子结构可以分为小分子发光材料、配合物发光材料和聚合物发光材料三大类。

3.1.1 有机小分子发光材料

有机小分子发光材料的优点是材料的纯度相当高，可生成高质量的薄膜；荧光量子效率高，可以产生各种颜色。其缺点是热稳定性较差、载流子传输能力有限；在固态时，存在着浓度猝灭，使得发射峰变宽或产生红移。在器件制备中，一般采用较低浓度掺杂在主体材料中使用。这就要求有机小分子的吸收光谱与主体材料的发射光谱有很好的重叠，从而实现能量从主体到小分子的有效传递。常用的有机小分子发光材料主要有罗丹明类染料、香豆素类染料、喹吖啶酮类染料、红荧烯以及双芪类化合物等。

(1) 罗丹明 (rhodamine) 类染料

罗丹明类染料［罗丹明 (1) 的分子结构如图 3-1(a) 所示］虽是很好的染料荧光体，但由于是离子缔合物，因此不能进行真空蒸镀。若换成较大的阴离子可以增加正、负离子的共价性而改善蒸发性能。

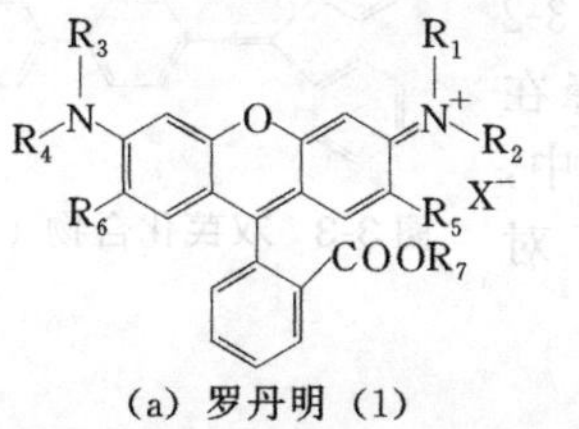

(a) 罗丹明 (1) 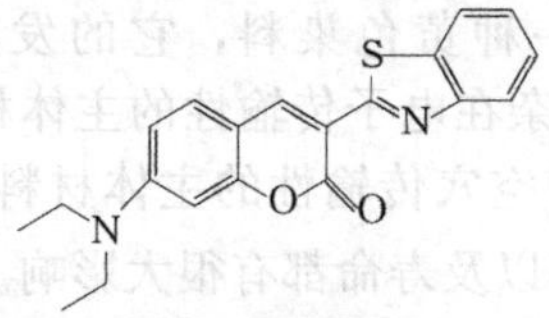　　(b) 香豆素 6

图3-1 罗丹明类和香豆素类染料分子的分子结构

(2) 香豆素 (coumarin) 类染料

香豆素类染料是最早从植物中发现的一种荧光染料，至今已发现100多种天然香豆素化合物；随后又陆续发现了一些杂环类化合物，都是稳定性好、位移性好的荧光材料。因此，许多天然和合成香豆素衍生物被用于荧光增白剂、激光染料和荧光染料等方面。香豆素 6［分子结构如图 3-1(b)所示］是一种激光染料，发射峰在500nm（蓝绿色），荧光量子效率几乎达到100%，高浓度时有严重的自猝灭。若以1%的浓度掺杂在 Alq_3 中，可以观察到来自其的发射，这可以解释为强荧光效率的香豆素 6 可以阻碍 Alq_3 非辐射跃迁的概率。

(3) 喹吖啶酮 (quinacridone) 类染料

喹吖啶酮类染料［分子结构如图 3-2(a)～(c)所示］是一类重要的绿色荧光染料，是 Pioneer 公司的专利。以 0.47%的浓度掺杂在 Alq_3 的双层器件中，可观察到540nm处的绿色发射峰；在$1A/cm^2$的电流密度下，亮度可达$68000cd/m^2$，光功率效率达到5 lm/W，外量子效率增加到3.7%。近来，一系列基于喹吖啶酮的衍生物被研究者们合成应用到光电器件中，例如喹吖啶酮衍生物（5）[分子结构如图3-2(c)所示]。

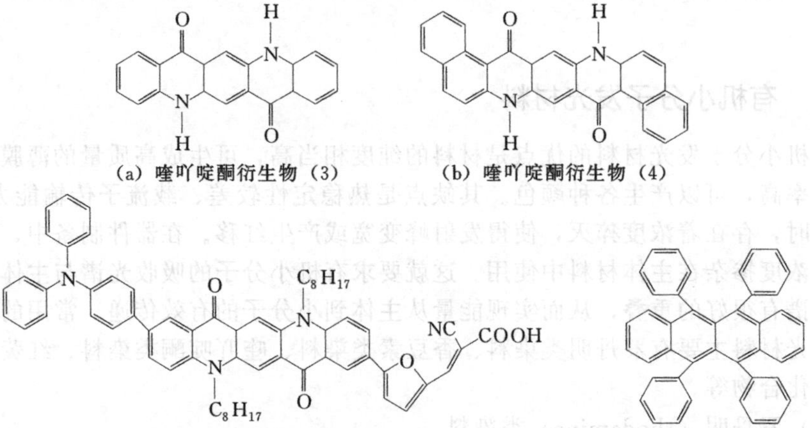

(a) 喹吖啶酮衍生物（3）　(b) 喹吖啶酮衍生物（4）

(c) 喹吖啶酮衍生物（5）　(d) 红荧烯（6）

图3-2 喹吖啶酮类染料和红荧烯（6）的分子结构

（4）红荧烯（rubrene）

红荧烯[红荧烯（6）的分子结构如图3-2(d)所示]是一种黄色染料，它的发射峰在562nm，既可掺杂在电子传输性的主体材料中，也可掺杂在具有空穴传输性的主体材料中，对器件的发光效率以及寿命都有很大影响。

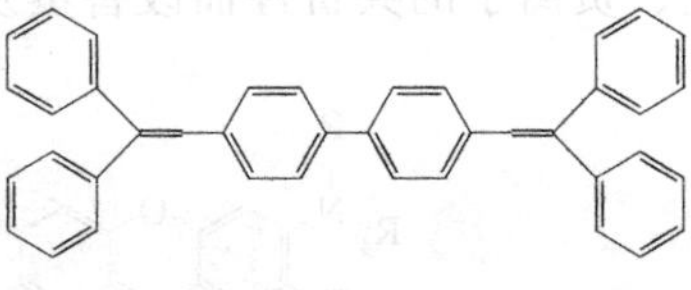

图3-3 双芪化合物（7）的分子结构

（5）双芪（distyrylarylene）类化合物

双芪类化合物[双芪化合物（7）的分子结构如图3-3所示]是一类重要的蓝色发光材料，发光波长在440～490nm。DPVBi是其中一个典型代表，它作为发光层的EL器件在13V时亮度达到$6000cd/m^2$，流明效率为0.7 lm/W。

（6）蒽类衍生物（anthracene derivatives）

蒽类衍生物是能够发射稳定蓝光的发光材料[蒽类衍生物（8～11）的分子结构如图3-4所示]，发射波长在460nm左右。例如，分子8单独作为发光层在$20mA/cm^2$的电流密度下，电致发光效率可达1.8cd/A；其也可作为主体材料掺杂其他少量有机发光材料，在$20mA/cm^2$的电流密度下，电致发光效率可达3.1cd/A，亮度可达$636cd/m^2$。

利用三苯胺取代的蒽类衍生物12（分子结构如图3-5所示）表现出显著提高的电致发光效率和器件稳定性。理论分析表明，电致发光效率的提高与蒽局域态（LE）和三苯胺-蒽间强分子间电荷转移（CT）两态共存的发射特征有关。

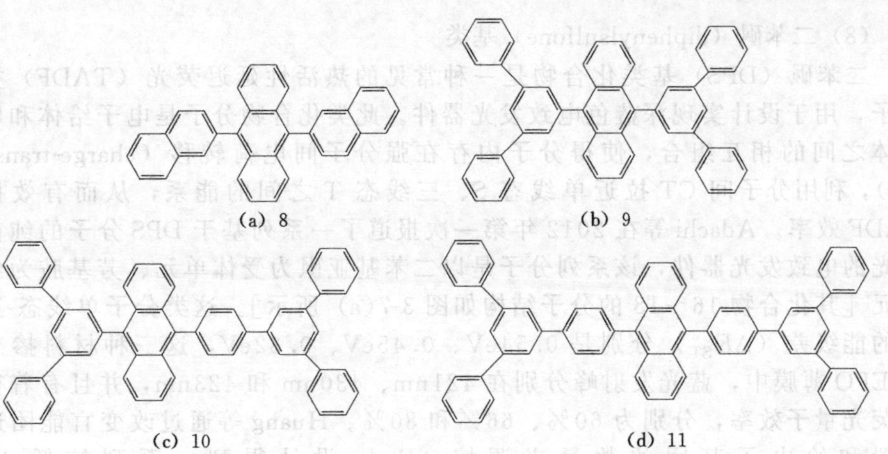

(a) 8　　(b) 9

(c) 10　　(d) 11

图 3-4　蒽类衍生物化合物（8～11）的分子结构

（7）三苯胺-菲并咪唑（TPA-PPI）类

利用三苯胺-菲并咪唑 13［分子结构如图 3-6(a) 所示］作为深蓝色电致发光器件，器件显示色坐标为（0.15，0.11），最大电流效率为 5.7cd/A，外量子效率＞5%。进一步提高激子的 CT 态成分，在 TPA-PPI 侧基苯环上引入—CN 基团增强受体强度［其化合物 14 的分子结构如图 3-6(b) 所示］，使获得的饱和蓝色器件最大电流效率达 10cd/A，器件外量子效率为 7.8%，XS＝98%，非常接近 100%的激子利用。在此类工作基础上，研究者合成了“V”形结构的 TPA-2PPI 分子［分子结构如图 3-6(c) 所示］。该分子发光峰为 452nm，器件显示色坐标为（0.151，0.108），最大外量子效率为 4.91%。

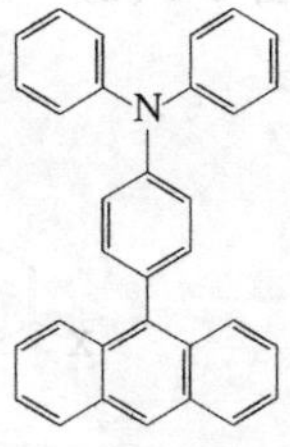

图 3-5　三苯胺取代的蒽类衍生物（12）的分子结构

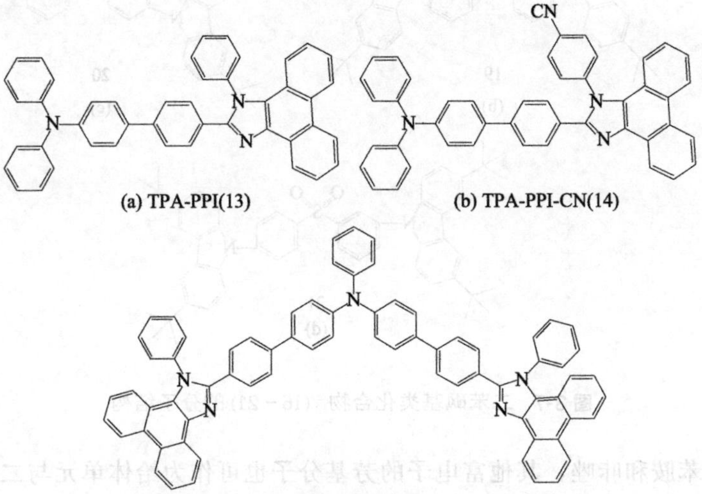

(a) TPA-PPI(13)　　(b) TPA-PPI-CN(14)

(c) TPA-2PPI(15)

图 3-6　三苯胺-菲并咪唑类化合物（13～15）的分子结构

(8) 二苯砜 (diphenylsulfone) 基类

二苯砜 (DPS) 基类化合物是一种常见的热活性延迟荧光 (TADF) 类小分子，用于设计实现深蓝色电致发光器件。此类化合物分子是电子给体和电子受体之间的相互组合，使得分子内存在强分子间电荷转移 (charge-transfer, CT)，利用分子间 CT 拉近单线态 S、三线态 T 之间的能系，从而有效提高 TADF 效率。Adachi 等在 2012 年第一次报道了一系列基于 DPS 分子的纯蓝色发光的电致发光器件，该系列分子是以二苯基亚砜为受体单元、芳基胺为给体单元 [其化合物 16～18 的分子结构如图 3-7(a) 所示]。这类分子单线态-三线态的能级差 (ΔE_{ST}) 分别是 0.54eV、0.45eV、0.32eV，这三种材料掺杂在 DPEPO 薄膜中，蓝光发射峰分别在 421nm、430nm 和 423nm，并且有着很高的荧光量子效率，分别为 60%、66% 和 80%。Huang 等通过改变官能团连接位置和给电子基团的数量来调控 ΔE_{ST}，设计得到一系列较低 ΔE_{ST} (≤0.22eV) 的二苯基亚砜基类 TADF 发光材料 [其化合物 19～21 的分子结构如图 3-7(b)～(d)所示]。

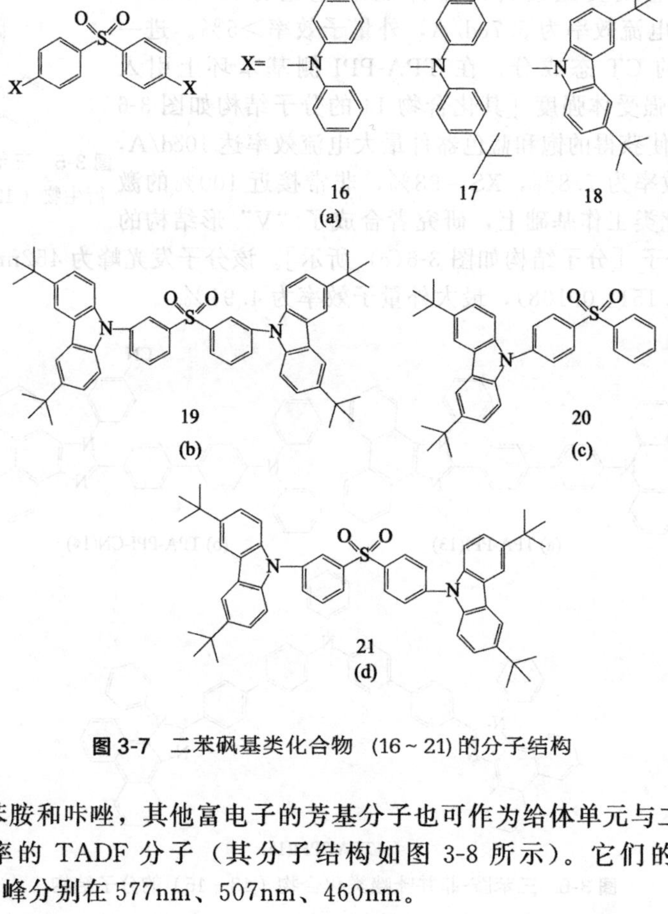

X= 16 17 18 (a) 19 (b) 20 (c) 21 (d)

图 3-7 二苯砜基类化合物 (16～21) 的分子结构

除了二苯胺和咔唑，其他富电子的芳基分子也可作为给体单元与二苯基亚砜相连形成高效率的 TADF 分子 (其分子结构如图 3-8 所示)。它们的 ΔE_{ST} 约在 0.08eV，PL 峰分别在 577nm、507nm、460nm。

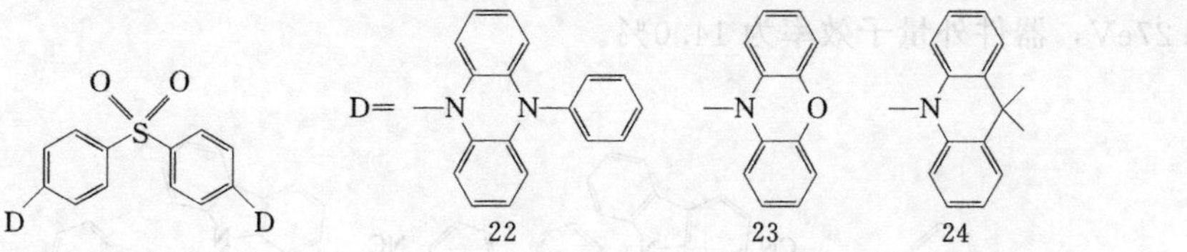

图 3-8 富电子芳基分子作为给体的二苯砜基类化合物 (22~24) 的分子结构

(9) 三嗪类 (triazine-based)

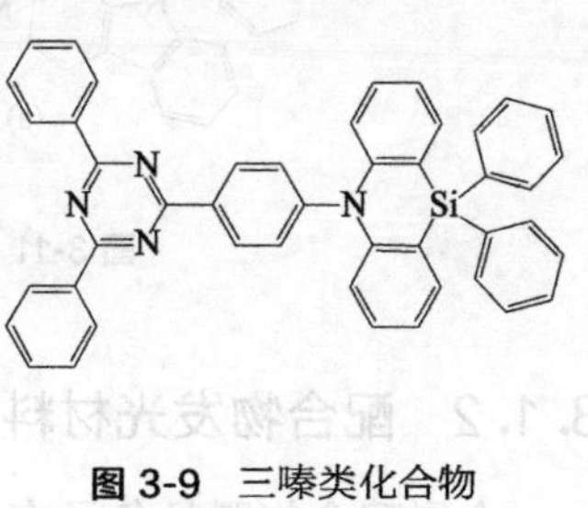

除二苯砜外，三嗪类分子是另一种主要的发射蓝光的 TADF 类电致发光分子。基于三嗪受体/氮杂环丙烷供体组合（图 3-9）的电致发光器件显示出前所未有的外量子效率值（22.3%），此分子的 ΔE_{ST} 为 0.14eV。

图 3-9 三嗪类化合物 (25) 的分子结构

Sun 等合成了较长 Π 共轭桥连的三嗪基类分子［其化合物 26、27 的分子结构如图 3-10(a) 所示］，进一步降低了 ΔE_{ST}（0.04eV）。在此基础上，Adachi 等通过引入甲基取代基团来调控分子的二面角大小［其化合物 28～31 的分子结构如图 3-10(b)、(c)所示］，分子的二面角分别为 49.9°、86.8°、71.4°、82.4°，相对应的 ΔE_{ST} 分别为 0.43eV、0.07eV、0.17eV、0.15eV，应用于电致发光器件中的外量子效率值分别是 7.2%、22.0%、19.2%、18.3%。

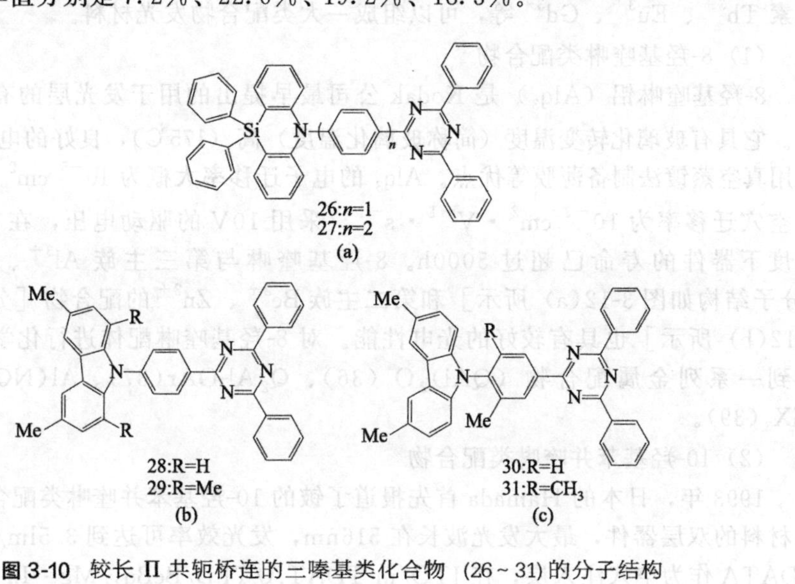

图 3-10 较长 Π 共轭桥连的三嗪基类化合物 (26~31) 的分子结构

(10) 氰化物类 (cyanide-based)

氰基和咔唑基也是用于制备有效 TADF 的典型受体和供体基团物料。Cho 等最近使用这种供体/受体偶联来制备新的 TADF 分子（其分子结构如图 3-11 所示）以改善色纯度，实现较窄波谱范围的蓝色 TADF 电致发光器件；其 ΔE_{ST} 为

0.27eV，器件外量子效率为14.0%。

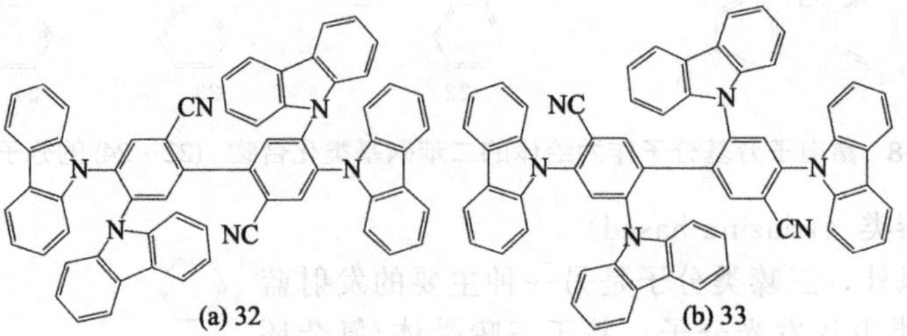

图3-11　氰化物类化合物（32、33）的分子结构

3.1.2　配合物发光材料

金属配合物既具备了有机物高荧光量子效率的优点，又有无机物稳定性的特点，被认为是更有应用前景的一类发光材料。此类材料是稳定的五元环或六元环的内络盐结构，为电中性，配位数饱和。常用的有机配体为8-羟基喹啉类、10-羟基苯并喹啉类、Schiff（席夫）碱类、羟基苯并噻唑（噁唑）类以及羟基黄酮类等。金属离子包括第二主族的Be^{2+}、Zn^{2+}和第三主族的Al^{3+}、Ga^{3+}、In^{3+}以及稀土元素Tb^{3+}、Eu^{3+}、Gd^{3+}等，可以组成一大类配合物发光材料。

（1）8-羟基喹啉类配合物

8-羟基喹啉铝（Alq_3）是Kodak公司最早提出的用于发光层的有机配合物材料。它具有玻璃化转变温度（简称玻璃化温度）高（175℃），良好的电子传输能力，可用真空蒸镀法制备薄膜等优点。Alq_3的电子迁移率大概为10^{-5} $cm^2 \cdot V^{-1} \cdot s^{-1}$，而空穴迁移率为$10^{-3}$ $cm^2 \cdot V^{-1} \cdot s^{-1}$。采用10V的驱动电压，在100cd/$m^2$的亮度下器件的寿命已超过5000h。8-羟基喹啉与第三主族Al^{3+}、Ga^{3+}、In^{3+}［分子结构如图3-12(a)所示］和第二主族Be^{2+}、Zn^{2+}的配合物［分子结构如图3-12(b)所示］也具有较好的光电性能。对8-羟基喹啉配体进行化学修饰，可以得到一系列金属配合物$(QAl)_2O$（36）、Q_2Al-OAr(37)、$Al(NQ)_3$（38）和AlX_3(39)。

（2）10-羟基苯并喹啉类配合物

1993年，日本的Hamada首先报道了铍的10-羟基苯并喹啉类配合物作为发光层材料的双层器件，最大发光波长在516nm，发光效率可达到3.5lm/W。采用m-TDATA作为空穴注入层，在ITO/m-TDATA/TPD/$BeBq_2$/Mg：In器件结构中，亮度高达18000cd/m^2；如用Rubrene掺杂在TPD中，则器件寿命大为改善，在亮度为100cd/m^2时寿命长达15000h。尽管该材料的特性很好，但是由于铍为贵金属，且毒性较大，对环境不利。

（3）Schiff碱类金属配合物

这类化合物研究得较多的是锌甲亚胺的Schiff碱类配合物，有1∶1（40）型

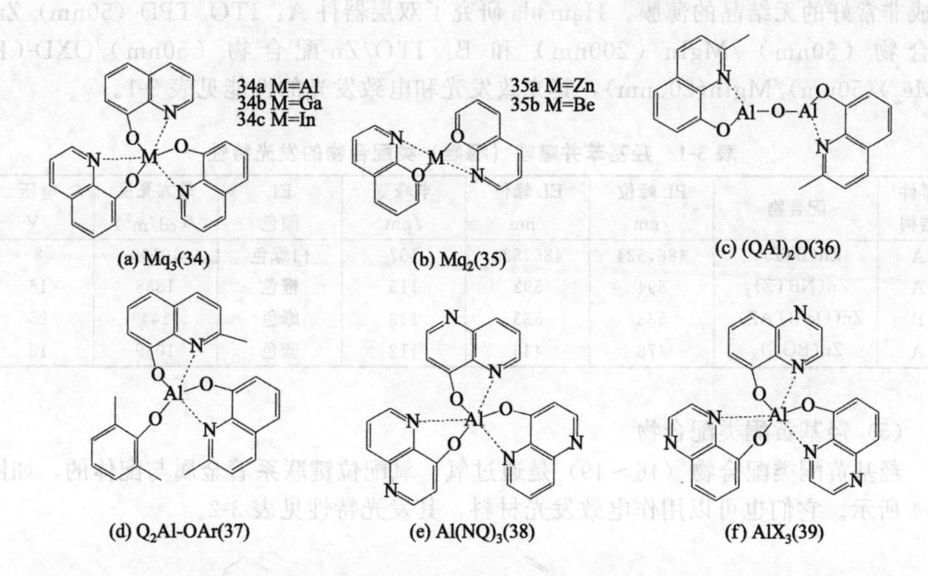

图 3-12 8-羟基喹啉类配位化合物 (34~39) 的分子结构示意图

和 1∶2 型（41），其分子结构如图 3-13(a)、(b) 所示。由于锌甲亚胺配合物具有较高的熔点，因此有利于提高器件的稳定性。

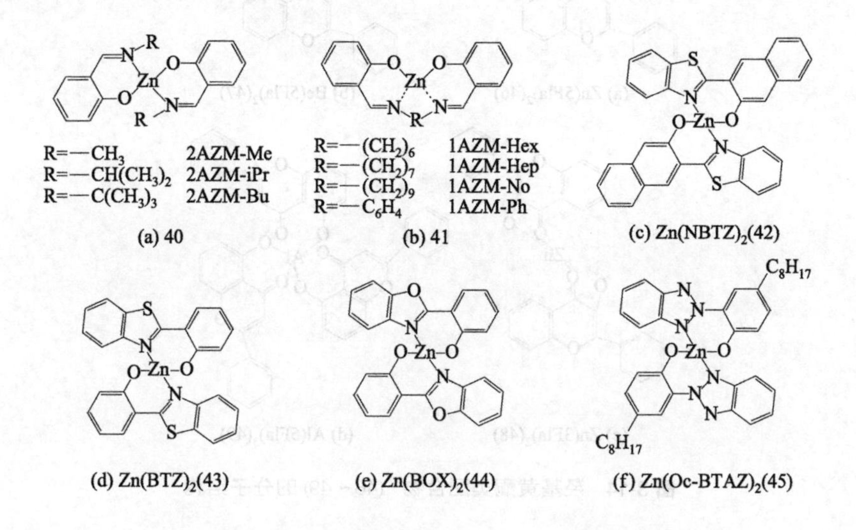

图 3-13 Schiff 碱类金属配合物（40、41）和羟基苯并噻唑（噁唑）类配合物（42~45）的分子结构

（4）羟基苯并噻唑（噁唑）类配合物

$Zn(NBTZ)_2$（42）、$Zn(BTZ)_2$（43）、$Zn(BOX)_2$（44）及 $Zn(Oc\text{-}BTAZ)_2$（45）这四种配合物都具有很强的荧光，可以用作 OLED 的发光材料，通过真空蒸镀可

形成非常好的无结晶的薄膜。Hamada研究了双层器件A：ITO/TPD（50nm）Zn-配合物（50nm）/MgIn（200nm）和B：ITO/Zn-配合物（50nm)/OXD-(P-NMe_2)(50nm)/MgIn(200nm)，其光致发光和电致发光的性能见表3-1。

表3-1 羟基苯并噻唑（噁唑）类配合物的发光特性

器件结构	配合物	PL峰位/nm	EL峰位/nm	半峰宽/nm	EL颜色	最大亮度/(cd/m^2)	电压/V
A	$Zn(BTZ)_2$	486,524	486,524	157	白绿色	10190	8
A	$Zn(NBTZ)_2$	594	592	115	橙色	1838	16
B	$Zn(Oc\text{-}BTAZ)_2$	533	533	113	绿色	144	25
A	$Zn(BOX)_2$	478	446	112	蓝色	1039	13

（5）羟基黄酮类配合物

羟基黄酮类配合物（46～49）是通过氧、氧配位键联系着金属与配体的，如图3-14所示。它们也可以用作电致发光材料，其发光特性见表3-2。

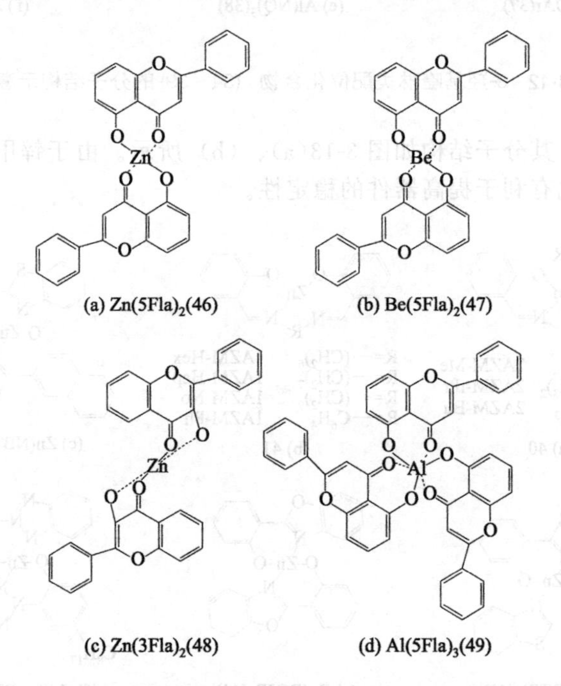

图3-14 羟基黄酮类配合物（46～49）的分子结构

表3-2 羟基黄酮衍生物的金属配合物发光特性

发光材料	PL/nm	EL/nm	启亮电压/V	最大EL发光亮度/(cd/m^2)
$Al(5Fla)_3$	563	598	4.0	1276(10V)
$Zn(5Fla)_2$	568	591	4.2	878(9V)
$Be(5Fla)_2$	554	559	2.4	1900(7V)
$Zn(3Fla)_2$	弱	607	6.2	186(12V)

（6）稀土配合物

因稀土材料的发光谱带窄，发光亮度高，这对高色纯的显示器件极其有利。大多数稀土配合物都属于中心离子发光型配合物，在稀土电致发光材料的研究中应用较多的是发绿光的铽配合物和发红光的铕配合物，其分子结构如图 3-15 所示。配体包括 β-二酮（acac）、1,10-邻菲罗啉（Phen）、二苯甲酰丙酮（DBM）等。凌启淡等合成了 $Tb(acac)_2(AA)Phen$，用真空镀膜法制成了 $ITO/PVK/Tb(acac)_2(AA)Phen/Alq_3/Al$ 三层式结构的器件，发现其具有良好的整流特性，并在 550nm 处有一窄而尖的强发射峰。稀土金属有机配合物的电致发光原理属于注入式发光，电子和空穴分别注入稀土金属有机配合物的最低空轨道和最高占据轨道，有机配体被激发。由于发光层内存在的高电场，使能量传递给稀土原子，稀土原子中电子被激发进行能级跃迁，从而形成电致发光。配体的结构决定 HOMO 和 LUMO 轨道的能量，直接影响电子和空穴的注入，因而配体的选择直接关系到稀土有机配合物的光致发光效率和电致发光效率。上述稀土配合物材料为我们进一步研究化合物结构与其光电性能奠定了基础。尽管稀土配合物的电致发光器件在性能上还远远不及其他有机配合物，但稀土配合物将成为有机电致发光材料的研究热点之一。

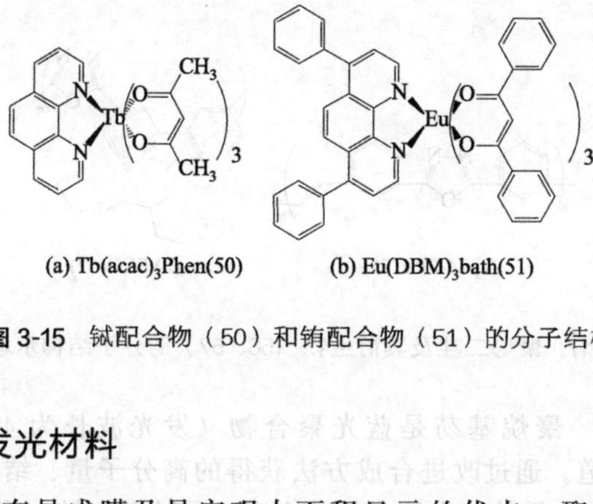

(a) $Tb(acac)_3Phen(50)$　　(b) $Eu(DBM)_3bath(51)$

图 3-15　铽配合物（50）和铕配合物（51）的分子结构

3.1.3　聚合物发光材料

聚合物材料具有易成膜及易实现大面积显示的优点。聚合物电致发光材料又可分为共轭聚合物、含金属配合物的聚合物、掺杂的聚合物，下面主要介绍前两种。

（1）共轭聚合物

共轭聚合物是最早研究的也是目前研究最多的一类聚合物电致发光材料，主要包括 PPV 及其衍生物、聚噻吩及其衍生物、聚噁二唑及其衍生物、聚烷基芴类、聚苯等。

① PPV 及其衍生物　PPV 是最早报道的 PLED 发光材料，然而其溶解性能很差，为了改善其加工性能，在苯环上引入其他基团来增加它的溶解性能，如 2-甲氧基-5-(2-乙基)己氧基对苯乙烯（MEH-PPV）。剑桥大学的 N. C. Greenham 等合成了

CN-PPV，它的单层器件发射红光，量子效率为 0.2%。

② 聚噻吩及其衍生物　聚噻吩及其衍生物是一类性能良好的半导体聚合物。最先获得成功的是 POPT（52），其单层器件 ITO/POPT/Ca：Al 发射出红光，在 6V 电压下量子效率达 0.3%。目前，效果较好的聚噻吩衍生物其分子结构如图 3-16 所示。

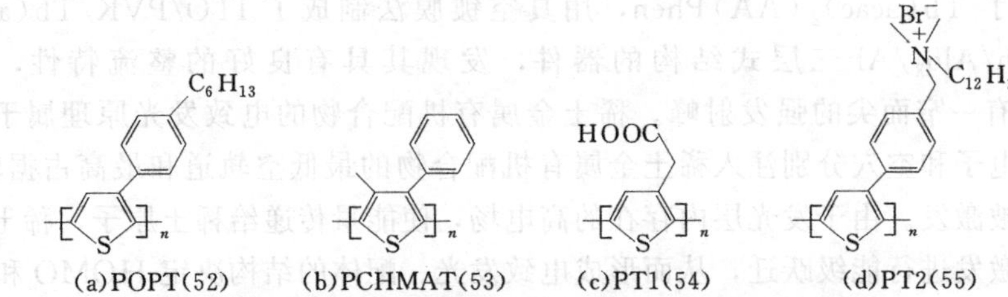

(a)POPT(52)　(b)PCHMAT(53)　(c)PT1(54)　(d)PT2(55)

图 3-16　聚噻吩及其衍生物(52～55)的分子结构示意图

③ 聚噁二唑及其衍生物　噁二唑是一类性能优良的电子传输材料。聚噁二唑聚合物 M-PPV［分子结构如图 3-17(a)所示］的单层器件量子效率达到 0.06%，噁二唑与咔唑的交替共聚物 PCO［分子结构如图 3-17(b)所示］的衍生物发光性能较好。

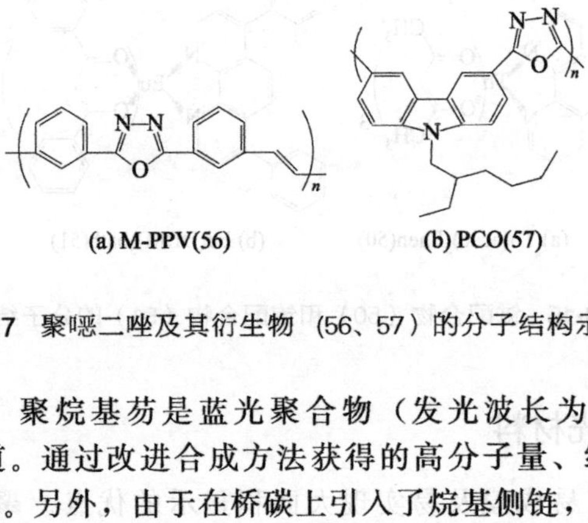

(a) M-PPV(56)　(b) PCO(57)

图 3-17　聚噁二唑及其衍生物（56、57）的分子结构示意图

④ 聚烷基芴类　聚烷基芴是蓝光聚合物（发光波长为 470nm），由日本的 Yoshio 小组首次报道。通过改进合成方法获得的高分子量、结构规整的聚烷基芴具有较高的发光效率。另外，由于在桥碳上引入了烷基侧链，聚合物具有较好的溶解性和可加工性，被认为是很有发展前景的一类高分子。近年来美国 DOW 公司通过调控聚烷基芴类分子结构（其分子结构如图 3-18 所示）得到了不同发光颜色（如蓝光、绿光和红光）的材料，从而使得这类材料深受关注。

⑤ 其他聚合物电致发光材料　已研究并用于 OLED 的聚合物还有聚苯 PPP（61）、聚苯乙炔 PPE（62）、聚吡啶 PPy（63）、聚乙烯基吡啶 PPyV（64）、聚乙烯基咔唑 PVK（65），其分子结构如图 3-19 所示。

（2）含金属配合物的聚合物

希望将金属配合物的强发光性能与高分子材料的加工性能结合起来，人们合成了一系列含金属配合物的聚合物。

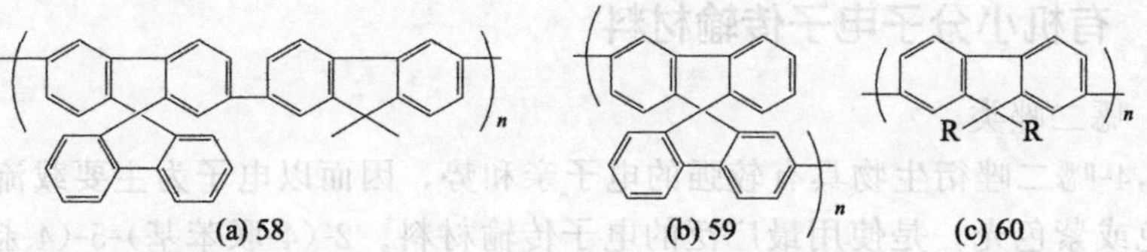

(a) 58　(b) 59　(c) 60

图 3-18　聚烷基芴类化合物 (58～60) 的分子结构示意图

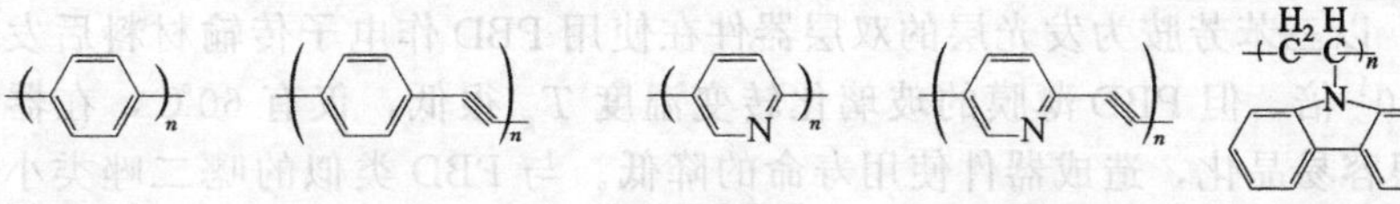

(a)PPP(61)　(b)PPE(62)　(c)PPy(63)　(d)PPyV(64)　(e)PVK(65)

图 3-19　其他聚合物(61～65)的分子结构示意图

① 以聚合物链作为金属配合物的一部分配体。目前研究比较多的是稀土元素、β-二酮、丙烯酸的三元配合物的均聚物和共聚物。研究发现，通过改进合成工艺可避免出现浓度猝灭，如 Wang 等先制得铕-二苯甲酰甲烷、丙烯酸的三元配合物，然后与甲基丙烯酸甲酯共聚，所得共聚物的荧光强度随铕的含量增大而增强。

② 以配体和金属离子作为聚合物的主链。典型的例子是聚喹啉铝、双（8-羟基喹啉锌）及双（8-羟基喹啉席夫碱锌）。

3.2　电子传输材料

要想获得高的发光效率，首先应当实现载流子的平衡注入。研究表明，大部分作为发光材料的有机分子由于其电子亲和势较弱而以空穴为主要载流子。因此，具有电子传输功能的有机半导体材料，引起了人们的极大兴趣。一般来说，电子传输材料都是具有大的共轭平面的芳香族化合物，它们大都有较好的接受电子能力，同时在一定正向偏压下又可以有效地传递电子。电子传输材料应满足以下要求：

① 具有较高的电子迁移率，易于传输电子；

② 具有较低的电子亲和能，易于由阴极注入电子；

③ 较大的电离能（IP），对空穴有阻挡作用；

④ 激发能量高于发光层的激发能量；

⑤ 不能与发光层形成激基复合物；

⑥ 成膜性和化学稳定性良好，不易结晶。

本节将按照有机小分子电子传输材料和其他类电子传输材料、聚合物电子传输材料和其他类电子传输材料、有机金属配合物电子传输材料和其他类电子传输材料对这类材料的化合物及性能加以介绍。

3.2.1 有机小分子电子传输材料

(1) 噁二唑类

1,3,4-噁二唑衍生物具有较强的电子亲和势，因而以电子为主要载流子。它主要发蓝色或紫色光，是使用最广泛的电子传输材料。2-(4-联苯基)-5-(4-叔丁苯基)-1,3,4-噁二唑（PBD）［分子结构如图 3-20（a）所示］是最常用的电子传输材料，很容易通过升华的方法进行纯化；电子亲和势 EA 为 2.16eV，电离势 IP 为 6.06eV。以三苯芳胺为发光层的双层器件在使用 PBD 作电子传输材料后发光效率可提高 10^4 倍，但 PBD 薄膜的玻璃化转变温度 T_g 很低，仅有 60℃，在器件使用过程中很容易晶化，造成器件使用寿命的降低。与 PBD 类似的噁二唑类小分子还有 BND（67），它具有和 PBD 类似的电子传输性能。Saito 等对 PBD 进行了改进，

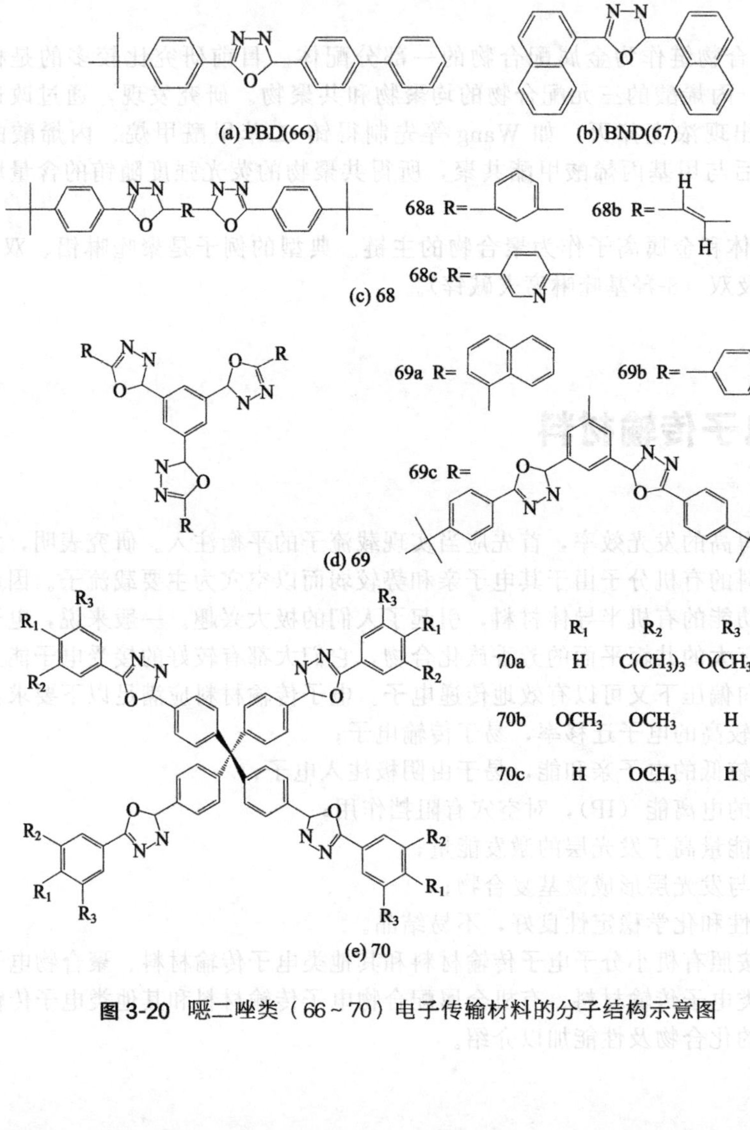

(a) PBD(66)　(b) BND(67)

68a R=　68b R=　68c R=

(c) 68

69a R=　69b R=　69c R=

(d) 69

	R1	R2	R3
70a	H	C(CH3)3	O(CH3)3
70b	OCH3	OCH3	H
70c	H	OCH3	H

(e) 70

图 3-20 噁二唑类（66～70）电子传输材料的分子结构示意图

使材料成为由苯环连接的噁二唑二聚体结构（68～70），在一定程度上克服了PBD的缺点。

（2）蒽唑类

多环蒽唑由于具有更加刚性的平面结构，从而具有比喹啉或者喹喔啉更高的电子亲和势和电子迁移率。Tonzola等合成了一些二苯基蒽唑衍生物［分子结构如图3-21（a）、（b）所示］，具有出色的热稳定性（T_g 和热分解温度 T_d 分别高于300℃和400℃）。这些蒽唑衍生物可以溶解于氯仿、甲苯、甲酸中，通过旋涂和蒸镀可得到非晶的薄膜。循环伏安测定表明其电子亲和势EA在2.9～3.1eV之间，电离势IP在5.65～5.85eV之间，具有非常好的电子传输和空穴阻挡性能。作为MEH-PPV基的OLED电子传输材料，亮度可提高50倍，外量子效率可达3.1%。这些结果表明蒽唑衍生物对于MEH-PPV来说比 Alq_3 和噁二唑具有更好的电子传输性能，而聚蒽唑对器件的电致发光性能仅有一定程度的提高。

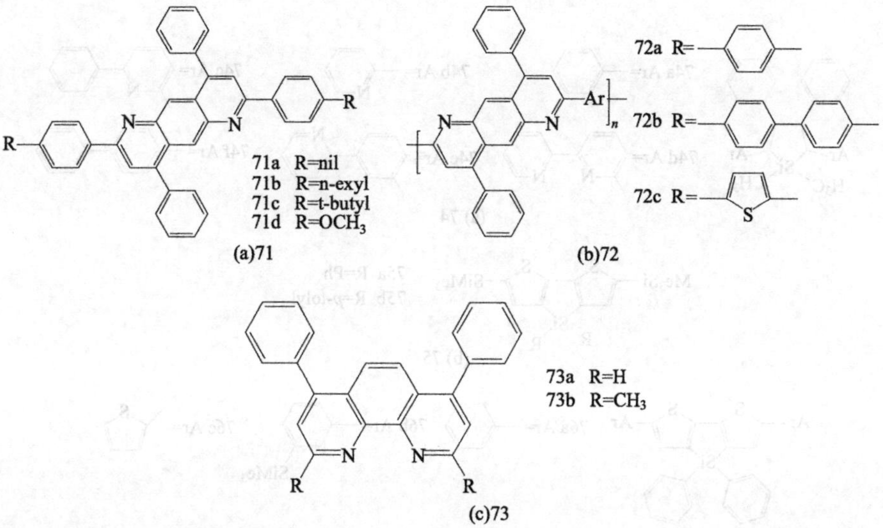

71a R=nil
71b R=n-exyl
71c R=t-butyl
71d R=OCH_3
(a)71

72a R=
72b R=
72c R=
(b)72

73a R=H
73b R=CH_3
(c)73

图3-21　二苯基蒽唑衍生物（71、72）和1,10-菲咯啉化合物（73）的分子结构示意图

（3）菲咯啉

低分子量的1,10-菲咯啉［分子结构如图3-21（c）所示］由于具有更高的HOMO能级（IP为6.5～6.7eV）和高的电子迁移率（μ_e 为 $5.2\times10^{-4}cm^2\cdot V^{-1}\cdot s^{-1}$），很早就被用作OLED的电子传输材料。不过其玻璃化温度 T_g 很低（T_g 为62℃），易使器件的稳定性降低。

（4）噻咯（siloles）

噻咯是环戊二烯分子中的桥碳原子被硅原子取代后形成的一种硅杂环戊二烯。由于硅原子两个外环 σ 键的 σ^* 轨道与环上丁二烯部分的 π^* 轨道相互作用形成 σ^*-π^* 共轭。因此，噻咯具有较低的还原电位和LUMO能级、较强的电子流动性和电子亲和势，接受电子的能力比吡咯、噻吩、呋喃等共轭五元杂环化合物都强。噻咯与其他含N杂环（如噁二唑、噁唑、三唑、吡啶）相比具有特别低的LUMO能级。噻咯独特的电子结构使其在光电子材料领域具有极大的应用前景。

1996年，Tamao等合成了2,5-二芳基噻咯作为OLED的电子传输材料。研究表明，即使在氧气存在的条件下，薄膜的定向电子传输仍达到μ_e为$2\times10^{-4}cm^2\cdot V^{-1}\cdot s^{-1}$，表明电子陷阱很少。其中，化合物74d（EA为3.3eV）的电子迁移率比Alq_3高两个数量级（Alq_3中由于氧气诱发的陷阱存在使得其电子传输呈现发散性）。不过，电化学测试结果表明，对于绝大多数噻咯来说，其氧化还原过程是不可逆的。化合物74b由于T_m值较低（175℃），在器件使用过程中容易晶化导致器件稳定性很差。当采用双芳基取代的化合物74c～e时，T_g可大大提高（最高可达81℃）。尽管74c～e的T_g值比Alq_3低，但在空气中器件的寿命更长。

尽管二噻吩噻咯［75a、b，76a～c的分子结构如图3-22（b）、(c）所示］是很有前途的一类电子传输材料，但由于热稳定性较差，器件在高电压下很容易失效。

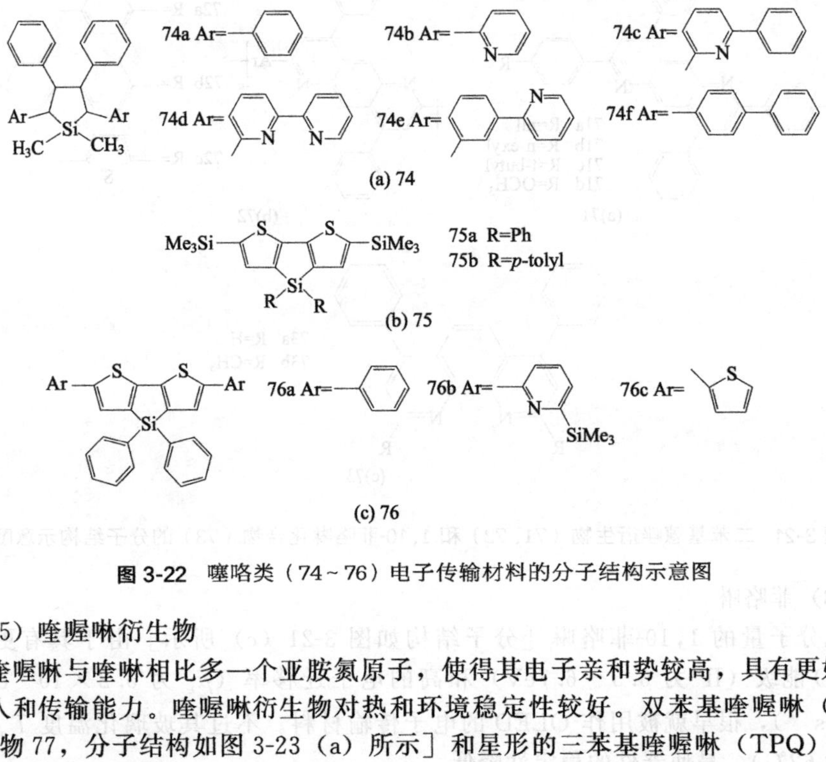

(a) 74

(b) 75

(c) 76

图3-22　噻咯类（74～76）电子传输材料的分子结构示意图

（5）喹喔啉衍生物

喹喔啉与喹啉相比多一个亚胺氮原子，使得其电子亲和势较高，具有更好的电子注入和传输能力。喹喔啉衍生物对热和环境稳定性较好。双苯基喹喔啉（BPQ）［化合物77，分子结构如图3-23（a）所示］和星形的三苯基喹喔啉（TPQ）［化合物78，分子结构如图3-23（b）所示］已被用于OLED的电子传输材料。BPQ衍生物的玻璃化转变温度在95～139℃之间，而TPQ衍生物的玻璃化转变温度在147～195℃之间。BPQ、TPQ衍生物的电子亲和势EA为2.56～2.76eV，电离势IP约为5.76～5.96eV。TPQ表现出定向的电子传输特点，电子迁移率为$10^{-4}cm^2\cdot V^{-1}\cdot s^{-1}$，比噁二唑高出两个数量级。使用电子传输材料后可以使器件的亮度提高5倍，外量子效率从0.01%提高到0.11%。螺喹喔啉化合物［化合物 79，分子结构如图 3-23（c）所示］的电离势 IP 为 6.26eV，电子亲和势 EA 为 2.56eV，玻璃化转变温度 T_g 为 155℃，可以使器件的亮度提高 65 倍。

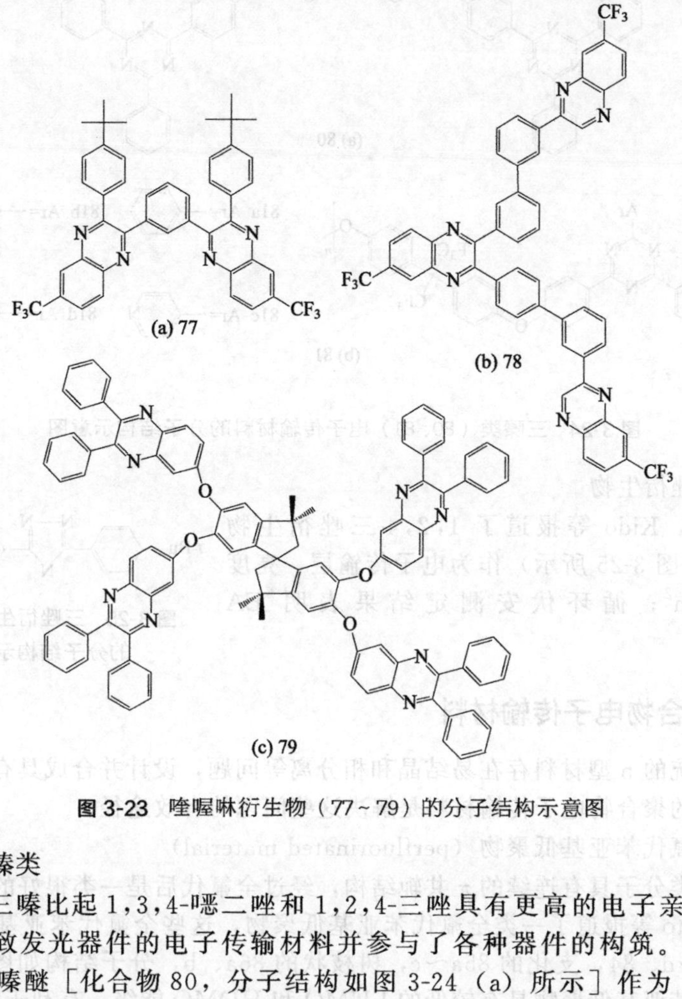

(a) 77

(b) 78

(c) 79

图 3-23　喹喔啉衍生物（77～79）的分子结构示意图

（6）三嗪类

1,3,5-三嗪比起 1,3,4-噁二唑和 1,2,4-三唑具有更高的电子亲和势，已被作为有机电致发光器件的电子传输材料并参与了各种器件的构筑。Fink 等发现了 1,3,5-三嗪醚［化合物 80，分子结构如图 3-24（a）所示］作为 Alq_3 基电致发光器件的电子传输层后，器件的效率提高 2～3 倍，亮度达 1000cd/m^2。化合物 80 的玻璃化转变温度 T_g 为 115℃，循环伏安结果表明其氧化还原过程是可逆的，电子亲和势 EA 为 2.48eV。1,3,5-三嗪醚的聚合物［化合物 81a～d，分子结构如图 3-24（b）所示］具有更高的热稳定性（T_g 为 186～247℃），可溶于 THF、NMP、环已酮等有机溶剂中。模型化合物的电化学结果表明，电子亲和势 EA 为 2.47～2.86eV，电离势 IP 为 6.16eV，具有优异的空穴阻挡能力。采用化合物 81d 作为电子传输层的 PPV 器件，亮度可以从 1cd/m^2 提高到 50cd/m^2。三嗪类化合物尽管具有高的电子亲和势，但用于器件效果却不好的原因可能是其电子传输性能较差。

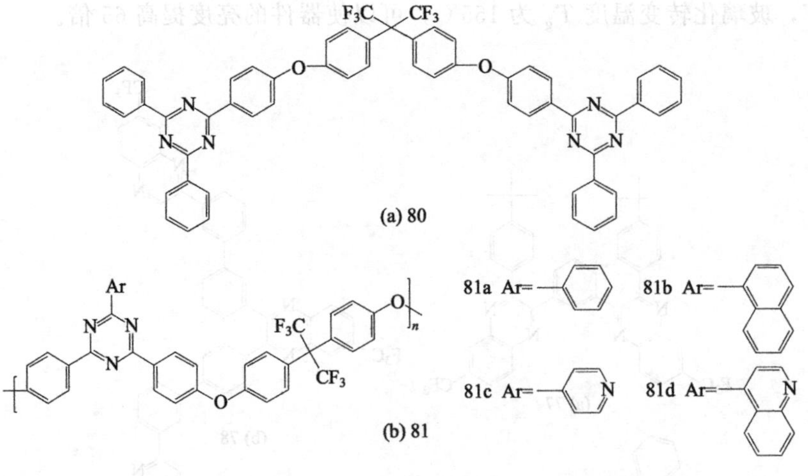

(a) 80

(b) 81

81a Ar=

81b Ar=

81c Ar=

81d Ar=

图 3-24 三嗪类（80、81）电子传输材料的分子结构示意图

（7）三唑衍生物

1993 年，Kido 等报道了 1,2,4-三唑衍生物（分子结构如图 3-25 所示）作为电子传输层，亮度达 5800cd/m^2；循环伏安测定结果表明 EA 为 2.3eV。

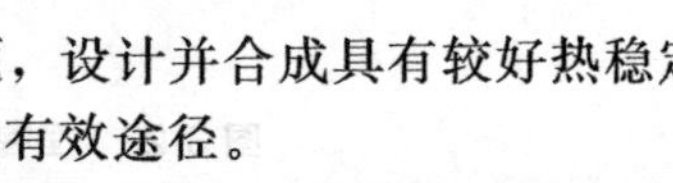

图 3-25 三唑衍生物（82）的分子结构示意图

3.2.2 聚合物电子传输材料

由于传统的 n 型材料存在易结晶和相分离等问题，设计并合成具有较好热稳定性的可加工的聚合物电子传输材料是解决这些问题的有效途径。

（1）全氟代苯亚基低聚物（perfluorinated material）

亚基苯类分子具有连续的 π 共轭结构，经过全氟代后是一类很好的电子传输材料。Sakamoto 等报道了一类全氟代苯亚基低聚物，这些全氟代苯亚基低聚物包括线型的 83a～d、84，支化的 85a～c，树枝状的 86a、b，分子结构如图 3-26 所示。这些全氟代苯亚基低聚物具有较低的 LUMO 和 HOMO 能级，有利于电子的注入；很强的 C—F 键提供了很好的热稳定性和化学稳定性。线型的全氟代苯亚基低聚物是不溶于有机溶剂的不具有玻璃态的高度结晶固体，电子迁移速率比 Alq_3 高两个数量级，是一类非常有前途的电子传输材料。83b 用于 Alq_3 器件的电子传输层，亮度可达 12150cd/m^2。

尽管支化的、树枝状的全氟代苯亚基低聚物具有很高的熔点和很低的电子亲和势，但由于空间位阻较大造成其共轭程度较低，电子传输性能与线型低聚物相比较差，用其制作的器件亮度很低。

（2）CN-PPV 及其衍生物

PPV 材料是一类很好的发光材料，但是 PPV 的空穴传输能力远远大于其电子传输能力，影响了发光器件的效率。Son 等通过理论计算提出在 PPV 的苯环或烯

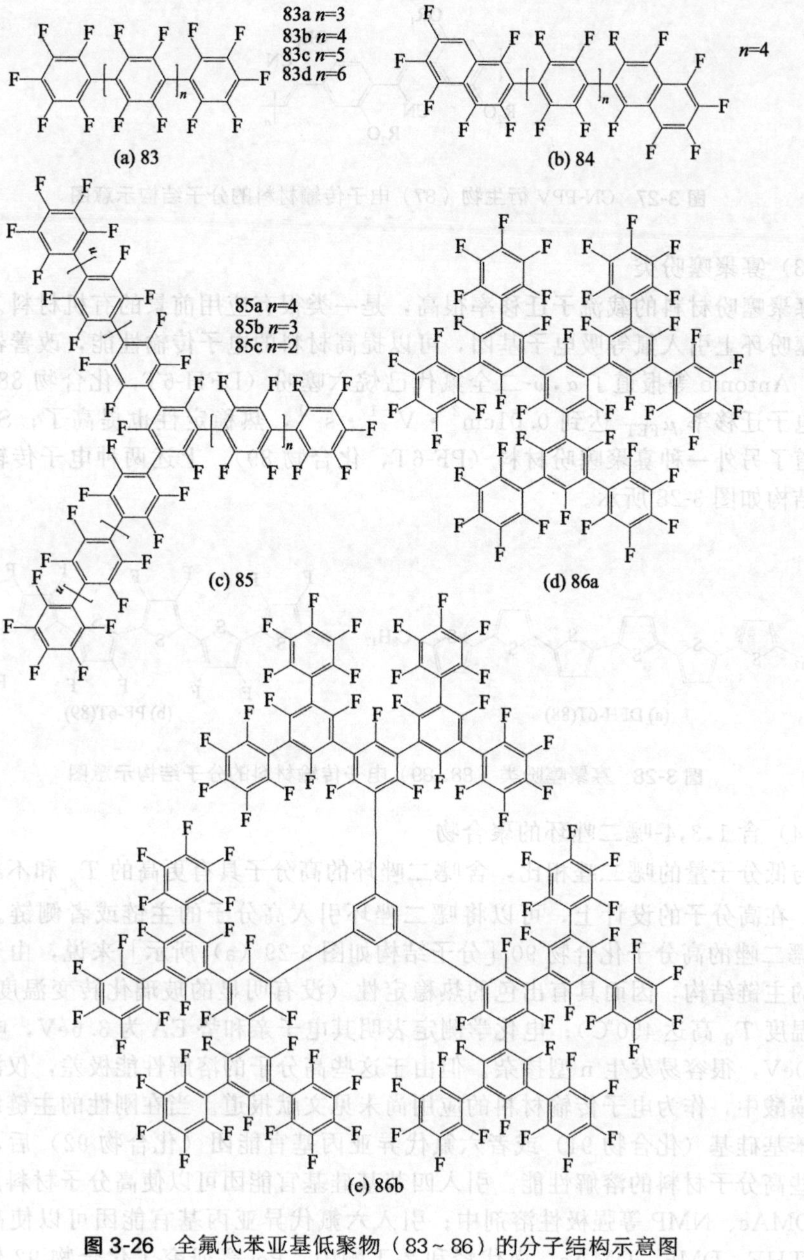

图 3-26　全氟代苯亚基低聚物（83～86）的分子结构示意图

键上引入氰基（—CN）（分子结构如图 3-27 所示）可以降低 PPV 衍生物最高占有轨道（HOMO）和最低空轨道的能级，增加聚合物的电子亲和力，提高电子的注入效率。CN-PPV 的带隙为 2.1eV，最大发光波长为 590nm，通过旋涂可得到高质量的薄膜。氰基的引入提高了 CN-PPV 的电子亲和力。Bradley 等研究了结构为 ITO/PPV/CN-PPV/金属的器件，其最大发光波长为 710nm，内量子效率可达

4%，器件的半衰期也大大提高。

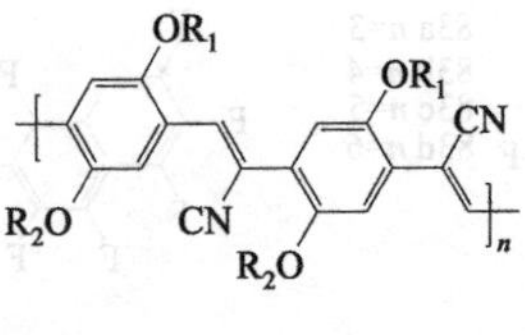

图 3-27 CN-PPV 衍生物（87）电子传输材料的分子结构示意图

(3) 寡聚噻吩类

寡聚噻吩材料的载流子迁移率很高，是一类很有应用前景的有机材料。研究发现在噻吩环上引入氟等吸电子基团，可以提高材料的电子传输性能，改善器件的稳定性。Antonio 等报道了 α,ω-二全氟代己烷六噻吩（DFH-6T，化合物 88），其场效应电子迁移率 μ_{FET} 达到 $0.01cm^2 \cdot V^{-1} \cdot s^{-1}$，热稳定性也提高了；Sakamoto 也报道了另外一种寡聚噻吩材料（PF-6T，化合物 89）。上述两种电子传输材料的分子结构如图 3-28 所示。

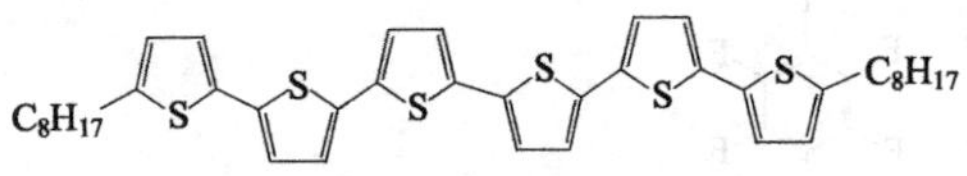

(a) DFH-6T(88) 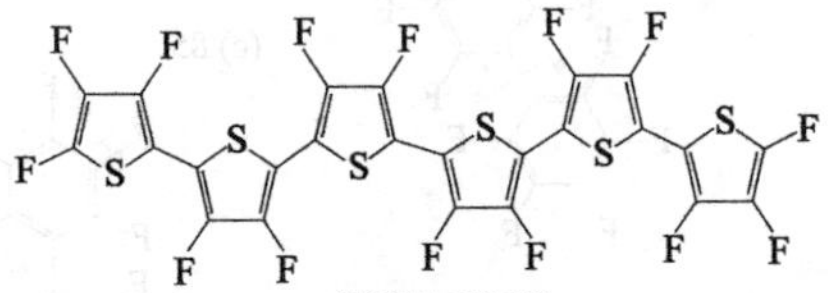　(b) PF-6T(89)

图 3-28 寡聚噻吩类（88、89）电子传输材料的分子结构示意图

(4) 含 1,3,4-噁二唑环的聚合物

与低分子量的噁二唑相比，含噁二唑环的高分子具有更高的 T_g 和不易结晶的特点。在高分子的设计上，可以将噁二唑环引入高分子的主链或者侧链。对于主链含噁二唑的高分子化合物 90［分子结构如图 3-29（a）所示］来说，由于其具有刚性的主链结构，因而具有出色的热稳定性（没有明显的玻璃化转变温度 T_g，热分解温度 T_d 高达 450℃）；电化学测定表明其电子亲和势 EA 为 3.6eV，电离势 IP 为 6.0eV，很容易发生 n 型掺杂。但由于这些高分子的溶解性能极差，仅溶于硫酸和甲磺酸中，作为电子传输材料的应用尚未见文献报道。当在刚性的主链结构中引入四苯基硅基（化合物 91）或者六氟代异亚丙基官能团（化合物 92）后，可以改进这些高分子材料的溶解性能。引入四苯基硅基官能团可以使高分子材料溶解于氯仿、DMAc、NMP 等强极性溶剂中；引入六氟代异亚丙基官能团可以使高分子溶解于 THF、DMF、DMAc、卤代烃和 2-丁酮中。Pei 等研究了化合物 92 作为电子传输层的 MEH-PPV 双层器件，发现外量子效率可以提高 40 倍。当在刚性的主链结构中引入含长的侧链取代基的亚基苯撑结构单元时（化合物 93 和化合物 94），所得的高分子材料完全溶解于有机溶剂中。采用聚合物 93 作为电子传输层的 MEH-PPV 器件，亮度和外量子效率值分别可以提高 50 倍和 25 倍。

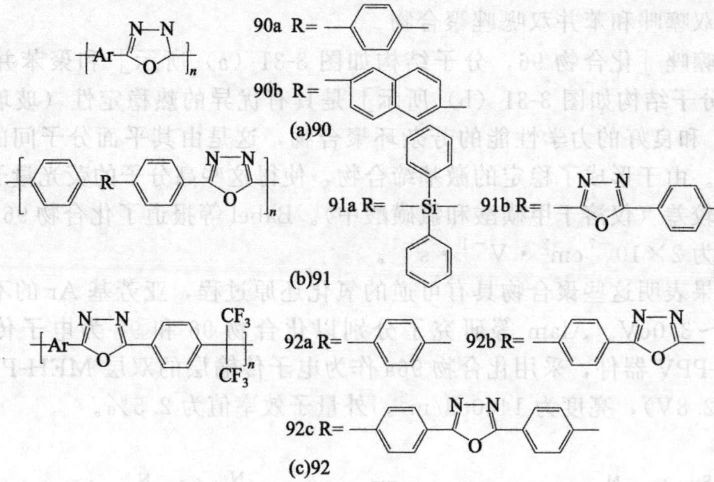

图 3-29 含 1,3,4-噁二唑环的聚合物（90～92）电子传输材料分子结构示意图

(5) 苯并噻二唑聚合物

苯并噻二唑是 n 型载流子传输材料。聚苯并噻二唑具有可逆的电化学特性，但由于其溶解性能很差，故聚苯并噻二唑作为电子传输材料尚未见文献报道。通过与其他荧光聚合物单元（如芴、咔唑）共聚可以得到可溶的共聚物，在这些聚合物中最有希望的是苯并噻二唑与取代芴的交替共聚物［化合物 95，分子结构如图 3-30 (c) 所示］；电化学研究表明其 EA 为 3.2～3.5eV，电离势 IP 为 5.9eV。Bradley 等报道了聚合物 95 具有发散的电子传输性能，在 5×10^5 V/cm 场强下电子传输性能达 10^{-3} $cm^2\cdot V^{-1}\cdot s^{-1}$；以三芳胺-芴共聚物为空穴传输层，聚合物 95 为发光层和电子传输层的双层 OLED 器件亮度可达 $10000cd/m^2$。2001 年，Bradley 等又报道了以聚合物 95 和聚芴 PFO 共混物为发光层的 50μm 直径的 OLED 器件，亮度可达 $153000cd/m^2$。

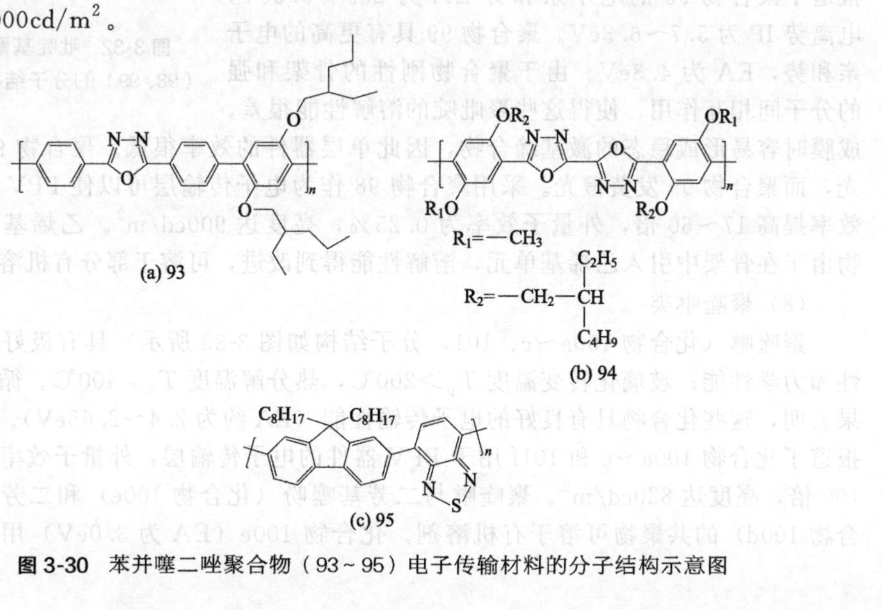

图 3-30 苯并噻二唑聚合物（93～95）电子传输材料的分子结构示意图

（6）苯并双噻唑和苯并双噁唑聚合物

聚苯并双噻唑［化合物 96，分子结构如图 3-31（a）所示］和聚苯并双噁唑［化合物 97，分子结构如图 3-31（b）所示］是具有优异的热稳定性（玻璃化转变温度>400℃）和良好的力学性能的芳杂环聚合物，这是由其平面分子间的 π-π 相互作用决定的。由于形成了稳定的激基缔合物，使得这些高分子的荧光量子产率很低，溶解性能较差（仅溶于甲磺酸和氯磺酸中）。Babel 等报道了化合物 96a 的场效应电子迁移率为 $2\times10^{-7}cm^2\cdot V^{-1}\cdot s^{-1}$。

电化学结果表明这些聚合物具有可逆的氧化还原过程，亚芳基 Ar 的不同电子亲和势为 2.4～3.0eV。Alam 等研究了分别以化合物 96 和 97 为电子传输层的 PPV 和 MEH-PPV 器件，采用化合物 96a 作为电子传输层的双层 MEH-PPV 启亮电压非常低（2.8V），亮度为 $1400cd/m^2$，外量子效率值为 2.5%。

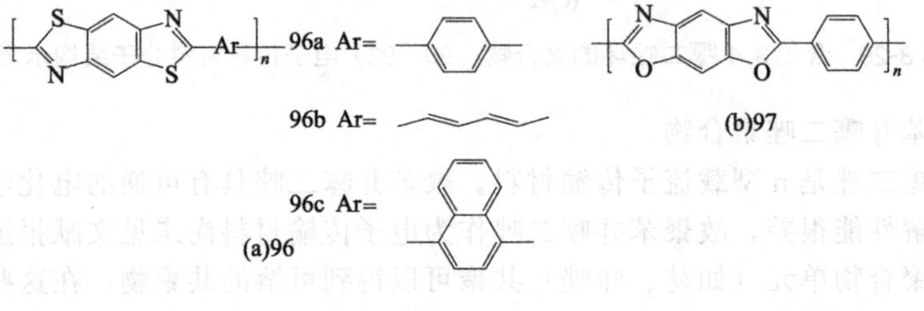

96a Ar=
96b Ar=
96c Ar=
(a)96
(b)97

图 3-31 苯并双噻唑（96）和苯并双噁唑（97）聚合物的分子结构示意图

（7）吡啶基聚合物

聚吡啶［化合物 98，分子结构如图 3-32（a）所示］或乙烯基吡啶聚合物［化合物 99，分子结构如图 3-32（b）所示］具有可逆的 n 型掺杂特性。Onoda 等报道了聚合物 98 的电子亲和势 EA 为 2.9～3.5eV，电离势 IP 为 5.7～6.3eV。聚合物 99 具有更高的电子亲和势，EA 为 4.3eV。由于聚合物刚性的骨架和强的分子间相互作用，使得这些聚吡啶的溶解性能很差，成膜时容易形成稳态的激基缔合物，因此单层器件的效率很低。聚合物 98 发蓝绿光，而聚合物 99 发黄橙光。采用聚合物 98 作为电子传输层可以使 PPV 基器件的效率提高 17～60 倍，外量子效率为 0.25%，亮度达 $900cd/m^2$。乙烯基吡啶聚合物由于在骨架中引入乙烯基单元，溶解性能得到改进，可溶于部分有机溶剂。

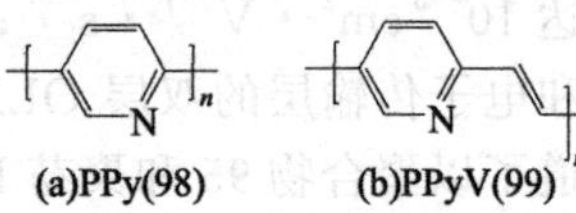

(a)PPy(98)　(b)PPyV(99)

图 3-32 吡啶基聚合物（98、99）的分子结构示意图

（8）聚喹啉类

聚喹啉（化合物 100a～c、101，分子结构如图 3-33 所示）具有极好的热稳定性和力学性能；玻璃化转变温度 $T_g>200$℃，热分解温度 $T_d>400$℃。循环伏安结果表明，这些化合物具有良好的电子传输性能（EA 约为 2.4～2.65eV）。Zhang 等报道了化合物 100a～c 和 101f 用于 PPV 器件的电子传输层，外量子效率可以提高 100 倍，亮度达 $820cd/m^2$。聚喹啉与二芳基噻吩（化合物 100e）和二芳基芴（化合物 100d）的共聚物可溶于有机溶剂。化合物 100e（EA 为 3.0eV）用于 MEH-

PPV器件的电子传输层可以使外量子效率提高34倍，亮度达$2300cd/m^2$；而以100d（EA为3.2eV）作为电子传输层的MEH-PPV器件，亮度和外量子效率可提高86倍和35倍。聚4-烷基喹啉可溶解于氯仿、四氢呋喃、甲酸等有机溶剂，电子亲和势EA为2.6eV，其分子链的规整性导致其在成膜时形成层状排列，使得其电子传输性能优于聚芳基喹啉。Zhu等报道了以聚4-烷基喹啉为电子传输层的MEH-PPV双层器件亮度达$700cd/m^2$，外量子效率达3.0%。

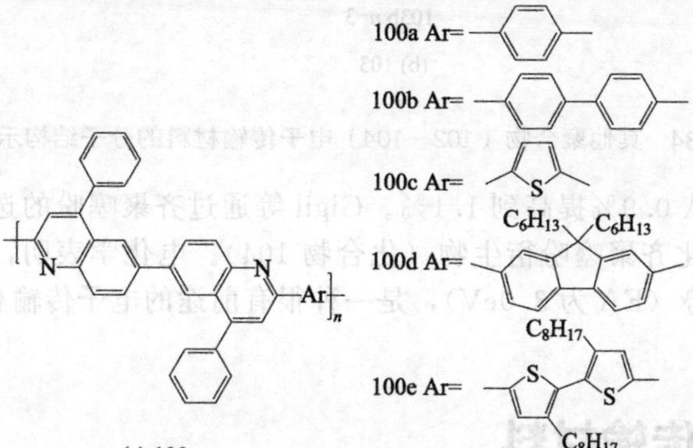

100a Ar=
100b Ar=
100c Ar=
100d Ar= C_6H_{13} C_6H_{13}
100e Ar= C_8H_{17} C_8H_{17}

(a) 100

101a R=C_4H_{19}
101b R=C_6H_{13}
101c R=C_8H_{17}
101d R=$C_{10}H_{21}$
101e R=$C_{13}H_{27}$
101f R=C_6H_5

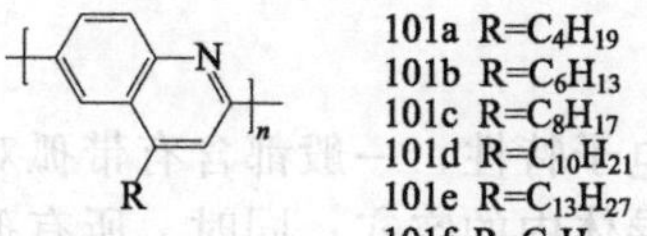

(b) 101

图3-33 聚喹啉类（100、101）电子传输材料的分子结构示意图

3.2.3 有机金属配合物电子传输材料

许多有机金属配合物同时具有发光和电子传输特性，可以兼作电子传输材料。常用的有喹啉金属配合物、羟基苯并喹啉金属配合物、Schiff碱金属配合物、2-(2-羟基苯基)苯并杂环金属配合物、卟啉配合物以及稀土配合物等。由于这些有机金属配合物更多是用于发光材料，这里就不详细介绍了，具体请参见本章的第一节。

3.2.4 其他类电子传输材料

人们相继开发出新的OLED用电子传输材料，例如八-取代的环辛四烯［化合物102，分子结构如图3-34（a）所示］，具有大的光学带隙（>3.2eV），电化学测试表明其具有可逆的氧化还原特性；EA≥2.45eV，表明它是一个优异的电子传输材料。通过蒸镀得到的非晶薄膜的T_g约为214℃。

Noda等报道了含有2,4,6-三甲基硼单元的电子传输材料103［分子结构如图3-34（b）所示］，它们形成无规的薄膜，玻璃化温度分别为107℃和115℃。电化学研究表明它们具有可逆的氧化还原过程，电子亲和势EA为3.05eV。采用聚合物103b作为电子传输层的Alq_3器件亮度可以从$13000cd/m^2$提高到$21400cd/m^2$，

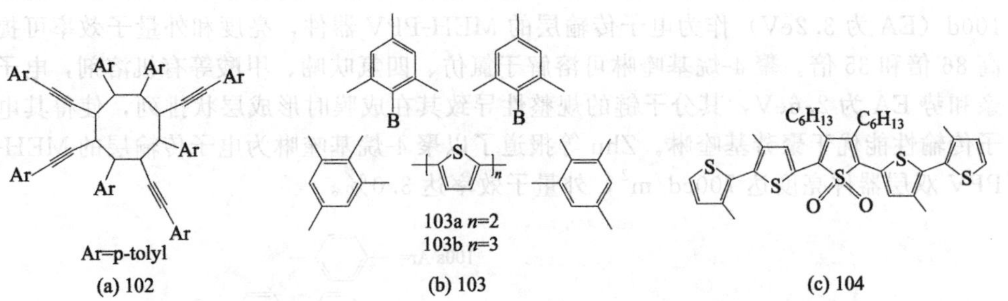

图 3-34 其他聚合物（102～104）电子传输材料的分子结构示意图

外量子效率可以从 0.9%提高到 1.1%。Gigil 等通过齐聚噻吩的选择性去芳构化法得到了 S,S-二氧化齐聚噻吩衍生物（化合物 104）。电化学表明，化合物 104 具有很高的电子亲和势（EA 为 3.0eV），是一种很有前途的电子传输材料。

3.3 空穴传输材料

空穴传输材料均具有强的给电子特性，一般都含有带孤对电子的氮原子，有利于形成正离子自由基充当有机半导体中的空穴；同时，所有孤对电子都可以与 π 电子发生交换，增加孤对电子的离域性，这有利于空穴从一个分子跳到另一个分子。空穴传输材料一般具有很高的空穴迁移率，能够形成无针孔的无定形薄膜且具有很好的热稳定性。空穴传输材料的电离势 IP 是影响器件稳定性的主要因素，因此还要有合适的 HOMO 轨道能级，以保证空穴在电极/有机层以及有机层/有机层界面之间的有效注入与传输。空穴传输材料通常是芳香二胺类、三芳胺类、咔唑类、吡唑啉类等富电子的化合物及其衍生物。

3.3.1 有机小分子空穴传输材料

（1）三芳胺类小分子空穴传输材料

三芳胺类材料具有较好的给电子性、较低的离子化电位、较高的空穴迁移率（一般约为 $10^{-3}\sim10^{-5}\,cm^2\cdot V^{-1}\cdot s^{-1}$）、较好的溶解性与无定形成膜性、较强的荧光性能与光稳定性，成为研究的热点之一。三芳胺类化合物既可以作为空穴传输材料，又可以作为发光材料，在 OLED 中有着良好的发展前景。三芳胺类小分子化合物占目前空穴传输材料的大部分。它们具有的结构单元是三芳基胺，由于多级胺上的氮原子具有很强的给电子能力而显示出电正性，表现出很好的迁移特性，空穴迁移率约为 $10^{-3}\sim10^{-5}\,cm^2\cdot V^{-1}\cdot s^{-1}$。芳香胺衍生物结构易于调整，通过引入烯键、苯环等不饱和基团及各种生色团，改变其共轭度，从而使化合物光电性质发生变化，得到一系列具有良好空穴传输能力的小分子化合物。

通常使用的 N,N′-二苯基-N,N,-双-(3-甲基苯基)-1,1′-联苯-4,4′-二胺［TPD,

化合物 105，分子结构如图 3-35（a）所示］其玻璃化转变温度（T_g）为 65℃左右，HOMO 能级在−5.4eV，空穴迁移率在 $10^{-3}cm^2 \cdot V^{-1} \cdot s^{-1}$。Fujikawa 等对一系列线型三芳胺衍生物 NPD［化合物 106，分子结构如图 3-35（b）所示］做了比较，发现了热稳定性与空穴传输材料 T_g 的线性关系，认为三芳胺的线型联结可以提高其 T_g，从而有助于器件在高温下的稳定性。

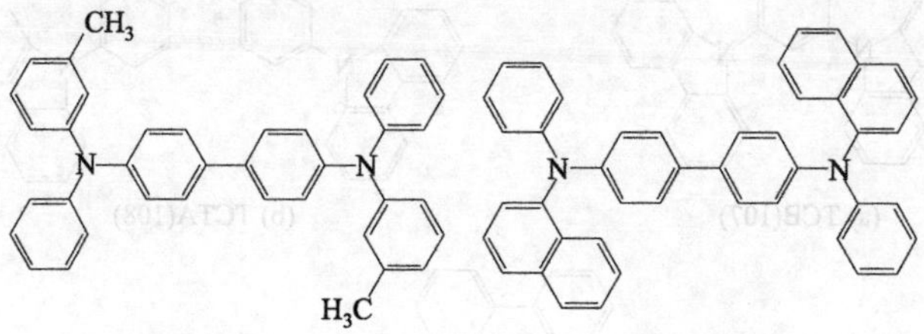

(a)TPD(105)　　(b)NPD(106)

图 3-35　三芳胺类小分子（105、106）空穴传输材料的分子结构示意图

简单的三芳胺类空穴传输材料有结晶的倾向，影响器件寿命，合成高熔点和较高玻璃化转变温度的空穴传输材料可以减少结晶的倾向。可从分子设计的角度设计不对称的空间位阻大的化合物，增加分子的构象异构体数目，降低分子的平面性，阻止分子在空间上的移动；同时，使分子与分子之间的凝聚力减少。还可利用桥键、烷基化等简单方式的分子修饰，引入螺式连接的结构，合成线型三芳胺低聚物结构。但其中最为直接的方法是对取代基进行修饰，引入取代基可以降低分子的对称性，增加分子构象异构体的数目，从而有效防止分子结晶的趋势，提高分子的成膜性和热稳定性。Kageyama 合成了氯和溴取代的三芳胺衍生物 TDAB，由于 Br、Cl 重原子的引入，提高了分子的分子量，改善了材料的成膜性以及薄膜稳定性。

（2）咔唑类小分子空穴传输材料

咔唑是一类很好的空穴导电分子，由于其特殊的刚性结构和良好的空穴传输能力以及可修饰性，在电致发光领域中常用作高热稳定性的空穴传输材料。由于其特殊结构，相比苯胺类空穴传输材料，咔唑类玻璃化转变温度较高。典型材料 TCB（107）、TCTA（108）、TCPB（109）的分子结构如图 3-36 所示，其玻璃化转变温度分别为 126℃、151℃、172℃。

具有螺环结构的咔唑衍生物 spiro-CARB（化合物 110）熔点高达 538℃，成膜性较好。其分子结构如图 3-37 所示。

（3）1,3,5-三芳基-2-吡唑啉类化合物

1,3,5-三芳基-2-吡唑啉类衍生物是一类高量子效率的荧光增白剂，也具有较高的电离势，是一类空穴传输型的发蓝光材料，其作为空穴传输材料用于光电及电致发光体系已有较多报道。吡唑啉衍生物的熔点（T_m）和玻璃化转变温度（T_g）都比较低，造成化合物在成膜后容易重新结晶，破坏了器件有机层的界面接触，降低了器件的效率和寿命，限制了它们在有机电致发光器件上的应用。可对 1,3,5-三芳基-2-吡唑啉进行分子设计，在分子中引入大的刚性取代基，以提高吡唑啉分子的分子量从而提高吡唑啉的熔点；同时，从分子设计出发降低吡唑啉化合物的空间

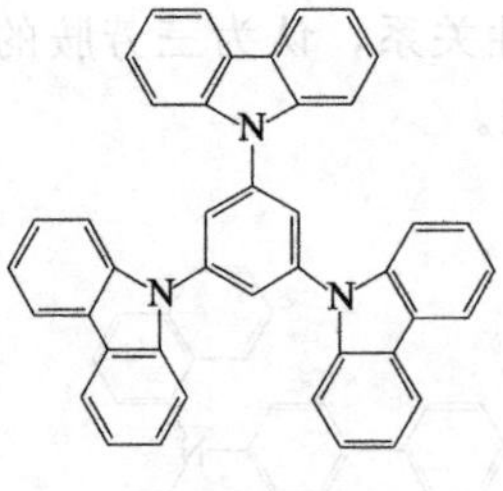

(a) TCB(107)

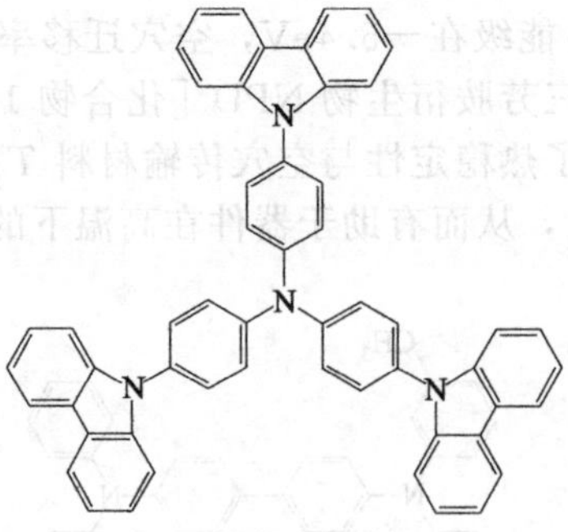

(b) TCTA(108)

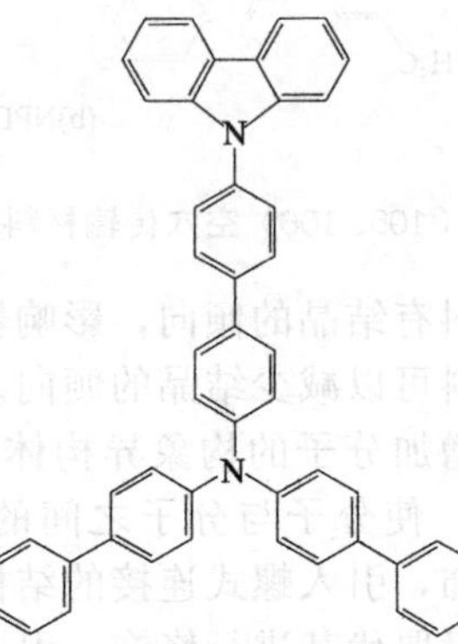

(c) TCPB(109)

图 3-36　咔唑类小分子（107～109）空穴传输材料的分子结构示意图

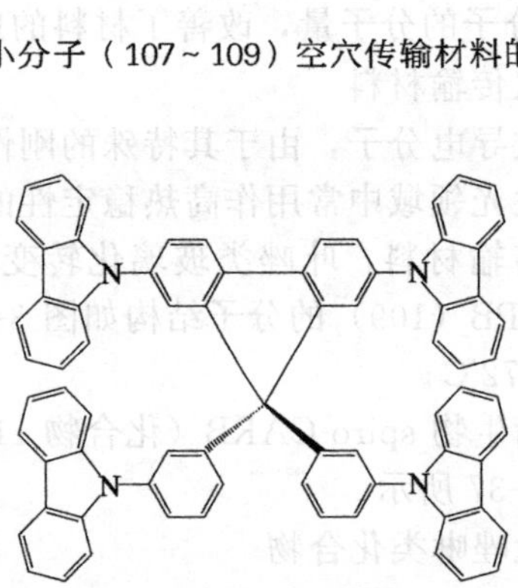

图 3-37　螺环结构的咔唑衍生物（110）空穴传输材料的分子结构示意图

对称性，从而减小成膜后分子间的相互作用，减少薄膜的重结晶趋势，以利于提高器件的稳定性。吴世康等在吡唑啉衍生物的 C_5 位引入非共轭的苯基取代基改变了物质的聚集态，使其难以结晶，成膜性良好。Tsutsui 等发现用双吡唑啉化合物代替单吡唑啉化合物可以避免薄膜晶体的形成。张晓宏等合成了七种含单吡唑啉或双吡唑啉化合物，发现在 C_5 位上联有芳基的双吡唑啉化合物具有良好的成膜能力和较高的玻璃化转变温度，可以大大地提高器件的稳定性。

3.3.2　聚合物空穴传输材料

由于有机小分子空穴传输材料具有较低的 T_g，因此在成膜和使用过程中易出现结晶、与发光层物质形成电荷转移配合物或激发态聚集导致器件的性能下降，寿命缩短；同时小分子的成膜方式为真空蒸镀，给器件的制作带来了困难，因此许多学者将空穴传输材料的研究转向聚合物。聚合物具有较高的 T_g，稳定性较好，容易加工成型，而且可以进行各种化学修饰。

(1) 聚对苯乙炔（PPV）衍生物

聚对苯乙炔（polyphenylene vinylene）分子具有大 π 共轭结构，有良好的空穴传输能力和发光能力。1990 年，英国剑桥大学的 Burroughes 等首次报道了用 PPV 制备的聚合物电致发光器件，得到了直流驱动偏压小于 14V 的蓝绿色光输出，其量子效率为 0.05%。Greenham 等以具有较高电子亲和能的 CN-PPV 为发光层，以 PPV 为空穴传输层制成了双层器件，量子效率高达 4%。

(2) 聚噻吩及其衍生物

聚噻吩及其衍生物是一类性能良好的导电聚合物，是除 PPV 外研究较多的一类杂环聚合物发光材料。聚噻吩由于容易通过侧链修饰来调节电子能级，并且导致不同的空间构型而带来意外的电子性质，因而作为空穴传输材料深受关注。Wang 等用聚（3-辛基噻）（P3OT）掺杂空穴材料 PVK 作发光层，以 Al 作阴极装配了发橙红光的器件。最先获得成功的是 POPT［化合物 111，分子结构如图 3-38（a）所示］，它的单层器件 ITO/POPT/Ca-Ag 发射出红色光，在 6V 电压下量子效率达到 0.3%。目前，效果较好的聚噻吩衍生物还有 PCHMAT［化合物 112，分子结构如图 3-38（b）所示］，它的双层器件 ITO/PCHMAT/PBD/Ca：Ag 启动电压为 7V，发射光颜色为蓝色，在 24V 的电压激发下，量子效率达到 0.6%。

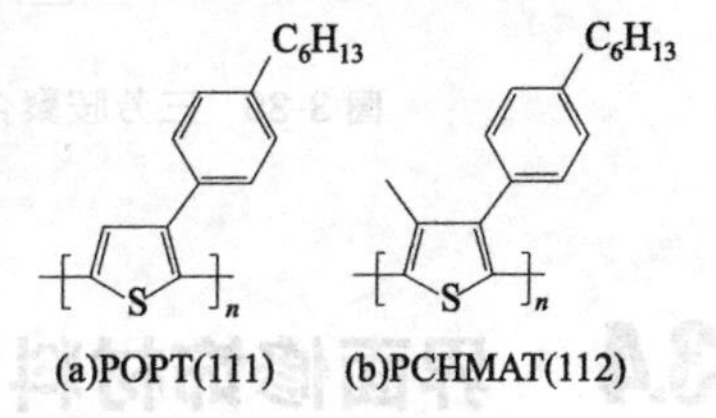

(c)PVK(113)

图 3-38　聚噻吩及其衍生物和聚乙烯咔唑的分子结构示意图

(3) 聚乙烯咔唑（poly-N-vinylcarbazole）

聚乙烯咔唑［PVK，化合物 113，分子结构如图 3-38（c）所示］是典型的高分子传输材料，它通过电子在咔唑基团之间的跳跃来实现空穴的传输。PVK 本身是一种较好的蓝光材料，发光峰在 410nm，能级较高；由于包含有咔唑基团，使得其有很强的空穴传输能力（空穴迁移率为 10^{-6}～10^{-7} $cm^2 \cdot V^{-1} \cdot s^{-1}$）。此外，PVK 本身具有良好的成膜性能，大大地简化了成膜工艺，能有效减少薄膜的针孔等缺陷。PVK 玻璃化温度 T_g 为 230℃，热稳定性强。聚乙烯咔唑化合物已被广泛应用于各类有机电致发光器件的装配。采用 PVK 作为空穴传输层提高了器件的寿命，增加了电子和空穴的复合概率，从而提高了器件的工作效率。

（4）聚硅烷空穴传输材料

有机硅化合物具有良好的耐热性和抗老化能力。聚硅烷在许多方面与π共轭聚合物有相似性质。电荷在Si—Si键上的离域使电离能降低，空穴迁移率升高，室温下的空穴迁移率约为$10^{-4}\sim10^{-5}cm^2\cdot V^{-1}\cdot s^{-1}$。在侧链接上取代基可以增强聚硅烷在可见光范围内的灵敏性。聚甲基苯基硅烷（PMPS）就是典型的有机硅类聚合物空穴传输材料，在可见光范围内无吸收且易于加工；室温下其空穴传输能力达$10^{-3}cm^2\cdot V^{-1}\cdot s^{-1}$，且所得样品很纯。

（5）三芳胺聚合物

三芳胺衍生物具有优良的空穴传输能力，但由于其易氧化限制了它的作用。将三芳胺结构引入高分子主链，最大限度地减少三芳胺的氧化，可以充分发挥其优良的特性。Son等将TPD单元引入聚合物侧链制成的空穴传输材料（化合物114，分子结构如图3-39所示），玻璃化转变温度为138℃。Segura等合成了以联苯乙烯基团作为发光基团，以三苯胺基团作为空穴传输单元的发光材料，单层器件发绿光。

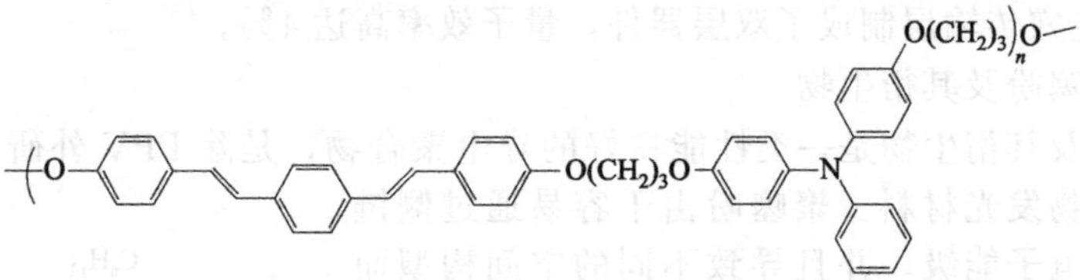

图3-39　三芳胺聚合物（114）空穴传输材料的分子结构示意图

3.4 界面修饰材料

要提高有机电致发光器件的发光亮度和效率，除了材料因素外，器件的结构设计是至关重要的。要想得到高效率的发光器件，可以增加载流子注入、提高载流子平衡程度以及提高激子形成和复合的概率。OLED的亮度和效率依赖于发光层中电子和空穴的浓度，因此电荷向有机材料的有效注入对于优化器件性能是十分重要的。选用高荧光效率的材料及采用阴极和阳极的界面缓冲等方法已被证明是改善器件效率的有效手段。

3.4.1 空穴注入缓冲材料

ITO因其透明性和高的功函数常被用作阳极。在有机电致发光器件中，空穴的传输速率远大于电子的传输速率，这样就会影响空穴和电子复合形成激子的比例。除了寻找与阳极形成较小势垒的新型空穴传输材料外，还可以在ITO电极与空穴传输层之间加入空穴注入缓冲层来降低界面的势垒。加入空穴缓冲层后，阻挡和减少了空穴的注入，提高了电子和空穴形成激子的比例；同时也控制或减少了不参与发光那部分（不能形成激子的）空穴的数量，从而提高器件的效率。另外，空穴注入缓冲材料具有很好的粘接能力，能形成清晰的界面，有效抑制界面缺陷态。常见的空穴注入缓冲材料有酞菁铜、m-MTDATA、Teflon（特氟龙，聚四氟乙烯）、SiO_xN_y、Al_2O_3、SiO_2、TiO_2、C_{60} 等。

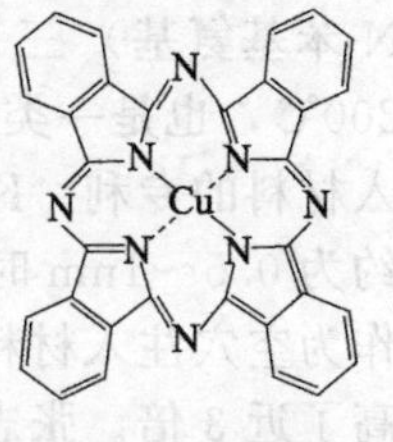

图 3-40 酞菁铜（115）分子结构示意图

（1）酞菁铜

酞菁铜（CuPc，化合物 115，分子结构如图 3-40 所示）是一种常见的化学染料，其中心元素为铜离子，铜离子周围的发色团中 18 个 π 电子组成大共轭环，π 电子在其中有很大的离域性。CuPc 非常稳定，超过 500℃ 时才开始分解。酞菁铜是柯达公司最早应用的空穴注入层材料，其载流子迁移率在所有的有机化合物中是最高的，达到 $75cm^2 \cdot V^{-1} \cdot s^{-1}$，但其导电性能很差。由于与 ITO 的功函数（4.5～4.7eV）接近，CuPc 被普遍地用作有机电致发光器件的空穴注入缓冲层。CuPc 在有机溶剂中的低溶解度有利于用旋涂方法在其上面淀积聚合物膜。CuPc 的能带宽度大约为 1.53eV，对波长为 400～500nm 的光只有微弱的吸收，适用于蓝色和绿色有机电致发光器件。ITO/CuPc/NPB/Alq_3/Mg∶Ag 器件采用 CuPc 作为空穴注入层，空穴先经过比较小的 ITO/CuPc 势垒，再经过 CuPc/NPB 势垒，最后注入 NPB 层。空穴需要隧穿两级比较低的势垒到达 NPB 层，这样就将大的势垒分成两个小的势垒，虽然总的势垒没有变，却使空穴更容易注入。加入空穴缓冲层后器件的寿命达到 4000h，显著地提高了器件的稳定性。这是因为器件的寿命和稳定性是和多数载流子的注入势垒成反比的，空穴注入层和阳极之间的势垒越小，器件的稳定性越好。

（2）富勒烯（C_{60}）

C_{60} 是碳的同素异形体，是一种很有前途的新型非线性光学材料。C_{60} 具有非平面的共轭离域大 π 键，具有结合电子的能力，因而可作为电子受体与电子给体形成电荷转移配合物（CTC），从而改善有机分子的光学和电学性质。朱文清采用真空蒸镀成膜方法，以 C_{60} 作为空穴注入缓冲层获得了发光效率改善的器件。非掺杂的 C_{60} 具有高的电阻率和极高的离化势，其第一离化势为 7.58eV，而 ITO 的功函数为 4.7eV，所以在正向偏置时缓冲层对空穴有明显的阻挡作用，造成电流减小，相同电流密度所需要的驱动电压增加。当 C_{60} 厚度为 16nm 时，器件发光效率最高。在电流密度为 $100mA/cm^2$ 时，该器件电流效率为 4.55cd/A，而没有缓冲层的器件电流效率为 2.36cd/A，因此发光效率提高了近一倍。这种效率的改善是发光层中载流子浓度更为平衡和激子形成概率增加的结果。

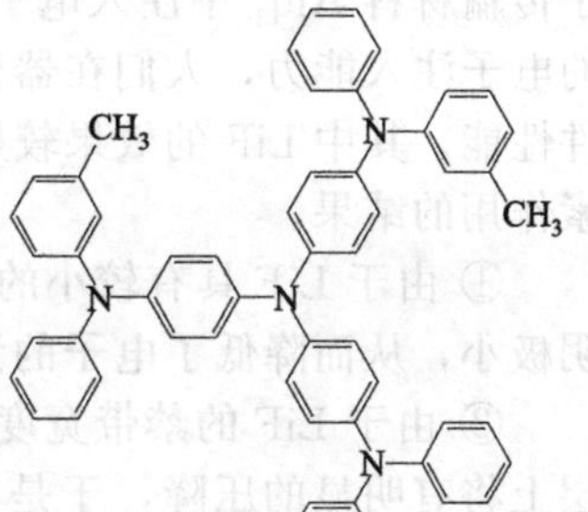

图 3-41 m-MTDATA（116）分子结构示意图

（3）其他类型空穴注入缓冲材料

日本的 Shirota 合成了星状爆炸物 m-MTDATA［4,4′,4″-三（N-3-甲基苯基-

N-苯基氨基）三苯胺，分子结构如图 3-41 所示]，它的玻璃化转变温度高达 200℃，也是一类重要的空穴注入材料。日本的 Pioneer 公司拥有这种星状空穴注入材料的专利。Kurosaka 等将氧化物 Al_2O_3 放在阳极和空穴传输层之间，当厚度约为 0.5～1nm 时，器件的量子效率和亮度都得到了明显的改善。Deng 等用 SiO_2 作为空穴注入材料制备的 ITO/SiO_2/NPB/Alq_3/Mg∶Ag 器件亮度比 CuPc 器件提高了近 3 倍。张志峰等通过对不同厚度 TiO_2 空穴缓冲层器件发光特性的研究，发现适当厚度的 TiO_2 空穴缓冲层可以改善器件的发光亮度和发光效率。在电流密度为 $100mA/cm^2$ 时，缓冲层厚度为 6nm 的器件电流效率为 5cd/A，而无缓冲层的器件电流效率为 3.45cd/A。同时，缓冲层为 2nm 的器件最大亮度达到了 $35500cd/m^2$，而无缓冲层的最大亮度为 $21500cd/m^2$，器件的发光效率和亮度都有了明显提高。邱勇等在柔性有机电致发光器件的柔性 PET 衬底上，制备了一层聚酰亚胺（PI）缓冲层以改善氧化铟锡（ITO）阳极在衬底上的附着力，衬底抗弯折的能力也有很大的改善；与使用普通 PET 衬底制备的有机电致发光器件相比，使用复合基片制备的器件电流密度和发光亮度均提高了 4 倍左右。

3.4.2 电子注入缓冲材料

有机电致发光器件阴极通常是低功函数的 Mg、Ca、Li 等。由于它们在空气中易氧化，为防止阴极性能下降，一般采用功函数较高但在空气中相对稳定的 Al 作阴极，或将 Mg、Ca、Li 等金属和 Ag、Al 等做成合金。但用 Al 作阴极的 OLED 亮度和效率通常比用 Mg 或 Ca 作阴极要低，这是因为 Al 扩散到 Alq_3 中引起 Alq_3 薄膜的晶格畸变，比较严重的情况下会出现结晶和重结晶现象。从阴极向常用的电子传输材料 Alq_3 中注入电子较难，引起器件中载流子注入不平衡。为了提高器件的电子注入能力，人们在器件中引入无机材料如 LiF、MgF_2、Al_2O_3 等来改善器件性能，其中 LiF 的效果较好。我们认为加入 LiF 对器件性能的明显改善是诸多因素作用的结果。

① 由于 LiF 具有较小的功函数，LiF 和 Al 组成的层状阴极的功函数比单层 Al 阴极小，从而降低了电子的注入势垒，使电子的注入能力加强。

② 由于 LiF 的禁带宽度为 12eV，是很好的绝缘体。当施加正向电压时，LiF 层上将有明显的压降，于是在 Al 和 Alq_3 层间产生了可观的电场，帮助了电子从 Al 隧穿注入 Alq_3 层。

③ 由于 LiF 的加入使得电子的注入能力增强，在降低工作电压的同时，还分担了原来落在 Alq_3 层上的部分电压，降低了 Alq_3 层发光区的电场，有效地削弱了电场导致的激子解离作用（处于激发态的电子在电场的作用下在跳跃移动过程中与激发态本体空间分离，引起猝灭）。

④ LiF 可能和 Alq_3 发生有利于器件性能的化学反应，例如使得 Alq_3 在与 LiF 层的交界处产生了能带弯曲，引起电子注入加强。空穴是多数载流子，加入 LiF 层后，少数载流子（电子）的注入加强了，使得器件内电子和空穴载流子更加平衡，从而表现出开启电压降低以及亮度和电流效率的显著提高。

⑤ 如果没有 LiF 层，使金属和 Alq_3 直接接触，由于金属和 Alq_3 是属于不同

性质的材料，它们之间的界面将形成很多的针孔，造成无辐射猝灭中心的缺陷，而且 Al 和 Alq_3 层间会形成起猝灭中心作用的 Alq_3-Al 配合物。而加入 LiF 作为电子注入层后，可以消除 Al 和 Alq_3 界面的缺陷态，使得电极与有机层之间形成良好的界面特性，减少界面的有效势垒高度，提高载流子的注入效率，从而可延缓器件的光化学老化和电化学老化，提高器件稳定性。

选择 LiF 的合适厚度很关键，恰当厚度的 LiF 薄膜引入可提高有机电致发光器件的亮度。可能的原因是 LiF 的禁带宽度达 12eV，是一种良好的绝缘材料，电子的注入主要依靠隧穿机制。当 LiF 厚度较薄时，这种隧穿机制导致电子注入增强，有利于电子和空穴的注入平衡，从而使得器件在相同驱动电压下电流密度增大，器件的开启电压降低，同时器件的亮度和发光效率也增加；而当 LiF 厚度过大时，由于它是绝缘层，电子隧穿变得困难，LiF 层对电子反起阻碍作用。李传南等研究发现，当 LiF 采用 0.4nm 时能达到最好的效果，其性能超过 Mg：Al 合金电极；而当 LiF 采用 0.8nm 时，对界面处的界面态清除最完全，产生的猝灭中心最少。电子或者空穴注入缓冲层都具有以下三个主要功能：

① 降低电极与电子传输层或空穴传输层的势垒；

② 通过能级搭配，使电荷注入和传输过程平衡；

③ 在阳极 ITO 和空穴传输层之间插入薄的空穴缓冲层进行界面缓冲，在原有的发光材料和器件结构的基础上，可以获得比原有器件更高的发光效率。

3.4.3 导电聚合物

聚 3,4-亚乙基二氧噻吩（PEDOT）导电高分子由于其广泛的应用前景，已经引起了人们的高度关注：其掺杂态因具有电导率高、在空气中结构高度稳定等卓越性能而成为研究的热点。本征态的 PEDOT 导电性很差而且不熔（溶）。聚（对苯乙烯磺酸）根阴离子（PSS）掺杂的 PEDOT 可以分散溶解在水溶液中，涂布成膜后在空气中非常稳定，同时具有高的电导率，因而大大地促进了 PEDOT 的应用。

3.5 总结与展望

作为一种新的显示技术，有机电致发光器件与现有的液晶、无机半导体和等离子体等显示器相比，它具有能耗小、视角广、亮度高、响应快、在低温下也能照常应用等特点，而且易于实现大屏幕。有机电致发光材料及显示器件的探索和研究已成为目前国际上最活跃的领域之一。材料的选择至关重要，材料的性质是决定器件最终性能的重要因素之一。目前，对于有机电致发光器件的基础研究主要集中在提高器件的效率和寿命等性能及寻找新的高发光效率的材料以及优化器件的制作工艺，设计多种材料的多层传输和发光器件结构上。相信随着这方面工作的深入，性能优良的 EL 材料将会不断出现，实用的有机 EL 器件将被研制出来并实现产业化。

参考文献

[1] Tehfe M A, Lalevée J, Telitel S, et al. Iridium complexes incorporating coumarin moiety as catalyst photoinitiators: towards household green LED bulb and halogen lamp irradiation [J]. Polymer, 2012, 53 (14): 2803-2808.

[2] Song T, Zhang G, Cui Y, et al. Encapsulation of coumarin dye within lanthanide MOFs as highly efficient white-light-emitting phosphors for white LEDs [J]. CrystEngComm, 2016, 18 (43): 8366-8371.

[3] Jia J, Li Y, Wang W, et al. New quinacridone derivatives: structure-function relationship exploration to enhance third-order nonlinear optical responses [J]. Dyes and Pigments, 2017, 146: 251-262.

[4] Pham H D, Jain S M, Li M, et al. Dopant-free novel hole-transporting materials based on quinacridone dye for high-performance and humidity-stable mesoporous perovskite solar cells [J]. Journal of Materials Chemistry A, 2019, 7 (10): 5315-5323.

[5] Yang J, Guo F, Hua J, et al. Efficient and stable organic DSSC sensitizers bearing quinacridone and furan moieties as a planar π-spacer [J]. Journal of Materials Chemistry, 2012, 22 (46): 24356-24365.

[6] Li W, Liu D, Shen F, et al. A twisting donor-acceptor molecule with an intercrossed excited state for highly efficient, deep-blue electroluminescence [J]. Advanced Functional Materials, 2012, 22 (13): 2797-2803.

[7] Li Y, Liu J Y, Zhao Y D, et al. Recent advancements of high efficient donor-acceptor type blue small molecule applied for OLEDs [J]. Materials Today, 2017, 20 (5): 258-266.

[8] Liu H, Bai Q, Li W, et al. Efficient deep-blue non-doped organic light-emitting diode with improved roll-off of efficiency based on hybrid local and charge-transfer excited state [J]. RSC Advances, 2016, 6 (74): 70085-70090.

[9] Zhang Q, Li J, Shizu K, et al. Design of efficient thermally activated delayed fluorescence materials for pure blue organic light emitting diodes [J]. Journal of the American Chemical Society, 2012, 134 (36): 14706-14709.

[10] Wu S, Aonuma M, Zhang Q, et al. High-efficiency deep-blue organic light-emitting diodes based on a thermally activated delayed fluorescence emitter [J]. Journal of Materials Chemistry C, 2014, 2 (3): 421-424.

[11] Sun J W, Baek J Y, Kim K H, et al. Thermally activated delayed fluorescence from azasiline based intramolecular charge-transfer emitter (DTPDDA) and a highly efficient blue light emitting diode [J]. Chemistry of Materials, 2015, 27 (19): 6675-6681.

[12] Sun J W, Baek J Y, Kim K H, et al. Azasiline-based thermally activated delayed fluorescence emitters for blue organic light emitting diodes [J]. Journal of Materials Chemistry C, 2017, 5 (5): 1027-1032.

[13] Cho Y J, Jeon S K, Lee S S, et al. Donor interlocked molecular design for fluorescence-like narrow emission in deep blue thermally activated delayed fluorescent emitters [J]. Chemistry of Materials, 2016, 28 (15): 5400-5405.

[14] Guo L, Ge J, Liu W, et al. Tunable multicolor carbon dots prepared from well-defined polythiophene derivatives and their emission mechanism [J]. Nanoscale, 2016, 8 (2): 729-734.

[15] Wan W, Bedford M S, Conrad C A, et al. Influence of side-chain composition on polythiophene properties and supramolecular assembly of anionic polythiophene derivatives [J]. Journal of Polymer Science Part A: Polymer Chemistry, 2019, 57 (11): 1173-1179.

[16] Kajii H, Hashimoto K, Hara M, et al. Carrier transport and improved emission properties of bilayer polymer light-emitting transistors based on crystalized poly (alkylfluorene) films [J]. Japanese Journal of Applied Physics, 2016, 55 (2S): 02BB03.

[17] Cai Y, Qin A, Tang B Z. Siloles in optoelectronic devices [J]. Journal of Materials Chemistry C, 2017, 5 (30): 7375-7389.

[18] Hung W Y, Chiang P Y, Lin S W, et al. Balance the carrier mobility to achieve high performance exci-

plex OLED using a triazine-based acceptor [J]. ACS Applied Materials & Interfaces，2016，8 (7)：4811-4818.

[19] Costa J C S，Taveira R J S，Lima C F，et al. Optical band gaps of organic semiconductor materials [J]. Optical Materials，2016，58：51-60.

[20] Skuodis E，Tomkeviciene A，Reghu R，et al. OLEDs based on the emission of interface and bulk exciplexes formed by cyano-substituted carbazole derivative [J]. Dyes and Pigments，2017，139：795-807.

[21] Salunke J K，Wong F L，Feron K，et al. Phenothiazine and carbazole substituted pyrene based electroluminescent organic semiconductors for OLED devices [J]. Journal of Materials Chemistry C，2016，4 (5)：1009-1018.

[22] Kaloni T P，Giesbrecht P K，Schreckenbach G，et al. Polythiophene：from fundamental perspectives to applications [J]. Chemistry of Materials，2017，29 (24)：10248-10283.

[23] Barzic A I，Soroceanu M，Fifere N，et al. Optical constants and electrical conductivity of polysilanes：effects of substituents and iodine doping [J]. Phosphorus，Sulfur，and Silicon and the Related Elements，2019，194 (10)：995-1002.

[24] Fathollahi M，Ameri M，Mohajerani E，et al. Organic/organic heterointerface engineering to boost carrier injection in OLEDs [J]. Scientific Reports，2017，7：42787.

[25] Qiao X，Ma D. Triplet-triplet annihilation effects in rubrene/C_{60} OLEDs with electroluminescence turn-on breaking the thermodynamic limit [J]. Nature Communications，2019，10.

[26] Liu Y，Wu X，Xiao Z，et al. Highly efficient tandem OLED based on C_{60}/rubrene：MoO_3 as charge generation layer and LiF/Al as electron injection layer [J]. Applied Surface Science，2017，413：302-307.

[27] Park J W，Lim S J，Goo J S，et al. Effect of interface roughness on electrical properties of Ag cathode and the role of the LiF layer to organic light emitting devices [J]. Journal of Nanoscience and Nanotechnology，2017，17 (12)：9120-9124.

[28] Nie Q，Zhang F. Enhancement of electron injection in inverted bottom-emitting organic light-emitting diodes using Al/LiF compound thin film [J]. Optoelectronics Letters，2018，14 (3)：189-194.

[29] Gu Z Z，Tian Y，Geng H Z，et al. Highly conductive sandwich-structured CNT/PEDOT：PSS/CNT transparent conductive films for OLED electrodes [J]. Applied Nanoscience，2019，9 (8)：1971-1979.

有机电致发光器件

4.1 有机电致发光历史

自 1953 年起，有机电致发光经历了半个多世纪的发展，从最初的进展缓慢到近年来的成长快速，这一节将简要回顾一下早期电致发光的发展历程。表 4-1 列出了从首次报道的有机电致发光到第一次出现相对高效的有机小分子/聚合物电致发光器件发展历程中的一些重要节点。

表 4-1　有机电致发光的早期发展

样品	样品厚度	电极(阳极/阴极)	EL 开启电压/V	量子效率	发表年份
蒽单晶	10～20μm	银浆或液体电解质,对称	400	未测定	1963 年
蒽单晶	1～5mm	电子或空穴注入液体电解质	<100	未测定	1965 年
萘单晶	42μm	液体电解质/液体钠钾合金	约 300	未测定	1969 年
蒽单晶	0.5mm	银/银	600～1400	未测定	1972 年
OEP 薄膜	几百纳米	银/铝	15	未测定	1977 年
蒽薄膜	0.18～3μm	金/铝	12	0.03%～0.06%	1982 年
二胺/Alq_3 薄膜	75nm/60nm	ITO/镁：铝	约 5	1%	1987 年
PPV 薄膜	70nm	氧化铟/铝	约 14	0.05%	1990 年
MEH-PPV 薄膜	120nm	ITO/钙	约 4	1%	1991 年

1953 年，Bernanose 等利用蒽单晶片在 400V 的直流驱动下实现了有机电致发光，随后，Helfrich 和 Schneider 等在未掺杂的蒽晶体上也观察到了电致发光现象。此后，Dresner 和 Goodman 等在掺杂的蒽晶体、萘晶体、芘等材料中观察到了电致发光现象，并发现发光来源于电极注入的载流子，即阴极注入电子与阳极注入空穴的复合。但是，此时器件的发光层是由厚度为 10～20μm 的单晶制备的，要想使注入的载流子达到发光所需要的数目，即要达到足够高的注入电流，需要较高的工

作电压（通常，只有在工作电压超过 100 V 时才能观察到发光）。因此，为了使有机电致发光器件实用化，必须降低驱动电压并提高器件的发光亮度。科研工作者首先对载流子注入电极进行了改进，利用固体电极替换了溶液电解质电极；其次，为提高单晶蒽的发光效率，在其中掺杂了其他有机材料。1982 年前后，Vincet 等试图以薄膜替代单晶来降低驱动电压，并尝试通过改进成膜工艺来提高器件的发光亮度，降低驱动电压；先后利用 Langmuir-Blodgett（LB）膜、真空沉积等成膜工艺，实现了 30V 直流电压驱动的器件。但是，蒽的成膜质量差，载流子注入效率低，此时器件的量子效率仅有 0.05%左右。在这个时期，有机电致发光器件除了效率低之外，稳定性差也是一个严峻挑战（当时的文献报道很少提及寿命问题）。这些问题都严重阻碍了有机电致发光器件的实用化进程，因此科学家们开始着手重新选材，通过优化器件结构以实现器件高性能的发光亮度和效率。1987 年，美国柯达公司的 Tang 和 Vaslyke 首次报道了新型有机电致发光器件，实现了较高的发光亮度和发光效率；其发光亮度超过 1000 cd/cm^2，发光效率达到 1.5 lm/W，而且驱动电压降到 10 V 以下。他们选用了具有电子传输能力的 8-羟基喹啉铝（Alq_3）作为发光材料，Alq_3 虽然不是新材料，但却是首次被应用到有机电致发光器件中。此外，他们优化了器件的结构，利用真空镀膜的方法，提高了成膜质量，使有机层的厚度降至只有几十纳米；采用低功函数的金属 Mg 作为电子注入电极，以降低驱动电压，提高电子注入效率；并首次引进了二胺衍生物作为空穴传输层材料，大大提高了空穴的注入效率，从而制备出了高亮度、高效率的发光器件。Tang 等的工作结果是有机电致发光的一个里程碑，从此，有机材料电致发光的研究进入了一个新的阶段。

1988 年，日本的 Adachi 等成功制备了发光层为空穴导电型的双层有机电致发光器件，在发光层与金属电极之间加入一层电子传输层。虽然从器件的角度来说，他们的工作与 Tang 的工作大同小异，但却扩展了发光材料的选择范围。随后，他们又在发光层与透明电极 ITO 之间加入空穴传输层，制备了三层结构的发光器件。电子传输层与空穴传输层的加入，大大提高了器件的载流子注入效率，降低了器件的驱动电压，提高了器件的发光效率，进一步改善了器件的性能。英国剑桥大学 Friend 小组于 1990 年，在 *Nature* 杂志上首次报道了共轭聚合物聚对苯乙炔（PPV）的电致发光。但这里采用的发光材料 PPV 是不可溶解的，可加工性受到限制。该器件是利用 Al 作为阴极，量子效率相当低，内量子效率只有 0.01%。此后，美国加州大学圣巴巴拉分校 Heeger 研究小组采用可溶性 PPV 衍生物（MEH-PPV）制成了发橘黄色光的共轭聚合物电致发光器件，并且在柔性衬底上制备了聚合物 LED。这种塑料 LED 在不影响发光的前提下可以卷曲和折叠。1998 年，Forrest 课题组采用掺杂重金属配合物的方法，获得了电致磷光，即利用了激发态的三重态激子，使电致发光的内量子效率得到很大提高。由于有机电致发光是注入型发光，从电极注入的电子和空穴的自旋是随机的，二者复合形成激子时，单线态占有一个量子态，三重态占有三个量子态（三重简并），所以单线态激子大约占有 1/4，一般情况下，只有单线态激子对发光有贡献。因此，通常认为有机（聚合物）电致发光内量子效率的理论极限是 25%。为了突破这一限制，Forrest 小组利用磷光材料让三线态激子也参与了发光，从理论上提高器件的发光效率。该课题组先后制备出了铂配合物、铱配合物等发光器件。

经过多年的发展，有机电致发光有了很大的进展，而相较于无机发光材料，有机发光材料发展出了更多的种类，主要包括小分子材料和聚合物材料。聚合物分子是由原子之间的共价键构成的长链式结构，长链中包括多个重复单元（10^3～10^5），具有一定的周期性。聚合物可以由一种或几种（共聚物）结构单元构成。聚合物的结构比小分子材料的结构要复杂，在材料制备过程中不可控因素更多。聚合物分子链是靠分子间的范德华力相互作用结合在一起的，可以呈现为结晶态和非晶态两种状态。高聚物结晶态的有序度比小分子有机材料结晶态的有序度差得多。聚合物分子链具有一定特征的堆砌方式，其空间几何形状可以是伸直、卷曲和折叠的，还可能形成某种螺旋结构。如果聚合物分子链由两种以上不同化学结构的单体组成，那么化学结构不同的聚合物分子链之间由于相容性的不同，可能形成多种多样的微相结构。复杂的凝聚态结构是决定聚合物材料使用性能的直接因素，因此聚合物与小分子电致发光材料具有明显的不同特点。表 4-2 对比了聚合物和小分子两种不同类型电致发光器件的特点，从目前综合技术化角度来看，OLED 要领先于 PLED。但由于聚合物可以通过喷墨打印技术在大尺度和超大尺度衬底基片上制备器件，其大规模工业化生产的前景超过小分子 OLED。

表 4-2 聚合物和小分子电致发光显示技术的对比

类型	小分子 OLED	大分子 PLED
分子量	几百	几万至几十万
生产方式	真空蒸镀	旋涂或喷墨
优点	合成纯化容易 彩色化技术成熟	设备成本低 器件耐热性好 可做成有源器件、可挠曲器件 可以采用大和超大基板
缺点	设备成本高 工艺复杂 生产效率低 耐水性差	材料纯化困难 彩色化技术不成熟

有机电致发光器件与无机发光二极管有相似之处，都是注入激发，因此有机发光器件也叫作有机发光二极管（organic light emitting diodes，OLED）。发光过程可分为如下步骤，即载流子注入、载流子传输、载流子复合形成激子、激子迁移以及激子复合发光。为实现这些过程的优化，除了选择性能优异的各种材料外，还要设计出结构合适的发光器件。尽管有机电致发光器件的种类较多，但都离不开最基本的功能层，如载流子注入层、传输层、发光层和激子限制层等。接下来的几小节将介绍电致发光器件的主要组成、器件结构以及制备方法等。

4.2 有机电致发光器件组件介绍

有机电致发光器件是电流型器件，器件的电学过程决定了器件的各项性能。从激发态来源看，有机电致发光类似于无机发光二极管（LED），由电极注入载流子，然后再在发光层中复合发光。为了提高发光器件的发光亮度，就需要提高载流子注入能力；而为提高器件的发光效率，仅仅增加载流子的注入数目是不够的，还必须使得到达复合发光区域的载流子数目保持平衡。因此，在有机电致发光器件中，载流子的注入及传输过程是非常重要的物理过程。所以，OLED 的主要组件包括电极、电极修饰层、发光层、载流子传输层四部分。

4.2.1 电极

如何实现载流子的有效注入，降低器件驱动电压，是实现高效有机电致发光的关键。因此要根据发光材料的参数，选择合适的正负电极材料。通常来讲，正极材料的功函数越高越好，负极材料的功函数越低越好。低功函数的阴极材料（特别是活泼金属）和高功函数的阳极材料，可以分别降低电子和空穴注入势垒，从而降低所需的电场强度或者工作电压。

（1）阳极

有机发光器件的阳极通常是透明电极，其费米能级要靠近有机半导体的 HOMO 能级，理想阳极材料应该保证空穴不必克服势垒就能进入有机半导体层。常用的阳极材料主要有：氧化铟锡（ITO）、p 型掺杂导电聚合物电极、有机/无机材料修饰的透明电极和高功函数的金属半透膜、Si 基板等。在各种电极中最常用的是 PEDOT∶PSS 修饰的 ITO 电极。ITO 的功函数为 4.6～4.8eV。很多有机发光材料的 HOMO 能级与 ITO 的费米能级之间存在一个能量差，空穴需要克服这个势垒才能注入有机半导体中。研究表明 ITO 阳极经过处理后，比如利用 UV 光和氧等离子处理，其功函数可以显著提高，从而使其与半导体材料 HOMO 能级间的势垒得以减小。但处理后的 ITO 电极存在过量的氧离子，它们缓慢地释放出来进入有机材料中，与发光材料及阴极发生化学和电化学反应，造成经过 ITO 电极处理后的器件长期稳定性并不理想。

(2) 阴极

在 20 世纪 60 年代，人们用银浆把电极黏附在几十微米的蒽单晶片上获得了几百伏直流电压下的发光。经过几十年来对载流子注入和传输机理认识的提高，为了保证有机电致发光器件具有高的电子注入效率，现在常用的阴极材料一般是具有较低功函数的金属或合金，如 Al、Mg 合金、Ca 合金等。有机电致发光器件的阈值电压、发光亮度、使用寿命等重要器件参数都和阴极材料的功函数密切相关。阴极功函数越低，电子的注入势垒越小（可以做到无势垒注入），器件的发光效率越高，使用寿命越长。有机电致发光器件常用的阴极主要有以下几种。

① 单层金属电极　高效单层金属电极主要由低功函数的金属构成。常用的材料有 Ba、Ca、Li、Mg、Al、In、Ag 等。表 4-3 列出了常见金属功函数。Uniax 公司的 Parker 系统地研究了几种不同金属电极，制备出了 MEH-PPV 作为发光层的器件，并探讨了器件的电流-电压关系；研究显示使用不同金属电极，发光器件的电流和电场强度关系曲线相差不是很大，而发光效率却相差 4 个数量级。发光器件的电流主要是由多数载流子——空穴决定的，而发光是由少数载流子——电子决定

的。对于大多数聚合物，其LUMO能级一般小于3eV，大多数稳定金属材料的功函数大于4eV，只有一些活泼金属的功函数小于3eV。常用的活泼金属电极有Ba和Ca，利用这两种电极材料制备的器件显示出优异的发光特性。但是，活泼金属非常容易同空气中的氧和水发生反应，严重影响器件的光电特性。所以，利用活泼金属电极制备的器件需要较高的封装技术，并在器件内部加除气剂或吸气剂去掉残留气体。

表 4-3 常见金属功函数

金属	功函数/eV	金属	功函数/eV	金属	功函数/eV
锂	2.9	镓	4.2	铯	2.14
铍	4.98	锶	2.59	钡	2.7
钠	2.75	钇	3.1	镧	5.5
镁	3.66	锆	4.06	铪	3.9
铝	4.28	铌	4.3	钽	4.25
钾	2.30	钼	4.6	钨	4.55
钙	2.87	锝	4.4	铼	4.96
钛	4.33	钌	4.71	锇	4.83
钒	4.3	铑	4.98	铱	5.27
铬	4.5	钯	5.12	铂	5.65
锰	4.1	银	4.26	金	4.49
铁	4.5	镉	4.22	汞	3.84
钴	5.0	铟	4.12	铊	4.25
镍	5.15	锡	4.42	铅	4.22
铜	4.65	锑	4.55		
锌	4.33	碲	4.95		

这里需要特别指出，金属电极和有机材料会发生“化学反应”，而金属电极与有机材料之间界面不仅和金属与有机材料的化学性质有关，而且和电极制备时的真空度有着密切联系。界面的化学反应主要表现在两个方面：其一是金属扩散；其二是金属氧化物绝缘层的形成。在金属电极制备过程中，金属原子或团粒很容易进入有机层中，并和有机分子形成共价键，共价键形成的区域厚度在2～3nm。另外，由于有机材料表面和真空镀膜时残存氧的存在，在有机层-金属界面容易形成一层很薄的金属氧化物。对于活泼金属电极，这层金属氧化物的厚度也在2～3nm，此厚度和电子的隧穿厚度相同。同时研究表明，不仅金属电极的材料对器件特性具有决定性的影响，金属电极的厚度对器件光电特性也具有明显影响。

② 合金电极　由于活泼金属电极在空气中极易被氧化，影响器件的稳定性。对一些LOMO能级不是很高的有机器件，可以采用功函数低的活泼金属和功函数高且化学性质稳定的金属共蒸发或者是合金材料的快速蒸发得到合金电极。合金电极的功函数比活泼金属电极的要大一些，但是它们的化学稳定性要好很多。常用的合金电极有Mg：Ag（10：1）、Li：Al（0.6%Li），它们对应的功函数分别是3.2eV和3.7eV，比纯铝的功函数（4.3eV）低。

③ 有机/无机掺杂的金属电极　将黑色无机材料和金属共蒸发可以制备出黑色电极，减少电极对环境杂散光的反射，提高显示器件的对比度。Xerox公司的加拿

大研究中心利用 Alq_3、Mg 和 Ag 的混合物，或者是 Alq_3 和 Ag 的混合物作为阴极，发现可以降低杂散光的反射，仅为一般器件的1/20。通常金属和其他材料复合而成的黑色电极电导率比纯金属电极的电导率低，实验测量表明，复合黑色电极的电导率降低 1～2 个数量级左右。该器件的电学指标下降，主要表现在电致发光的阈值电压增加。

(3) 柔性透明电极

柔性透明 OLED 的市场需求越来越高，但因为脆性大、材料稀缺、光通量低等问题，传统的 ITO 电极远远不能满足其要求。如何制备适合这样特殊器件的电极也越来越受到研究者的重视，目前主要的开发集中在银纳米线、金属网络、金属/介电复合材料、石墨烯等。在这些材料中，银纳米线具备出色的光学、电学、力学以及物理稳定性，更为重要的是银纳米线适用于简单高效的传统溶液处理工艺(旋涂、喷涂、刮涂、滴铸以及印刷）和“卷对卷”制造工艺，并且银纳米线还可以应用在传统的热蒸发和后刻蚀等工艺上。目前制备高性能柔性银纳米线透明电极主要面临的挑战是如何降低表面粗糙度，从而避免严重的漏电流甚至短路问题。主要的方法有：将银纳米线嵌入聚甲基丙烯酸甲酯（PMMA）薄膜中；将银纳米线置于丙烯酸聚合物纳米复合材料衬底上；将银纳米线分散到 PET 基底上等。除了金属纳米线之外，金属网络（银网格、铜网）因其适用于溶液处理（例如喷墨印刷、直接印法、丝网印刷以及无电镀法），被认为是制备柔性透明器件电极的一个合适选项。该工艺的优点是可以精确控制金属网的线宽、线间距和厚度，从而适用于不同需求的电学和光学性能。但是，同银纳米线电极一样，因与只有几百纳米的有机层厚度不匹配，微米量级的金属网络电极也容易导致器件漏电流或短路。为了改善这一情况，结合银浆刮擦技术、纳米压印光刻和精确图案光刻等方法，可将金属网络电极表面粗糙度降低到几个纳米。除以上两种电极之外，金属电介质复合电极（MDCE）因其在机械柔韧性、电导性、透光性以及大面积薄膜均匀性上的优势，被认为是另一种可以替代 ITO 电极的选项。该工艺不仅与柔性塑料基板兼容，同时也削弱了波导模式的光损失。但是，该工艺会引入显示技术中需要避免的光学微腔效应，因此，必须要解决这一问题。例如，采用 $Ta_2O_5/Au/MoO_3$ 结构和 $MoO_3/Ca/Ag/MoO_3$ 结构等。最后介绍一下近年来因其独特电学与机械学特性而广受关注的石墨烯。其高度柔韧性和表面光滑性都可以防止因粗糙度引起的短路和退化问题，利用它的高透光率，结合塑料基板，高性能的大面积石墨烯透明电极已经被制备出来。但是，其较低的功函数（4.4eV）和较高的薄膜电阻（方块电阻通常超过 300Ω）是困扰这一电极发展的主要问题。可以通过掺杂全氟聚合物（PFI）的 PEDOT：PSS 修饰四层石墨烯电极改变其功函数；或者通过掺入 HNO_3 或 $AuCl_3$ 提高四层石墨烯电极的电导率；也可以通过少量掺杂六氯锑酸三乙基氧鎓(OA）来提高功函数和降低电阻率。

4.2.2 电极修饰层

有机电致发光属于注入式发光，而影响载流子注入能力的是阴阳两极。所以，对电极进行修饰是提高载流子注入和实现注入平衡的重要途径。这里主要介绍一下电极修饰。

对于阴极修饰，通常是利用一些无机宽禁带、绝缘材料制备的薄膜来修饰金属电极，常用的是 LiF、LiO、CaO、SiO_2、MgO、Al_2O_3 等。这些无机材料的厚度只有几个埃（Å，1Å$=10^{-10}$m），很难形成连续的薄膜，人们对其在器件中的作用做了大量的研究工作，这其中，利用活泼金属氟化物修饰 Al 电极被广泛研究。经 LiF、NaF、CsF 等活泼金属氟化物薄层修饰过的阴极能大大提高器件性能，和标准的 Mg/Ag 电极相比，0.1～1.0nm 的 LiF 对 Al 电极修饰后，能明显改变器件的 *I-V* 特性和提高器件效率。但这里需要强调的是 CsF 和 LiF 的作用机理并不相同，前者是 CsF 和 Al 发生了化学反应释放出单质 Cs，从而提高了电子注入；对于 LiF 的作用机理则众说纷纭，包括隧穿理论、界面偶极理论、水分子存在时的化学反应、Alq_3 存在时 LiF 的分解等。其主要的解释如下：①宽禁带无机材料在金属电极和有机发光层之间形成局域高场，增加了电子隧穿，同时阻挡了空穴的通过，最终让两种载流子实现了注入平衡；②极性无机材料与金属电极相互作用形成电偶极子层，降低了电极的表面势；③离子无机材料与金属电极相互作用，使无机材料中金属原子或离子在界面处聚集，从而增加了界面的电子注入电场；④无机材料在界面处起到绝缘层作用，避免了金属电极与有机层的直接接触，可以消除使激子无辐射猝灭的缺陷态。此外，Zhao 等发现，若在有机层和阴极金属之间加上 NaSt 缓冲层，可以明显增加电子注入；同时，也发现由于隧穿机制，阴极金属的初始势垒越高，缓冲层的最佳厚度也越大。除此之外，聚合物材料也可用来修饰阴极，取得了很好的效果。Cao 研究小组曾报道了带有卤氨替代基聚烷基芴衍生物作为阴极修饰材料和一些惰性金属构成的复合电极，可以显著提高器件的电子注入，降低阈值电压，使发光效率接近活泼金属作电极的器件。这种聚合物电极修饰材料还可以和一些惰性金属，如 Au、Ag 等构成复合电极。这种修饰材料有可能在聚合物电致发光器件中完全替代活泼金属电极，使器件封装和保存的难度大大降低。

对于阳极的修饰，一般是将纳米厚度的电极修饰层加在 ITO/有机层之间；而且选用的缓冲层材料 HOMO 能级要处于 ITO 的费米能级和有机层的 HOMO 能级之间，从而形成“阶梯”式的能级结构，增加空穴的注入。最早是 Kodak 公司的 Tang 等选用 CuPc 作为缓冲材料，对 ITO/TPD 界面进行了修饰，结果明显提高了双层器件的性能。随后，SiO_2、TiO_2、SiO_xN_y 等缓冲层材料被相继报道出来：SiO_2 电极修饰层的加入提高了载流子的注入平衡，使得器件的亮度与效率显著提高；LiF 修饰层也能增加空穴的注入，且其最佳厚度和 ITO 界面处的初始势垒高度（initial barrier height，IBH）有关，只有 IBH 较大时才增加空穴注入，否则会降低。

4.2.3 发光层

发光层可以是掺杂或非掺杂体系，可以是单层也可是多层，其核心仍是发光材料，主要包括小分子材料和聚合物材料。就小分子而言，又包括普通荧光小分子和金属配合物（金属有机化合物）。上一章已详细介绍发光材料，本小结简要对发光层进行一下划分。

(1) 小分子发光层

有机染料发光材料在具备发光特性的同时，一般还具备某种载流子传输性能，而具有电子传输性能的较多。当然，在具体分析时要看材料本身的 LUMO 能级和 HOMO 能级值。如果合适，可能同时具有电子和空穴传输性能。如 EM_2（噁二唑衍生物），具有电子和空穴双重传输性能，用它制作的电致发光器件效率为 3.75lm/W，发射主峰在 490nm；而像吡唑啉类，许多都是具有空穴传输性能的蓝光材料。由于某些荧光小分子材料存在浓度猝灭效应，在器件中不能单独作发光层，需要共掺杂。将少量的发光材料掺杂在一定的主体材料中，不仅可以调制发光颜色、提高器件效率，而且可以显著提高器件的工作寿命。常用的掺杂剂一般是热稳定好、量子产率高的荧光染料，如 DCJTB、rubrene（红荧烯）、DCM 等。

（2）配合物发光层

配合物一般是指中心原子或离子与周围的配体形成的化合物。配合物的范围极广，主要可以分为以下几类。①单核配合物，这类配合物是指一个中心离子或原子的周围排列着一定数量的配位体，中心离子或原子与配位体之间通过配位键而形成带有电荷的配离子或中性配合分子。②螯合物，这类配合物是由多齿配位体以两个或两个以上的配位原子同时和一个中心离子配合并形成具有环状结构的配合物。有机电致发光器件中的明星发光材料 Alq_3，就是配合物发光材料，它的发射波长在 532nm，是典型的绿光材料，具有高的发光效率（薄膜态的发光效率为 32%）和高的电子迁移率（电子和空穴的迁移率分别为 $10^{-3}cm^2 \cdot V^{-1} \cdot s^{-1}$ 和 $10^{-7}cm^2 \cdot V^{-1} \cdot s^{-1}$），玻璃化转变温度高达 175℃。用气相沉积法可以获得 Alq_3 的纳米颗粒，根据尺寸不同，其荧光发射波长在 450～700nm 之间。

（3）共聚物发光层

除此之外，要想在同一聚合物层中实现多种功能还可以利用共聚的方法将具有不同功能的分子链段连接在聚合的主分子链和支链上，保证所得到的聚合物具有两种载流子的有效注入、很好的传输特性和高效的激子复合发光。F8BT 和 TFB 是英国 CDT 公司开发出的很好的电子传输聚合物和空穴传输聚合物，它们都是在聚烷基芴的主链上引入不同功能团形成的共聚物，这两种材料显示很好的电子传输和空穴传输特性以及可溶性。共聚物还可以把具有不同 HOMO 和 LUMO 能级的分子重复单元聚合到一起，得到类量子阱结构的聚合物材料以增加激子复合发光概率，同时也可以控制载流子的平衡注入。

（4）共混聚合物发光层

两种以上聚合物混合是制备新材料和新组分聚合物材料常用的方法之一。这种技术可以融合构成混合体各聚合物的优点，产生结构和性质不同于原聚合物的材料。由于相分离的影响变化很大，混合物的形貌受构成混合物的各聚合物比例、溶剂、成膜时的温度和旋转涂覆的速度影响明显不同。在聚合物电致发光器件中人们经常将电子传输聚合物、空穴传输聚合物和发光聚合物混合在一起，使得混合物同时具有两种电荷传输和发光的功能，以弥补一般单层聚合物器件不能同时具有几种功能的不足。以 F8BT 和 TFB 混合物为例，当这两种聚合物的溶液混合后，通过旋转涂覆（或其他聚合物制备方法）制成混合物薄膜时，相分离引起两种聚合物的固体膜并不是完全均匀地互相分散，而是形成两种聚合物各自独立的微区。这些微区的集合尺度与材料本身的分子结构、所用溶剂、成膜时溶剂挥发的速度和环境温度有着密切的关系。尽管F8BT和TFB同是聚烷基芴衍生物，但是两者之间的相分离差异还是很明显，相分离会因混合物或者溶剂的不同而不同。聚合物混合物不同相的光谱特征可以利用微区拉曼光谱和微区荧光光谱进行研究。由于相分离形成的微区，使得载流子在混合物和电极构成的界面处的注入发生变化。相分离产生的两种聚合物微区可以在共混物中产生独立的能级，即在混合物中有两个LUMO和HOMO能级，电子可以比较容易地从更加匹配的LUMO能级进入，而空穴则可比较容易地从更加匹配的HOMO能级进入，它们在单层共混物中保证电子和空穴同时有较高的注入效率，这样两种载流子很容易在混合物层形成激子。共混物器件发光波长由组成共混物中的长波发射聚合物决定，因此混合物实现蓝色发光器件比较困难，其他体系的聚合物混合物在绿光和红光发光器件中表现出很大的优势。CDT公司Salvatore Cinà在其网站上报道了利用电子传输、空穴传输和发光三种聚合物的混合物制备的蓝色电致发光器件，器件的发光具有很好的表现。但是，蓝色混合物材料制备的器件稳定性比三重复单元共聚物要差很多，这种降低可能是因电子在混合物聚集态中传输的增加造成的。

(5) 自组装聚合物发光层

聚合物电致发光器件可以通过自组装的方法将具有载流子注入、载流子传输和发光等多种功能的有机分子集中在一个器件中。自组装的聚合物有机电致发光的研究从1992年就开始了，Decher及其合作者利用分子沉积自组装法制备聚合物交替沉积形成层状有序的超薄多层膜，为制备电致发光的有机薄膜开辟了一种新方法。自组装与Langmuir-Blodgett（LB）膜相比，它具有制备简单、热稳定性好、不受基片形状限制、无分子倒伏等特点。目前，自组装的层数可达20层。尽管自组装有如此多优点，但是作为一种制备有机电致发光器件的技术，其发展并不如人意。直到1998年的光子学西部会议上，美国西北大学的Marks才展示了其利用自组装方法制备的有机电致发光器件。该器件是将三芳胺和联苯类小分子通过共价键自组装在氯硅烷功能化的ITO玻璃上，所制备的有机电致发光器件具有很高的色纯度和亮度。具体的制备方法是将一些带有正电荷的发光聚合物或带正电荷的有机分子与不发光的共轭或非共轭聚阴离子组装成厚度可控的高质量的薄膜，在此基础上制备成具有多层杂化结构和效率较高、稳定性好的电致发光器件。由于PPV前驱体是聚阳离子，可以用自组装技术在分子水平上与不同的聚阴离子任意组装成发光层，而且还可以精确控制其厚度。Onoda等将PPV前驱体和磺化聚苯胺（SPAN）在处理后的ITO表面上用分子沉积技术自组装成膜，然后将SPAN/PPV前驱体多层膜在真空和200℃的条件下干燥12h制成SPAN/PPV膜，制得的有机电致发光器件在较低的电压下发射出黄绿光。由于自组装方法制备电致发光器件比较复杂，因此综合性能不如利用高性能发光层（如共聚物和混合物）制备的器件。

(6) 掺杂发光层

研究显示在有机小分子和聚合物器件的发光层内进行适当的掺杂，通过适当的结构设计，可以增加材料的导电特性、改变器件的发光颜色和载流子传输特性，并增强器件的工作稳定性，提高器件综合性能。常用的掺杂包括：导电掺杂、荧光染料掺杂、磷光染料掺杂、无机纳米半导体掺杂和离子导体掺杂等。为了提高OLED器件性能，通过掺杂来增强载流子的电导率是一种有效的改善有机层传输电导率固有限制并解决在有机/电极界面处有较大的载流子注入势垒的方法。通过对空穴传输层进行p型掺杂和对电子传输层进行n型掺杂，可以显著降低高亮度器件的工作电压。此外，利用荧光染料掺杂制备的小分子材料的p-i-n结构可以显著提高电致发光器件的效率和亮度。比如在空穴传输层m-MTDATA中掺杂受主材料F4-TCNQ和在电子传输层Bphen中共掺了Li，器件性能得到显著提高。此外聚合物掺杂还主要应用在改变电极-聚合物界面和发光增强方面，在聚合物中掺杂磷光染料作为载流子陷阱，使载流子直接复合形成激子，而不是通过基质向掺杂分子的能量转移。聚合物的作用只是提供合适的能级和进行载流子传输，对聚合物的要求相对降低了。下面介绍几种主要的掺杂方法。

① p型与n型掺杂 目前，p型和n型掺杂剂主要是过渡态金属氧化物(TMO，如MoO_3、WO_3、V_2O_5、ReO_3等）和碱金属化合物（Cs_2CO_3、LiF、CsF等)。过渡态金属氧化物（TMO）在有机空穴传输层p型掺杂中具有独特的优势，例如，MoO_3掺杂可以将4,4′-双（N-咔唑基）-1,1′-联苯（CBP）的电导率提高5个数量级。这种p型掺杂的有机薄膜在近红外区域有一个宽吸收峰，这表明掺杂提高电导率的主要原因是形成了电荷转移复合物，掺杂过程是电子从有机分子的HOMO能级转移到掺杂TMO的LUMO能级上。紫外光电子能谱（UPS）测量结果表明，随着CBP层中掺杂MoO_3浓度的增加，费米能级迅速向HOMO能级移动。此外，利用ReO_3进行p型表面掺杂，可以显著提高ReO_3/N,N_9-二(萘-1-基)-N,N_9-二苯基联苯胺（NPB）界面的载流子密度，从而在ITO和NPB的界面形成良好的欧姆接触，以改善器件性能。因为制备简单而且稳定性高，碱金属化合物被普遍认为是一种高效的n型掺杂剂。这种n型掺杂可以有效地减少电子注入壁垒，从而显著提高电子的注入；同时，由于减小了欧姆损耗，掺杂还可以降低有机层的体电导率。因此，利用CsF掺杂Alq_3可以显著提高电子传输层的性能。与前面介绍的MoO_3掺杂相似，掺杂浓度同样可以影响费米能级与HOMO能级之间的能隙。这里需要强调的是，不同的碱金属化合物掺杂有机层的工作机制是有区别的。因此，不同的碱金属化合物掺杂后器件的操作稳定性也存在明显的差异。

② 稀土配合物掺杂 稀土配合物具有很高的光致发光效率，同时它的发光光谱非常窄，色纯度非常好。对于一些可溶的稀土配合物，发光材料可以通过和聚合物共溶的方法掺杂。载流子由有机配体的激发单重态经系间窜越到激发三重态，再将能量传递给稀土离子使4f电子受到激发，然后跃迁回到基态而发光。这一发光机理可使电致发光过程中产生的单重态激子和三重态激子都能被有效利用，所以稀土配合物发光的内量子效率理论上可以达到100%。由于稀土离子的能级跃迁是禁阻的，因此辐射跃迁的速率很小，发光寿命很长，大多数稀土配合物的辐射跃迁寿命为几百微秒（μs）至几毫秒（ms）量级。另外，稀土配合物配体的声子能量比较大，在同样能级间隔的两个能级之间多声子弛豫速率较大。能级间隔比较小或能级比较密的稀土离子配合物在可见光范围发光效率比较低。已经报道的高效率稀土离子配合物是Eu和Tb配合物，其他稀土配合物在可见光范围的发光效率非常低。

③ 磷光染料掺杂 磷光材料首先应用于小分子材料器件并得到了高效电致发光器件，随即人们也将其应用于聚合物。但是由于其发光效率不高，最初并没有引起足够的重视。直到2000年，基于$Ir(PPY)_3$掺杂PVK的器件达到了1.9%的外

量子效率，最高亮度达到 2500cd/m^2，磷光掺杂聚合物体系才真正引起人们的重视，很快基于 Ir 磷光材料掺杂聚合物制备的器件其外量子效率最高便提高到了 13.7%。Ir(DPF)$_3$ 掺杂 PVK-PBD 体系光致发光光谱研究发现，当掺杂质量达 8% 时，在光致发光光谱中 PVK-PBD 发射峰才消失；而在 EL 谱中，0.01%的掺杂样品就不再有主体的发光峰。类似现象在其他磷光材料掺杂体系中也有发现。磷光掺杂聚合物体系的电致发光产生机制普遍认为有两种：一种是聚合物基质向磷光掺杂的 Föster 能量传递；另一种是载流子在磷光掺杂上直接形成激子。在正向电场作用下，Ir(PPY)$_3$ 掺杂 PVK 薄膜的光致发光光谱研究显示外电场并不改变光致发光的光谱，这排除了电场和注入载流子对磷光材料掺杂聚合物光致发光光谱的影响。所以磷光材料掺杂聚合物电致发光主要来自电子和空穴在磷光材料分子上的直接复合，由聚合物基质向磷光材料分子能量传递引起的电致磷光只占很少的比例。但是，对于更广泛的磷光染料掺杂材料，磷光材料电致发光过程哪一种能量传递机制起主要作用还有待进一步具体研究。尽管人们报道的磷光染料掺杂聚合物发光效率很高，但主要是在低电流密度的条件下测量得到的，在大电流驱动下发光的效率会大大降低。这是因为磷光材料的激发态寿命比有机荧光材料大三个数量级，随着注入载流子的增加，处于激发态的磷光材料分子增多，而处于基态的磷光染料分子减少，载流子在磷光染料分子形成激子的概率降低。磷光染料掺杂聚合物存在的问题在于如何进一步降低激发态寿命。

④ 无机半导体纳米材料掺杂　近些年无机半导体量子点的研究取得了突飞猛进的发展。半导体材料空间中某一方向的尺寸限制与电子的德布罗意波长可比拟时，电子的运动被量子化地限制在离散的本征态中，通常适用体材料的电子粒子行为在此材料中不再适用。其中的电子、空穴和激子等载流子的运动将受到强量子封闭性的限制，同时导致其能量增加，与此相应的电子结构也从体相的连续能带结构变成类似于分子的准分裂能级，使原来的能隙变宽，吸收光谱和光致发光光谱发生蓝移，这就是量子尺寸效应。当半导体纳米粒子的几何尺度小于 100nm 时，一定比例的原子处于晶界环境，各畴之间可存在相互作用等，则半导体纳米材料具有不同于体材料的特殊性质。纳米粒子的表面原子数与总原子数之比随粒子尺寸的减小而大幅度地增加，从而使得纳米半导体表面效应显著增强。直径为 10nm 的半导体粒子，表面原子分数为 20%；直径为 1nm 的粒子，表面原子分数为 100%。材料的光、电、化学性质发生变化，表面原子的活性比晶格内原子的活性高，其构型也可能发生变化，因而表面状况也将对整个材料的性质产生显著影响。

半导体纳米材料的加入可以明显改变聚合物材料的光学和电学特性。1994 年，Colvin 等首次利用 ITO 和 Mg 电极，以 CdSe/PPV 纳米复合材料制备了双层电致发光二极管。所用的 CdSe 纳米颗粒直径在 3～5nm，对应的吸收峰位于 580～620nm。CdSe 纳米晶发光层在制备之前要对底层进行乙烷二硫酚预处理。这种材料有两个功能：一方面它可以确保 CdSe 纳米颗粒具有很好的底层表面；另一方面可以隔离 CdSe 纳米颗粒，不让它们聚集在一起。经过多次重复，CdSe 纳米颗粒的厚度可以达到几十纳米。这里要指出的是，相较于 CdSe 接触 ITO 电极器件，PPV 接触 ITO 电极器件的性能明显要好，电致发光阈值电压降低 4V 左右，同时发光效率增大 3～10 倍。相关原因可能是：一方面 CdSe 的电子亲和势比 PPV 大，电子更容易从 Mg 电极注入；另一方面 CdSe 价带能级的位置比 PPV 的 HOMO 能级低，可以阻挡空穴的注入，使两种载流子平衡注入。同时在低电压时，CdSe 纳米颗粒的发光较强，器件发光呈红色，当电压增加后 PPV 发光增强，器件发光显绿色。然而由于纳米材料比表面积很大，表面态和表面缺陷严重影响激子的复合发光。虽然当时利用 CdSe 纳米颗粒与聚合物复合得到的电致发光器件效率较低，但半导体纳米技术是一种很有应用前景的窄化聚合物电致发光光谱的方法。截至目前，基于半导体纳米颗粒的电致发光器件已取得了较快发展，其性能已与有机电致发光器件相当，相关内容将在第 6 章详细介绍。

4.2.4　载流子传输层

(1) 空穴传输功能层

空穴传输层主要功能是增强空穴在器件中的输运并对电子起阻挡作用。该层的载体是空穴传输材料，良好的有机空穴传输材料应具备的特性主要有以下几方面：较高的空穴迁移率（一般为 $10^{-3} cm^2 \cdot V^{-1} \cdot s^{-1}$）；良好的成膜性，在真空蒸镀时能形成无孔的薄膜；较小的电子亲和能，有利于空穴的注入；较低的电离能，对电子有阻挡作用；较高的激发能，防止激子的能量转移；良好的热稳定性。大多数用于有机电致发光的空穴传输材料是芳香多胺类化合物，因为多胺分子上的氮原子具有很强的给电子能力而容易被氧化，在电子的不间断给出过程中表现出空穴的迁移特性。

空穴材料有很多种，具体细节请参看第 3 章，这里以比较常用的几种材料对器件性能的影响进行介绍。NPB 和 NPD 两种材料玻璃化转变温度（$T_g=98℃$）相近，都比 TPD（$T_g=68℃$）的高，因此，工作时产生的热量不足以使高玻璃化转变温度的空穴传输层发生晶化，从而使相同器件结构的工作寿命大大提高。所以，为进一步改善材料的成膜性和热稳定性，科学家们通过结构剪裁，如增加体系内的 π 电子数、引进空间位阻基团等方法，开发出了许多更好的空穴传输材料，其中大多是芳胺类化合物。Sota 等报道的 PPD 不仅有着高的 T_g（146℃），而且是很好的蓝光材料（$\lambda_{PL}=450nm$）。Jiang 等报道了多氟三芳胺类系列空穴传输材料（PF-CBs），电化学分析表明其 HOMO 能级约为 5.1～5.3eV，和 ITO 的功函数（氧等离子体处理后约为 4.8eV 或 5.1eV）很匹配，说明空穴可以很有效地注入；而且，和 PEDOT：PSS 相比，基于 PFCBs 系列材料的疏水性更是增加了器件的防水性能。Mi 等设计合成了一种高稳定性的空穴传输材料 HPCzI，熔点高达 311.5℃，而且具有好的成膜性、化学稳定性和空穴传输性能。该材料特殊的化学结构决定了它是优秀的空穴传输材料。另外，Chen 等报道了一种三苯基胺类空穴传输材料 TDCTA，其 T_g 高达 212℃，分解温度为 575℃。这里需要指出的是，在考虑空穴传输层 T_g 的同时也不能忽视发光层的 T_g，即使空穴传输层的 T_g 再高，若发光层的 T_g 低，器件性能也会降低。此外，一系列 TBD 基聚合物型空穴传输材料由 Domercq 等合成出来并研究了它们在电致发光器件中的应用。而 Satoh 等则报道合成了超支化聚合物型空穴传输材料 TPA-DPA，并且发现该类材料能和 $SnCl_2$ 发生自组装生成性能更好的空穴传输材料，在以 Alq_3 作发光层的器件上获得了更高的发光强度。另外，配合物也可以用来制备空穴传输材料，比如 *fac*-Co(ppz)$_3$、*fac*-Co(ppy)$_3$ 和 Ga(pma)，其中前两者的 HOMO 值分别为−5.3eV 和−5.1eV。综合而言，空穴传输材料的发展主要以芳胺类为主，包括小分子和聚合物（链状或支化）。研究过程中还尝试并开发了配合物及聚合物与金属离子自组装新型空穴传输材料，就配合物（金属有机化合物）来说，兼有无机材料和有机材料的优点，成膜性和热稳定性都很好。

(2) 电子传输功能层

电子传输层是有机电致发光的重要功能层，其作用是传输电子并能够阻挡空穴。优秀的电子传输材料应具有以下特性：良好的成膜性；利于电子注入的高电子亲和势；易于电子传输的高电子迁移率；对空穴有阻挡作用的高电离能；防止激子能量转移的高激发能量；好的热稳定性。许多电子传输材料也能发光，Alq$_3$ 就是典型的发光-电子传输材料，既可作为发光层，也可作为电子传输层；Tang 等最早将其用于有机电致发光器件，同时 Alq$_3$ 也是广泛应用的电子传输材料。然而，该材料仍存在不足，如量子效率、迁移率都还不够高，而且热蒸发过程容易灰化。基于此，许多新的电子传输材料被开发出来。PBD 族也是常用的电子传输材料，而且因为离化能较高（6.52eV），所以同时也可作为空穴阻挡层。但缺点是容易晶化，影响器件稳定性。通过结构修饰，使其支化或分子扭转便可克服该缺点。因此，Sakamoto 和 Uchida 分别报道出了比 Alq$_3$ 更好的电子传输材料 PF-6P 和 Py-PySPyPy。另外，三唑衍生物（如 TAZ）也是优良的电子传输材料。

(3) 激子限制层

对激子进行限制是提高 OLED 性能的常用手段。激子限制层一般紧邻发光层，从材料性能来看，可以分为空穴阻挡型和电子阻挡型。阻挡空穴的最好能传输电子，而阻挡电子的最好也能传输空穴。从材料本身的 HOMO 和 LUMO 能级值可以来判断其阻挡类型。对于电子和空穴阻挡层性能应满足的基本要求是：它分别与空穴传输-发射层和电子传输-发射层接触，并且本身不具有光发射性能；它分别具有高的离化能和高的电子亲和势，并且不与其两侧的功能层发生相互作用而产生新的光发射。

4.3 有机电致发光器件结构

4.3.1 传统有机电致发光器件结构

从构成器件功能层的层数而言，可把器件分为单层器件、双层器件和多层器件三种。单层器件工艺比较简单，它是在两电极之间夹一层有机层。其比较容易制备，在有机电致发光器件研究初期效率很低，后来经过人们对器件结构的改造和有机发光材料的设计，使单层器件的效率和寿命大大提高。但是，单层器件还是很难很好地兼顾载流子注入、载流子传输和复合发光几个过程，器件效率还比较低。为了增加器件载流子的注入能力，空穴和电子传输层又被分别引入器件中，不仅可以增加载流子的注入，同时对提高器件的寿命也起到了很大的作用。

最简单的有机电致发光器件是单层结构器件。其结构如图 4-1 所示，发光层夹在正极和负极之间，发光层材料可以是一种单一的材料，也可以是掺杂体系。单层结构器件在聚合物电致发光器件中更为常见。对于小分子材料，单层器件由于载流子注入及传输的不平衡以及发光区域靠近能够引起发光猝灭的电极，因此器件的性能比较差。只有在进行某些特殊研究，需要进行对比或其他情况下，才会用到单层器件。由于小分子材料单层器件没有实用价值，直到 1987 年 Tang 首次报道了多层器件，有机小分子电致发光器件才在亮度和效率方面有了质的飞跃，使之实用化成为可能。

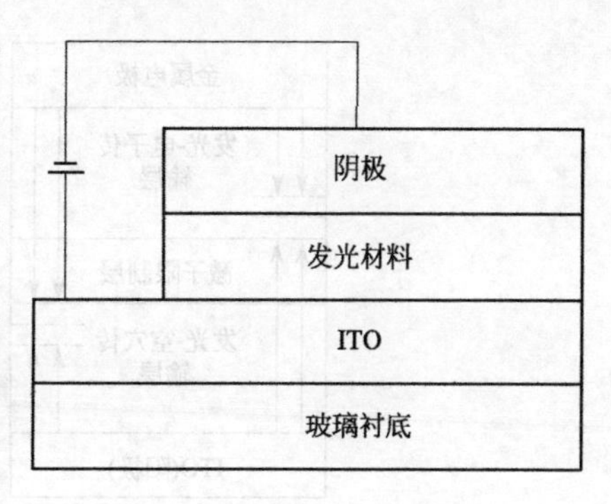

图 4-1 单层电致发光器件结构

器件结构对器件的亮度、效率性能有重要影响。有机电致发光器件的结构设计要综合考虑载流子传输层和发光层之间的能带匹配、厚度匹配、载流子注入平衡、折射率匹配等因素，才能有效提高电致发光效率。图 4-2 是五种典型的有机 EL 器件结构。如前节介绍，有机电致发光器件的主要功能层有：电极层、电极修饰层、电子传输层（ETL）、发光层（EML）、空穴传输层（HTL）。从双层器件结构 DL-A、DL-B 和三层器件结构 TL-C 来看，三者很相似，只是前两者中的某个传输层才具有发光性能。三层器件结构 TL-D 是含有激子限制层的结构，通过调节其厚度，可以方便调节发光的位置，从而人为地控制两侧中某一侧的发光或两侧都发光，并可以调节发光颜色。d-TL 是染料掺杂型结构，荧光或磷光染料可以分别掺杂在 HTL 或 ETL 中，也可以掺杂在 HTL 和 ETL 的混合层中。对于电子或空穴阻挡层，尽管有时候也可起到空穴和电子传输层的作用，但很多情况下需要另加。对于电子和空穴阻挡层性能应满足以下基本要求：①分别直接和空穴传输-发光层与电子传输-发光层接触，并且本身不具有发光性能；②分别具有高的离化能和高的电子亲和势，并且不与其两侧的功能层发生相互作用而产生新的发光。

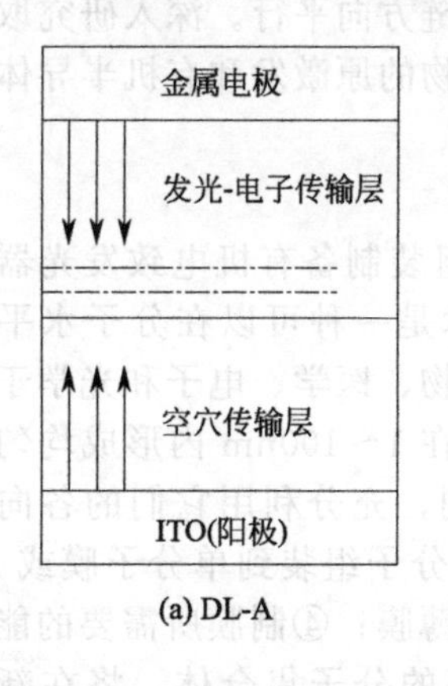

(a) DL-A

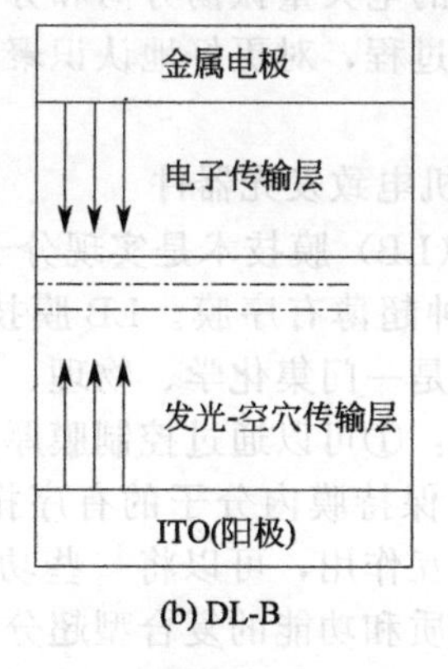

(b) DL-B

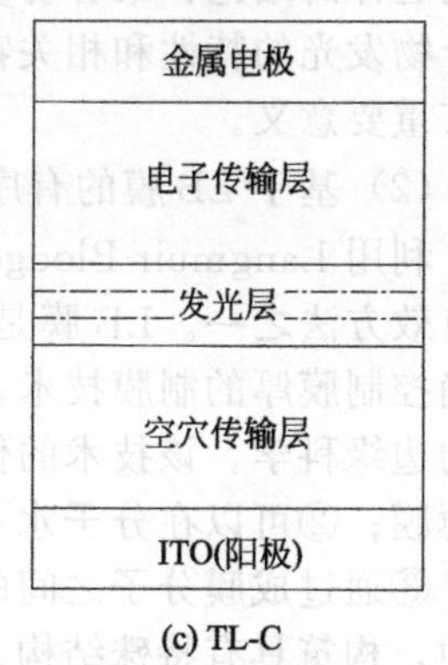

(c) TL-C

图 4-2

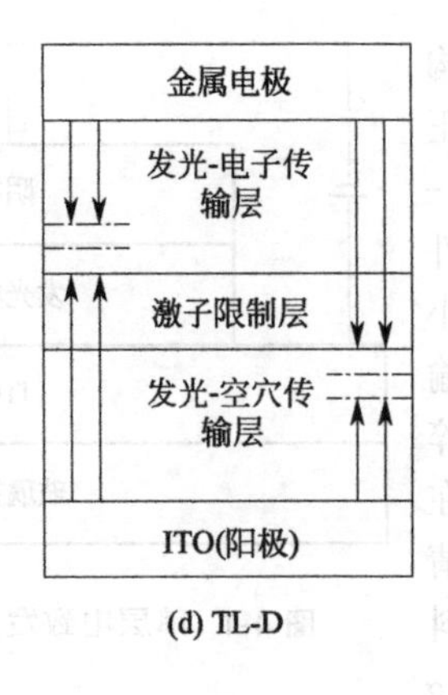

(d) TL-D

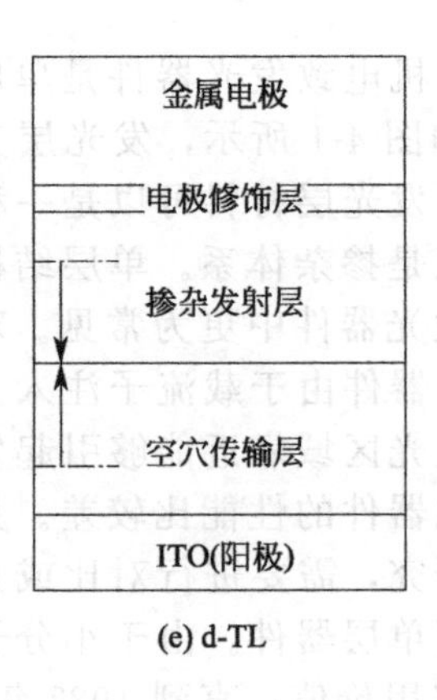

(e) d-TL

图 4-2 五种典型的有机 EL 器件结构

4.3.2 特殊有机发光器件结构

(1) 取向聚合物电致发光器件

通过对聚合物发光层进行特殊处理，可以使聚合物分子具有一定的取向。取向后，聚合物的吸收、光致发光和电致发光具有显著的偏振特性。利用取向聚合物发光层作为器件的有源层可以得到偏振光发射，这种偏振的电致发光可以作为液晶显示器的背照明光源，可以省去液晶显示器制备中的偏振片制备工艺。另外，取向的电致发光在新型光电子器件方面具有潜在的应用，这些潜在的应用可以增加聚合物电致发光器件的应用领域。取向聚合物发光层的制备方法一般有两种。其一是先制备一层聚合物层，并用柔性抛光轮在这层聚合物上轻轻摩擦，在聚合物表面形成微槽；然后通过旋转涂覆在微槽表面制备发光聚合物薄膜，再经过热处理，发光聚合物的分子链就会沿着微槽排列，使得所制备的发光聚合物具有固定的取向。其二是利用具有取向的分子链的聚合物形成取向薄膜。研究表明具有取向的聚合物薄膜显示很强的光学性质——各向异性。根据取向聚合物发光的偏振方向，可以非常容易得到这样的结论：聚合物发光的电矢量振荡方向和分子链方向平行。深入研究取向聚合物发光的特性和相关物理过程，对更好地认识聚合物的原激发和有机半导体本质有重要意义。

(2) 基于 LB 膜的有序有机电致发光器件

利用 Langmuir-Blodgett（LB）膜技术是实现分子组装制备有机电致发光器件的有效方法之一。LB 膜是一种超薄有序膜。LB 膜技术是一种可以在分子水平上精确控制膜厚的制膜技术，它是一门集化学、物理、生物、医学、电子和光学于一体的边缘科学。该技术的优点：①可以通过控制膜厚，在 1～100nm 内形成均匀的超薄膜；②可以在分子水平上保持膜内分子的有序排列，充分利用它们的各向异性；③通过成膜分子之间的相互作用，可以将一些功能分子组装到单分子膜或 LB 膜中，构筑具有特殊结构、性质和功能的复合型超分子薄膜；④制膜所需要的能量低，可在常温常压下进行。因此，LB 膜作为高度有序的分子集合体，将在新材料、生物技术和光电子等高技术领域广泛应用。Jung 等使用 MEH-PPV 的 LB 膜作为发光层，PHPY 的 LB 膜作为电子传输层制成了双层发光器件。他们发现，尽管器件的外量子效率比较低，但双层器件的外量子效率比以 MEH-PPV 的 LB 膜为发光层的单层器件高出 10 倍。香港大学的 Yam 研究组报道了基于磷光材料的 LB 膜电致发光器件，合成的发光材料是具有长链的表面活性配合物 *fac*-[Re-$(CO)_3$(bpy)(L)]PF_6；其中 bpy 为 2,2-bipyridine，L 为长链配体。他们发现，单层 LB 膜器件的发光性能受 LB 膜的层数、配体 L 上烷基链的长度和 LB 堆积方式影响。

（3）量子阱结构

量子阱结构具有降低状态密度、提高增益、降低阈值、提高调制带宽、改善注入稳定性等优点，是改善无机半导体激光器件性能的重要途径。但量子阱结构物理是在能带理论上发展起来的，能带理论最基本的要求是材料的长程有序性。尽管有机材料不具有长程有序性，其基本的理论模型还不像无机半导体材料那样清楚，但是考虑到它具有光吸收边和 e 指数的电导率-温度关系，所以作为一级近似，人们仍用能带理论中的一些基本概念来分析问题. 20 世纪 90 年代初，人们把量子阱结构引入有机发光器件的制作与研究中，以期提高有机电致发光器件的效率，改善器件的发光特性。采用量子阱结构制备有机电致发光器件具有如下优点：量子阱结构能增加激子的形成概率并有效地将激子限制在阱中，提高器件的发光效率；有机材料分子间是靠范德华力堆积起来的，因此有机量子阱不必考虑分子间的晶格匹配问题，大大拓宽了材料的选择范围，也大大降低了工艺的复杂性；量子阱结构能有效地将载流子分散在不同阱中，降低局部载流子密度，有效降低猝灭概率。接下来人们不断探索并开发出多量子阱器件，例如 Duan 开发出多量子阱结构的白光有机电致发光器件；Cheng 等报道了基于磷光材料 PtOEP 的多量子阱结构制备的高效红光器件。

（4）顶发射器件

随着三线态材料的应用开发和器件结构的优化，有机发光器件的内量子效率已经接近理论极限。为了进一步提高器件的外量子效率，人们将希望寄托在提高光的耦合输出方面。研究发现，OLED 器件的外量子效率及光谱特征和器件结构（尤其是层的厚度）有关，其原因可归结为光干涉效应。基于这些研究成果，相对传统的衬底发射的电致发光器件，科学家们报道了一些新型的顶发射器件（图 4-3）。这样，宽角干涉以及多束干涉都要被考虑进来。So 等报道了电子传输层厚度的变化对器件性能的影响。他们认为，这是直接发射和阴极折射的振幅重叠导致的宽角干涉的结果。Fukuda 等的结论是：空穴传输层及 ITO 的厚度变化会引起器件的光谱移动和 EL 发射强度的变化。

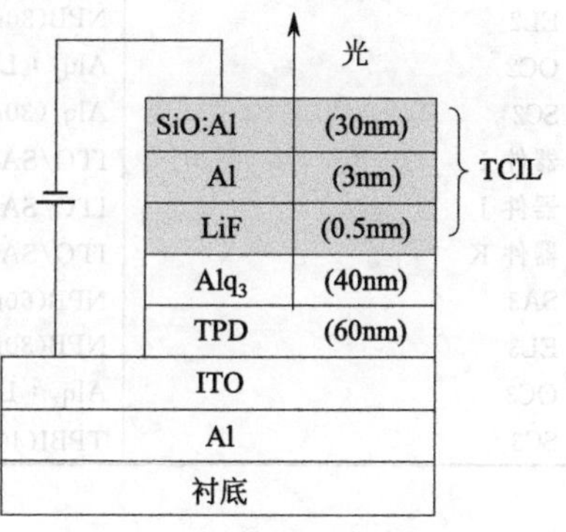

图 4-3　顶发射器件结构示意图

（5）叠层器件

所谓叠层器件结构，就是把多个发光功能区按同一方向堆成的阵列。最初是

Lamorte 等将叠层结构用于无机半导体器件，提高了器件性能。后来，Kido 和 Matsumoto 等将这一结构应用在 OLED 上。他们使用 ITO 和 V_2O_5 传导层作为中间电极来连接电致发光单元，同时也带来了缺陷，如器件透明度降低。此外，Liao 等使用 n 型或 p 型掺杂的有机半导体制备了 p-n 结作为中间电极，实现了荧光和磷光发射的叠层器件（表 4-4）。其 n 型掺杂是在 Alq_3 或 TPBI 中掺入 1.2%体积比的 Li 实现的，p 型掺杂是向 NPB 中掺入 1%体积比的 $FeCl_3$ 实现的。在器件中，两个相邻的掺杂结构形成了 p-n 结。实验发现，三单元的荧光和磷光发射的叠层器件亮度和效率几乎随电致发光单元数的增加而线性增大。这种器件结构的优点是：不仅具有优秀的光学和电学性能，制备工艺也简单（可以通过热蒸发的方式一次性完成），而且相对传统结构具有更长的使用寿命。

表 4-4　叠层器件中的结构总结

器件或单元	层状结构
器件 A	ITO/SA1/EL-G/OC1/EL-R/SC1/Mg : Ag
器件 B	ITO/SA1/EL-G/EL-R/SC1/Mg : Ag
器件 C	ITO/SA1/EL-G/SC1/Mg : Ag
器件 D	ITO/SA1/EL-R/SC1/Mg : Ag
SA1	NPB(50nm)
EL-G	NPB(25nm)/Alq_3(20nm)/Alq_3(5nm)
OC1	Alq_3 : Li(25nm)/NPB : $FeCl_3$(60nm)
EL-R	NPB(25nm)/Alq_3 : DCJTB(20nm)/Alq_3(5nm)
SC1	Alq_3(35nm)
器件 E	ITO/SA2/EL2/SC2/Mg : Ag
器件 F	ITO/SA2/EL2/OC2/EL2/SC2/Mg : Ag
器件 G	ITO/SA2/EL2/OC2/EL2/OC2/EL2/SC2/Mg : Ag
器件 H	ITO/SA2/EL2/EL2/EL2/SC2/Mg : Ag
SA2	NPB(60nm)
EL2	NPB(30nm)/Alq_3 : C545T(20nm)/Alq_3(10nm)
OC2	Alq_3 : Li(30nm)/NPB : $FeCl_3$(60nm)
SC2	Alq_3(30nm)
器件 I	ITO/SA3/EL3/SC3/Mg : Ag
器件 J	ITO/SA3/EL3/OC3/EL3/SC3/Mg : Ag
器件 K	ITO/SA3/EL3/OC3/EL3/OC3/EL3/SC3/Mg : Ag
SA3	NPB(60nm)
EL3	NPB(30nm)CBP : $Ir(ppy)_3$(20nm)/TPBI(20nm)
OC3	Alq_3 : Li(24nm)/NPB : $FeCl_3$(48nm)
SC3	TPBI(40nm)

（6）微腔器件结构

有机小分子/高分子微腔结构器件主要是针对有机激光器（塑料激光器）发展起来的新型发光器件。大多数有机发光器件的光谱比较宽，所以发光的色纯度差。微腔结构的电致发光器件可以减少器件发光光谱的宽度。微腔可减小自发辐射寿命，改变腔内辐射模式，增大器件的可调制带宽，并有可能实现器件的无粒子数反转激光发射。这对于很难达到激光发射的有机电泵浦激光器来说无疑是很有吸引力的。微腔结构用于OLED时可减小光谱半宽，增大发射强度。英国剑桥大学Cavendish实验室利用三对半纯PPV和SiO_2掺杂PPV交替层组合成的分布布拉格反射器（distributed Bragg reflector，DBR）作为半反射镜，利用Ca/Al金属电极作为全射反镜制备出聚合物微腔电致发光器件，此结构可以得到单色性非常好的器件。带有DBR的聚合物电致发光器件和一般聚合物发光二极管比较，其发光光谱的发光峰宽度大大变窄，只有常规发光二极管的四分之一左右。带有DBR聚合物电致发光器件的光谱方向性随角度的变化而变化，从不同方向观察，电致发光光谱和强度发生明显的变化。Liu等设计了由分布布拉格反射镜（DBR）和金属反射镜面形成的微腔结构，利用Alq_3作为电子传输层兼作发光层，TPD作为空穴传输层，制成了OLED和微腔有机发光二极管（MOLED）；发现MOLED的光谱半宽比OLED窄得多，而光密度则得到了增强；对腔长进行调节，MOLED光谱峰出现移动，实验结果与理论计算基本符合。虽然微腔电致发光器件已经观察到光谱窄化和激发态寿命变短的现象，但是由于这种结构器件存在固有不足，使人们对其实现激光发射始终存在较大疑虑。

（7）聚合物激光器件

共轭型发光聚合物材料在低驱动电压下具有较高的发光效率，$\pi \rightarrow \pi^*$跃迁概率大，吸收系数通常也较大（$\geqslant 10^5 cm^{-1}$），所以通过激发$\pi \rightarrow \pi^*$将很容易地得到粒子数反转，同时受激发射截面大。另外，它们的辐射能量与吸收能量间隔较大，材料对其自身辐射的吸收小，聚合物发光材料具备了作为激光材料的两个基本要素：容易实现粒子数反转和受激发射占优势，是理想的激光增益介质材料。随着聚合物发光材料研究的日益深入和性能的不断提高以及在聚合物电致发光器件的巨大成功，使得人们相信聚合物发光可以发展成一种廉价、高效、宽谱带而且具有更广泛使用范围的固体激光器。美国加州大学Santa Barbara分校的Heeger研究小组和英国剑桥大学的Friend研究小组分别利用飞秒级的泵浦探针技术对共轭聚合物发光材料的受激发射进行了研究，并观测到了在光泵浦聚合物下的受激发射及光放大现象。研究发现一些聚合物的受激发射寿命仅为60ps，比常见的激光增益介质材料短一个数量级，这类聚合物材料具有很大的受激发射速率，可以通过辐射中的受激发射进行光放大。BuEH-PPV就是其中一种比较有代表性的聚合物，随着激发光功率加大，BuEH-PPV薄膜辐射光的强度增加，当激发光的功率超过某一阈值时，辐射光的强度激增，光谱宽度大幅度变窄，荧光变成BuEH-PPV的受激发射。目前，利用聚合物作为激光增益介质实现受激发射的途径除了有前面介绍的微腔结构外，还有波导结构。

聚合物薄膜在合适的条件下可以形成光波导，利用激光沿光波导方向激发聚合物很容易产生受激发射。由于波导结构的增益区比较长，可以达到几毫米以上。配以高效聚合物材料可以大大降低泵浦激光功率，波导结构可能是最有希望实现电泵浦聚合物激光发射的一种途径，但是到目前为止人们只能实现光泵浦下的受激发射。英国帝国理工学院Bradley研究小组利用不同的聚芴衍生物成功地得到了光泵浦下的红、绿、蓝三基色受激发射，并且使得激光泵浦阈值大大降低。研究发现无论如何改变聚合物的厚度，发光总是在0-1振动态之间，而不是发生在0-0振动态之间。0-1振动态更容易实现受激发射。激发态0振动态和激发态1振动态与基态0振动态和基态1振动态可以组成一个四能级体系，使得受激发射更容易产生，但目前波导结构也没有实现电泵浦激光发射。

（8）聚合物场效应管发光器件

聚合物电致发光器件还可以做成夹层场效应管结构的电致发光器件。它和一般聚合物电致发光器件的结构相差很大，其基本结构如图4-4所示。据报道，场效应管结构的电致发光器件可以产生电泵浦激光，受到研究者们的广泛关注。虽然这篇发表在*Nature*上的文章因“技术”原因被撤回，但这种结构的器件还是有它的独到之处，特别是这种结构的器件为突破电泵浦聚合激光器件的电学和光学限制提供了一种可能。虽然这种器件通过门（gate）电压可以控制发光，但是器件的阈值电压比较高，发光效率不高。

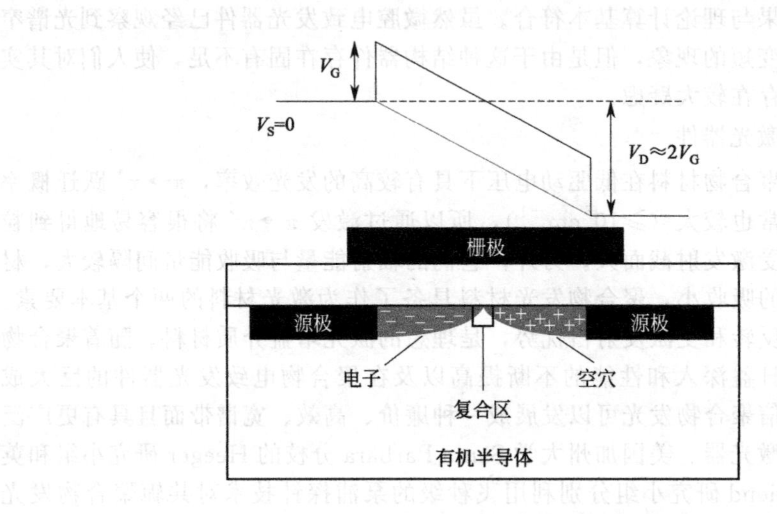

图4-4 聚合物场效应发光晶体管器件结构

（9）发光电化学池

OLED的发光是由阳极和阴极注入的空穴和电子复合而形成的，这样阴极往往需要使用功函数低的活泼金属（如Ca、Ba等），因而早期器件存在工作寿命短、不稳定等缺点。同时因为有机聚合物电导很低，OLED器件还存在工作电压高的问题，这些都限制了OLED的实际使用和发展。为了克服OLED的上述缺点，Pei等发明了聚合物发光电化学池（PLEC），为高性能有机发光器件的研制开辟了新的途径。LEC是在两电极之间夹入一层含有可氧化还原掺杂的荧光共轭聚合物和离子导电的聚合物固体电解质的复合膜，当电池两极加上适当电压时，共轭聚合物被掺杂后呈高导电态，因而电极材料不必使用活泼金属；同时，器件的工作电压可以显著降低，与共轭聚合物的$\pi \to \pi^*$跃迁能级相近，一般为2～4 V，大大低于当时PLED的工作电压。早期这种器件的工作机制一直存在争论，Heeger研究小组提出电化学掺杂形成p-n结的机理解释：当LEC施加外加电场并伴随着电子注入共轭聚合物内，离子在膜中迁移时，会分别在阳极和阴极区形成p型和n型掺杂；

掺杂区随着时间向相反电极移动，最终形成 p-n 结，电子和空穴在这个区域复合发光。这种结构的器件降低了对电极材料的要求，特别是降低了对金属阴极材料的要求，大大地拓宽了金属电极材料的选择范围。但是，这种机理解释受到剑桥大学 Friend 研究小组的质疑，该研究小组认为 LEC 的正反方向电流-电压关系曲线是对称的，而 p-n 电流-电压关系曲线是不对称的。据此他们得出结论：在 LEC 中离子的迁移会在界面附近形成一个非常薄的高阻层，在高阻层中电场强度非常高，聚合物的能级发生倾斜，使得载流子的注入大大增加。

近年来，Hu 等制备出大面积平面结构的 LEC。这种结构的器件阳极和阴极之间距离较大，阳极和阴极之间的距离为毫米级以上，足以清楚地观察到 LEC“形成”之后发光区的位置。为了使 LEC 的 p-n 结“形成”更加容易，LEC 的“形成”过程是在高温、高电压条件下完成的。通过荧光拍摄，清楚地观察到了随着电化学反应而发生的荧光猝灭以及掺杂区的扩展，直到形成 p-n 结。为了进一步深入研究 p-n 结的电场分布，Hu 等通过先构建出发光 p-n 结，迅速降温，将结冷冻住，然后利用探针以及光生电压法（OBIC）测量出了 p-n 结的电场分布与内建电势分布以及 p 区与 n 区的相对电导。这些实验都清楚地证明了聚合物发光电化学池是在外加电场下，混合聚合物活性层通过电化学掺杂实现 p-n 结的工作机制。同时，也正是电化学掺杂的存在，导致聚合物发光电化学池存在严重不稳定的问题，如何在室温下实现稳定高效的 LEC 器件是亟待解决的问题。

(10) 液体发光器件和溶胶发光器件

聚合物可以溶解在溶剂中，将溶液封闭在两个电极之间直接得到聚合物液体发光器件，通电后得到很强的电致发光。美国加州大学洛杉矶分校的研究人员最先报道了这种称为聚合物溶液发光二极管（SLED）的器件。SLED 发光机理和 PLED 有所不同，它是一个电化学发光过程，这种发光器件的发光机制是在电场作用下的聚合物链的氧化-还原过程。在 SLED 中作为核心的发光介质是 BDOH-PF 二氯代苯液体，质量分数为 1%～2%。当 BDOH-PF 溶液受到电场作用时，靠近阳极的分子链被氧化后向阴极移动，而在阴极附近的分子链被还原后向阳极移动。当带正电的氧化分子链与带负电的还原分子链相遇时，两个分子链上的空穴和电子通过库仑相互作用形成激子，当激子复合时即可产生光发射。这个过程时间响应比一般 PLED 要长，其响应时间为 20～40ms，与液晶显示器（LCD）差不多。溶液中的 BDOH-PF 含量越高，产生的光就越多。为了确保在制作 SLED 时两电极之间的距离相同并保持不变，将玻璃微珠（直径 1～2μm）混入 BDOH-PF 溶液中，在器件制作时将几滴溶液滴在 ITO 玻璃衬底上，并施加一定的压力，使多余的聚合物溶液挤出并产生与玻璃微珠直径同样厚度的一层 BDOH-PF 液体膜。当二氯代苯溶剂沿溶液发光器件的周边缝隙挥发时，形成一种封装性固体，整个过程只需几分钟。由于制作的原因，溶液性发光器件自然没有针孔缺陷。当这个器件发蓝光时，SLED 的量子效率可达 21%。但当玻璃片间距用较大的玻璃微珠（加大到 2μm）时，实际上发光会消失。溶液发光器件在可见光谱范围的透明度大于 90%，这可使器件作垂直堆叠。尽管制作大面积器件的方法非常简单，但是这种器件由于受到有机溶剂挥发的影响，寿命仅为几小时。

聚合物液体发光器件还可以制成溶胶发光器件（GLED）。这种器件的结构和制备方法和溶液发光器件相似，只是发光介质是溶胶体。聚合物溶胶发光器件是将质量分数为8%的MEH-PPV二氯代苯溶液和表面活性剂二苯-18-冠-6互混制备出凝胶。此类器件两个电极的距离比液体发光器件的要小一些，只有0.5μm。研究发现MEH-PPV从溶液-溶胶-固态膜状态变化时，发光峰发生红移，这种红移被归结为链间的库仑力相互作用或π-电子轨道的重叠随着链间隔的减小而增加。这种现象也可以归结于“发光分子”的溶液效应。在聚合物溶胶电致发光器件中，溶胶相中聚合物的分子链不像在溶液中那样具有长距离移动的能力，阳极附近的分子链被氧化后、阴极附近的分子链被还原后不能像在溶液中受电场作用那样在两个电极之间运动。在外电场作用下，溶剂分子移动穿过溶胶层，在阳极附近和氧化的MEH-PPV分子链复合。由于电荷在MEH-PPV分子链上迁移率低，在电极附近会产生电荷积累，注入电流很容易产生饱和。当在溶胶中加入少许的电解质时会增加溶胶导电特性，使电流饱和问题得到很好的解决。但是，电解质的加入会导致器件稳定性下降。

(11) 柔性和可拉伸器件

由于有机材料的固有特性，OLED被广泛认为是柔性智能电子器件，比如可弯曲智能手机、曲面显示器、柔性固态发光器件以及可穿戴显示和照明系统最有利的竞争者之一。而这些器件最主要的要求是高灵活性和可拉伸性，在经历不同程度的机械变形后仍能正常工作。在制造可拉伸的OLED器件时，通常选用的是柔性透明的衬底结合可延展的聚合物发光体系。在银纳米线（AgNW）与丙烯酸酯（聚氨酯PUA）复合材料制成可拉伸透明电极的基础上，可拉伸的薄膜晶体管（TFT）被制备出来，通过控制它的“开”和“关”来实现OLED器件的控制，从而实现可拉伸的发光。此外，将可拉伸的导体、有机晶体管和有机发光二极管集成，通过印制法制备出可拉伸的有源矩阵显示器，将其拉伸30%～50%并延展成半球状，器件的力学与电学特性没有受到影响。目前，在制备可拉伸有机照明以及显示器件上，器件的力学和发光稳定性都取得了重大进展。这其中，光输出耦合技术和柔性的透明导电电极协同作用是制造高效的柔性可拉伸器件的关键。

4.4 有机电致发光器件制备方法

有机电致发光器件的制备工艺需要许多道工序，这部分内容中主要介绍最基本的工艺流程：ITO导电玻璃处理—有机功能层制备—阴极制备—器件封装。

4.4.1 ITO导电玻璃处理

作为发光器件，一定要有一个电极在可见光范围内是透明的；对于有机器件，由于是注入式发光器件，因此要求阳极的功函数比较高，而阴极的功函数比较低。恰好ITO（氧化铟与氧化锡的合金）导电玻璃的功函数比较高，又在可见光范围内透明。因此，到目前为止，ITO 导电玻璃是有机电致发光器件最为常用的阳极。但是，作为有机电致发光器件，对导电玻璃的要求比其他显示器件（如液晶等）要高。首先要求 ITO 的平整度要高，这样才能保证 ITO 电极与有机层之间的完整接触。另外，电阻率要小，方块电阻最好小于 10Ω，这样才能保证在高分辨率器件中，在 ITO 电极上消耗的电能不会太大。目前，大多使用的 ITO 导电玻璃采用溅射的方法制备 ITO 导电膜，然后再研磨来保证平整度。也有几种处于研发阶段的制备方法，比如用掺铝氧化锌代替 ITO，可以获得平整度更好的导电膜，而且成本也比 ITO 降低许多；采用夹层结构，如 ITO/Ag/ITO 或 ITO/APC/ITO 结构，Ag 和 APC（Ag-Pa-Cu 合金）是良导体，采取这种夹层结构可以大大降低导电膜层的厚度，提高导电膜的电导率。拿到合适的导电玻璃后，在制备器件前，还要对其进行表面处理。在比较早的研究中，就注意到了对 ITO 导电玻璃的处理。在制备器件以前，首先要把 ITO 导电玻璃切割成大小合适的尺寸，然后进行清洗，去除表面的污染物，尤其是表面的有机污染物。通常的清洗方法是先用清洗剂擦洗，然后再在乙醇或丙酮液体内超声处理；如果有条件，再用有机溶剂蒸气把 ITO 表面蒸干。清洗干净的标准是看 ITO 表面是否亲水，如果还残留有机物，则表面就是疏水的，干净的 ITO 表面是亲水的。清洗干净的 ITO 还要进行表面处理。常用的方法是利用紫外臭氧以及等离子体处理，可以增加 ITO 表面的功函数以及清除没有清洗干净的残余物。此外，也有报道把 ITO 导电玻璃放入双氧水与氨水的混合液中进行加热，处理后的 ITO 表面功函数得到提高，器件性能也得到改善。清洗干净的 ITO 导电玻璃根据器件的需要，进行光刻处理，这一工艺与液晶生产中的 ITO 光刻技术相同。

4.4.2 有机功能层制备

(1) 有机小分子镀膜

处理好导电玻璃，就要进行有机薄膜的制备。Tang 首次报道的小分子器件是采用蒸镀的方法制备有机薄膜的。虽然采用旋涂等方法也能制备小分子薄膜，但是，到目前为止，针对小分子器件，只有采用热蒸发的方法才能制备出高性能的器件。从热学特性看，有机材料的蒸气压比较高，导热性比较差，在较高温度下容易分解等。此外，有机电致发光器件对氧和水非常敏感，二者都会降低器件的发光效率，影响器件的工作寿命。因此，蒸镀有机材料的条件相对比较苛刻。为使器件制备过程中与空气隔绝，不但要求镀膜机的工作真空度比较高（最好在 10^{-4}Pa 以上的真空度下镀膜），而且要求在器件制备好之后，封装之前也不要接触空气。因此，为制备高性能的器件，就要求镀膜机与手套箱结合在一起使用。由于一般的器件要蒸镀多种有机材料，比如载流子传输层材料、发光层材料，如果制备三基色器件，仅发光材料就要有红、绿、蓝三种，而这些有机材料彼此之间又会互相污染，因此，最好是在不同的真空室里蒸镀不同的有机材料。此外，采用单真空室的多源蒸发，也是不错的选择。在多真空室设备中，通常有一个进样室和中央室，样品先通过进样室进入中央真空室，然后再按顺序进入蒸镀不同材料的真空室中。这样的设备可以同时进入多个样品，然后按顺序进行不同的工序；与单真空室设备比，大幅度提高了效率。

在制备有机薄膜时，控制镀膜速率始终是非常重要的。由于各个设备对薄膜厚度监测的手段不同，存在系统误差是难免的，因此新设备调试好后，要对不同材料的测厚进行矫正。在实际制备过程中，小分子材料的蒸镀速率一般要在每秒几个埃的水平，不要超过1nm/s的速率。当然，不同材料的最佳速率也不完全相同。制备三基色器件或多色器件时，要用掩膜板，每次把不需要镀膜的地方遮挡起来，再镀下一个发光材料时，移动掩膜板到新的位置。这样，对设备的自动对位要求就非常严格。

(2) 聚合物薄膜制备

聚合物电致发光器件中聚合物功能层的厚度一般在100nm。制备方法主要是利用溶剂作为介质制备聚合物LED器件，聚合物薄膜的制备方法一般采用旋转涂覆、喷墨打印、流延等方法，其中流延只是在制备一些厚膜时才使用。也有人报道利用真空蒸发法成功地制作PLED器件，但是可以真正用于器件制备的方法只有旋转涂覆和喷墨打印两种。

① 旋转涂覆 旋转涂覆是发展最早、应用最广的聚合物薄膜制备的常用方法之一，特别是在半导体工业上应用十分广泛，主要用来制备光刻胶膜。旋转涂覆法又可分为旋转板式和自转式两种。旋转板式涂胶法是在一个由电动机带动的旋转圆盘上，沿着圆盘边缘排列基片；而自转式是将基片用减压法吸引并固定在电动机旋转轴上的旋涂方法。采用以上两种方法固定好基片之后，再将欲涂覆的溶液（或胶体）滴在基片上，然后开始转动，使大部分溶液（或胶体）因旋转而甩出，只有少部分留在基片上，这些溶液（或胶体）在表面张力和旋转离心力联合作用下展开，因此排列是无序的。要用旋转涂覆制备一个均匀的聚合物薄膜与很多因素有关：首先是应有一个好的基片，基片的平整度决定了膜的平整度，基片的清洗也很重要，要使所用的溶液与基片有很好的湿润度，这样溶液才能很好地在基片上展开；其次是所用聚合物溶液的浓度不能太大，太大的浓度不利于溶液的展开；再次是温度与转速也是影响膜质量的重要因素，一般来说转速应在每分钟几百转至一万转左右；最后是溶剂的挥发速度，通常溶剂的挥发速度要适中。若溶剂挥发速度太快，薄膜表面起皱；若溶剂挥发速度太慢，则薄膜不容易"固化"。另外，在旋转涂覆制备薄膜时溶液一定要过滤，以清除溶液中的微粒，防止薄膜中针孔和缺陷的产生。以上各种因素都因具体体系的不同而异，因此在一个体系的开始研究阶段，要针对其特点就以上各因素对体系成膜质量影响进行条件实验，找出适用于该体系的优化成膜条件。

旋转涂覆制备方法虽然快速、简易，但存在一些无法克服的先天不足。首先，这种方法制备大尺度的显示器件很困难；其次，旋转涂覆浪费非常严重，大约90%以上的材料都被浪费掉；最后，利用旋转涂覆制备聚合物电致发光显示器件最大的限制是，无法直接实现全彩显示所需的红绿蓝三基色像素。

如前描述，旋转涂覆方法制备的聚合物器件几何尺度不能太大。

② 喷墨打印 聚合物喷墨打印技术是近些年发展起来的可实现产业化的聚合物电致发光显示器制备技术。喷墨打印技术是将聚合物溶液灌入压电喷墨打印机的喷墨头中，利用压电喷墨的方法将聚合物溶液根据所需要的图形打印在ITO玻璃或透明薄膜上，干燥后即可得到具有一定图案的固态聚合物薄膜。目前计算机和电

视显示器的显示是点阵（matrix）式，要实现彩色图形显示就要制备出红绿蓝三基色的发光点阵，利用计算机和打印机的精确定位将几皮升到几十皮升不同颜色的聚合物溶液液滴注入事先做好的隔离柱中。由于聚合物薄膜的厚度在 100nm 以下，器件的厚度均匀性是决定器件性能的一个关键。要保证喷墨打印薄膜具有很好的均匀性并且无针孔，通常人们在一个像元中多滴喷入，这要求聚合物液体要克服液滴表面张力的影响，以保证具有很好的延展性。通常要求液体和 PEDOT：PSS 层之间的接触角要大于 80°，同时为了减少因聚合物液滴沿隔离壁“爬行”，影响像元边缘的厚度，需要对隔离壁进行处理，使得溶液和隔离壁不湿润，一般要求聚合物溶液接触角小于 10°。另外，为了减少由于溶剂挥发对像元的影响，且提高打印速度，人们都是采用多喷嘴喷墨头。表 4-5 是 Litrex 公司生产的 140P 型聚合物电致发光显示器制备用喷墨打印机的主要技术指标。

表 4-5　Litrex 公司的 140P 型喷墨打印机主要技术指标

打印速度	100mm/s
喷墨头数	128 个
液滴体积	30pL
液滴位置的精度控制	±15μm
打印的分辨率	80～120ppi

注：图像分辨率所使用的单位是 ppi（pixel perinch），即图像中每英寸（1in=0.0254m）所表达的像素数目。

表 4-6 是两种聚合物电致发光显示器制备技术的比较，可以看出喷墨打印技术在大面积显示器方面具有绝对的优势，但需要克服薄膜的内部缺陷。喷墨打印技术一个最突出的优点是它可以在衬底玻璃不悬空的条件下制备发光层，这是小分子真空镀膜无法比拟的。

表 4-6　旋转涂覆和喷墨打印技术比较

特性	旋转涂覆	喷墨打印
图形能力	无	分辨率可达到 10^{-5}m
大面积制备能力	差	很好
材料利用率	＜10%	几乎没有浪费
彩色化能力	无	很好
衬底要求	玻璃衬底	玻璃和柔性衬底
发光均匀性	发光强度随位置变化	好
封装和电路连接	需先除去边缘多余部分	可以直接操作
薄膜内部缺陷	低	偏高

4.4.3　阴极制备

在蒸镀完有机功能层之后就是电极蒸镀。在制备矩阵屏时，要用到掩膜板，把没有电极的部分遮挡起来；如果器件的分辨率比较高，采用掩膜板的方法就不能满足实际要求了。一般情况，掩膜板技术只能达到 9 条线/mm 的分辨率，如果分辨率比较高，尤其是对彩色器件，分辨率要求就更高，此时就要采用隔离柱技术。所谓隔离柱技术就是在光刻好的 ITO 导电玻璃上，制备截面是倒梯形的一些条状隔离带，其排列方向与ITO的条状电极垂直。由于隔离柱是倒梯形的，因此两个柱之间的空间就是梯形的，下面宽、上面窄；制备器件时，不论是有机层还是电极，都镀在柱之间，最后的电极在柱与空之间是断开的，这样就可以制备出与隔离柱分辨率相同的阴极。隔离柱技术对制备高分辨率器件具有重要意义。因为有机电致发光器件中的有机材料对环境要求比较苛刻，所以不能先镀电极，然后再光刻，这样会破坏有机层。而利用掩膜板的方法，如果线条太细，就容易断线，因此不能制备分辨率太高的器件。在制备彩色器件时，要采用隔离柱与掩膜板相结合的办法。在蒸镀发光材料时，先用掩膜板把不需要镀膜的地方遮挡住，这样蒸镀红绿蓝三基色材料时，需要掩膜板的三次对位。制备完有机层后，镀金属电极时，就不用掩膜板了，而是采用隔离柱把电极分开。不论是用掩膜板还是用隔离柱，都是为了制备金属电极阵列，而其蒸镀方法却是相同的。可以作为有机电致发光器件电极的材料很多，有Al、Mg-Ag合金等。目前，对于小分子电致发光器件，一般采用LiF/Al复合电极；先蒸镀一层很薄的LiF，然后再蒸镀铝电极。由于金属往往是发光的猝灭中心，因此要把蒸镀电极的真空室与蒸镀有机材料的真空室分开。在单真空腔的设备上镀电极时，还要注意镀电极的高温不要影响有机材料，设计时最好要有热屏蔽措施。

4.4.4 器件封装

制备好电极的有机发光屏在接触空气之前，还要进行封装。由于有机材料往往对黏合剂固化时产生的自由基很敏感，因此普通的黏合剂不适合封装有机器件。目前应用比较多的是经过紫外线固化、改性的环氧树脂。此外，也可以采用一些固化温度不算高的热固化胶。封装的封盖可以用玻璃、塑料和金属的，玻璃封盖在实验室里比较容易加工，因此实验室的研究工作中应用比较多；而金属封盖的散热比较好，因此更适用于商用器件。在先前的研究工作中，有人在真空下封装以隔绝空气。但是，在真空下，器件的散热不好，会影响器件的寿命。因此，后来都采用封装惰性气体，一般情况是采用高纯度的氮气，与手套箱里的气氛相同。仅仅封装还是不够的，还要有吸气剂和吸水剂，吸气剂主要是继续吸收氧气，目前已经有商业上的供应；吸水剂主要是用氧化钙或氧化钡，由于钡离子有毒，因此实验室里最好用氧化钙。封装好的发光屏接上引线，配上驱动电路和控制电路，就成为显示器件。接引线的方法与液晶器件基本相同，但值得注意的是，有机电致发光器件是电流器件，引线的接触电阻要尽可能小，这点比液晶显示器件的要求要高。驱动电路分为无源驱动和有源驱动。不论是无源驱动还是有源驱动，都比液晶器件复杂，目前已经有商业上提供的驱动芯片可供选择。对于小尺寸器件，一般采用无源驱动；对于大尺寸器件，无源驱动就不能满足要求了，一定要采用有源驱动。

4.5 有机电致发光器件发展的挑战与展望

在过去的几十年中，对有机电致发光材料和器件进行了大量卓有成效的研究活动，主要通过改变材料或优化器件结构来调控OLED器件的三个重要参数，即电荷注入、电荷平衡和电荷限制。为了获得高效率的器件，必须平衡发光区内复合的电子和空穴数量，这可以通过器件工程有效地完成，比如在器件结构中设计空穴和电子传输层的迁移率来实现电荷平衡和限制载流子在发光层中复合。此外，大量的工作是通过减少非辐射跃迁和减少光学损失来提高发光效率，通过改善表面、增加提取光从而使光学损失减少。目前，尽管红色和绿色OLED的寿命比较长，但蓝色OLED有限的寿命是OLED的最大技术挑战，因此制造高度可靠、高效且长寿命的蓝色OLED是当今的主要任务。同时如何提高OLED的分辨率，实现更小尺寸的像素也是一个需要面对的问题。高动态范围（HDR）是一种新兴的技术，可以提高图像质量。尽管OLED与HDR兼容，但是最好的HDR LCD能比OLED产生更亮的亮点。因此，OLED的亮度是未来研究的目标。此外，目前制造工艺仍然很复杂并且成本较高，因此必须开发更简单和更便宜的制备技术。另外，还必须确定可靠的测试标准，以帮助建立产品制备的一致性并减少不确定性。

尽管OLED面临诸多问题，但仍具备主导未来光电子器件市场的潜力。由于OLED可以制备在塑料上，因此OLED将更容易实现超薄柔性器件。此外，它们的刷新速度比LCD快1000倍，并且不需要背光。因此，OLED将会提供实时信息，从而使视频在不断更新的情况下更加逼真。通过采用玻璃化转变温度更高的材料，寻找更好的封装技术以及优化器件的工艺和结构，将进一步提高器件的使用寿命，从而为OLED的未来发展铺平道路，终将实现透明、灵活且耗能更少的大面积照明和显示应用的新时代。

参考文献

[1] Kitai A. Luminescent materials and applications [M]. New Jersey: Wiley, 2008.

[2] Moons E. Conjugated polymer blends: linking film morphology to performance of light emitting diodes and photodiodes [J]. Journal of Physics Condensed Matter, 2002, 14 (47): 12235-12260.

[3] Aziz H, Liew Y F, Grandin H M, et al. Reduced reflectance cathode for organic light-emitting devices using metalorganic mixtures [J]. Applied Physics Letters, 2003, 83 (1): 186-188.

[4] Wong F, Fung M K, Jiang X, et al. Non-reflective black cathode in organic light-emitting diode [J]. Thin Solid Films, 2004, 446 (1): 143-146.

[5] Heil H, Steiger J, Karg S, et al. Mechanisms of injection enhancement in organic light-emitting diodes through an Al/LiF electrode [J]. Journal of Applied Physics, 2001, 89 (1): 420-424.

[6] Hung L S, Zhang R Q, He P, et al. Contact formation of LiF/Al cathodes in Alq-based organic light-emitting diodes [J]. Journal of Physics D: Applied Physics, 2001, 35 (2): 103.

[7] Zhao J M, Zhang S T, Wang X J, et al. Dual role of LiF as a hole-injection buffer in organic light-emitting diodes [J]. Applied Physics Letters, 2004, 84 (15): 2913-2915.

[8] Wu H, Huang F, Mo Y, et al. Efficient electron injection from bilayer cathode consisting of aluminum and alcohol/water-soluble conjugated polymers [J]. Journal of the Society for Information Display, 2005, 13 (2): 123-130.

[9] Bai F, Deng Z, Gao X, et al. Enhanced brightness and efficiency in organic electroluminescent device using TiO_2 self-assembled layers [J]. Synthetic Metals, 2003, 137 (1-3): 1139-1140.

[10] Poon C O, Wong F L, Tong S W, et al. Improved performance and stability of organic light-emitting devices with silicon oxy-nitride buffer layer [J]. Applied Physics Letters, 2003, 83 (5): 1038-1040.

[11] Zhao J M，Zhan Y Q，Zhang S T，et al. Mechanisms of injection enhancement in organic light-emitting diodes through insulating buffer [J]. Applied Physics Letters，2004，84 (26)：5377-5379.

[12] Liu T H，Lou C Y，Wen S W，et al. 4-(dicyanomethylene)-2-t-butyl-6-(1,1,7,7-tetramethyljulolidyl-9-enyl)-4H-pyran doped red emitters in organic light-emitting devices [J]. Thin Solid Films，2003，441 (1/2)：223-227.

[13] Li G，Shinar J. Combinatorial fabrication and studies of bright white organic light-emitting devices based on emission from rubrene-doped 4,4′-bis (2,2′-diphenylvinyl)-1,1′-biphenyl [J]. Applied Physics Letters，2003，83 (26)：5359-5361.

[14] Kang G W，Ahn Y J，Lim J T，et al. Efficient white-light-emitting organic electroluminescent devices [J]. Synthetic Metals，2003，1 (137)：1029-1030.

[15] Chiu J J，Wang W S，Kei C C，et al. Tris- (8-hydroxyquinoline) aluminum nanoparticles prepared by vapor condensation [J]. Applied Physics Letters，2003，83 (2)：347-349.

[16] Panozzo S，Vial J C，Kervella Y，et al. Fluorene-fluorenone copolymer：Stable and efficient yellow-emitting material for electroluminescent devices [J]. Journal of Applied Physics，2002，92 (7)：3495-3502.

[17] Huang J，Pfeiffer M，Werner A，et al. Low-voltage organic electroluminescent devices using pin structures [J]. Applied Physics Letters，2002，80 (1)：139-141.

[18] Pfeiffer M，Forrest S R，Leo K，et al. Electrophosphorescent p-i-n organic light-emitting devices for very-high-efficiency flat-panel displays [J]. Advanced Materials，2002，14 (22)：1633-1636.

[19] Wang Z，Samuel I D W. Energy transfer from a polymer host to a europium complex in light-emitting diodes [J]. Journal of Luminescence，2005，111 (3)：199-203.

[20] Lee C L，Lee K B，Kim J J. Polymer phosphorescent light-emitting devices doped with tris (2-phenylpyridine) iridium as a triplet emitter [J]. Applied Physics Letters，2000，77 (15)：2280-2282.

[21] Gong X，Robinson M R，Ostrowski J C，et al. High-efficiency polymer-based electrophosphorescent devices [J]. Advanced Materials，2002，14 (8)：581-585.

[22] Gong X，Ostrowski J，Bazan G，et al. Red electrophosphorescence from polymer doped with iridium complex [J]. Applied physics letters，2002，81 (20)：3711-3713.

[23] Lamansky S，Kwong R，Nugent M R，et al. Molecularly doped polymer light emitting diodes utilizing phosphorescent Pt (II) and Ir (III) dopants [J]. Organic Electronics，2001，2 (1)：53-62.

[24] Coe S A，Woo W，Bawendi M G，et al. Electroluminescence from single monolayers of nanocrystals in molecular organic devices [J]. Nature，2002，420 (6917)：800-803.

[25] Sato Y，Ichinosawa S，Ogata T，et al. Blue-emitting organic EL devices with a hole blocking layer [J]. Synthetic Metals，2000，111：25-29.

[26] Jiang X，Liu S，Liu M S，et al. Perfluorocyclobutane-based arylamine hole-transporting materials for organic and polymer light-emitting diodes [J]. Advanced Functional Materials，2002，12 (1112)：745-751.

[27] Mi B，Wang P，Liu M，et al. Thermally stable hole-transporting material for organic light-emitting diode：an isoindole derivative [J]. Chemistry of Materials，2003，15 (16)：3148-3151.

[28] Chen J，Tanabe H，Li X，et al. Novel organic hole transport material with very high Tg for light-emitting diodes [J]. Synthetic Metals，2003，132 (2)：173-176.

[29] Domercq B，Hreha R D，Zhang Y，et al. Photo-patternable hole-transport polymers for organic light-emitting diodes [J]. Chemistry of materials，2003，15 (7)：1491-1496.

[30] Satoh N，Cho J，Higuchi M，et al. Novel triarylamine dendrimers as a hole-transport material with a controlled metal-assembling function [J]. Journal of the American Chemical Society，2003，125 (27)：8104-8105.

[31] Ren X，Alleyne B，Djurovich P I，et al. Organometallic complexes as hole-transporting materials in organic light-emitting diodes [J]. Inorganic Chemistry，2004，43 (5)：1697-1707.

[32] Sakamoto Y，Suzuki T，Miura A，et al. Synthesis，characterization，and electron-transport property

of perfluorinated phenylene dendrimers [J]. Journal of the American Chemical Society, 2000, 122 (8): 1832-1833.

[33] Uchida M, Izumizawa T, Nakano T, et al. Structural optimization of 2,5-diarylsiloles as excellent electron-transporting materials for organic electroluminescent devices [J]. Chemistry of Materials, 2001, 13 (8): 2680-2683.

[34] 李文连. 有机发光材料、器件以及其平板显示——一种新型光电子技术 [M]. 北京: 科学出版社, 2002.

[35] Oda M, Nothofer H, Lieser G, et al. Circularly polarized electroluminescence from liquid - crystalline chiral polyfluorenes [J]. Advanced Materials, 2000, 12 (5): 362-365.

[36] Whitehead K S, Grell M, Bradley D D, et al. Highly polarized blue electroluminescence from homogeneously aligned films of poly (9, 9-dioctylfluorene) [J]. Applied Physics Letters, 2000, 76 (20): 2946-2948.

[37] Jung G Y, Pearson C, Kilitziraki M, et al. Dual-layer light emitting devices based on polymeric Langmuir-Blodgett films [J]. Journal of Materials Chemistry, 2000, 10 (1): 163-167.

[38] Yam V W, Li B, Yang Y, et al. Preparation, photo-luminescence and electro-luminescence behavior of langmuir-blodgett films of bipyridylrhenium (I) surfactant complexes [J]. European Journal of Inorganic Chemistry, 2003, 2003 (22): 4035-4042.

[39] Yu D, Jingying H, Zhijun W, et al. High-efficiency white organic light-emitting devices based on multiple quantum-well structure [J]. Chinese Physics Letters, 2004, 21 (3): 534.

[40] Cheng G, Qiu S, Li F, et al. Effect of multiple-quantum-well structure on efficiency of organic electrophosphorescent light-emitting devices [J]. Japanese Journal of Applied Physics, 2003, 42 (4): L376.

[41] Fukuda Y, Watanabe T, Wakimoto T, et al. An organic LED display exhibiting pure RGB colors [J]. Synthetic Metals, 2000, 111: 1-6.

[42] Beierlein T A, Ott H P, Hofmann H, et al. Combinatorial device fabrication and optimization of multilayer organic LEDs [J]. Proceedings of SPIE, 2002, 4464: 178-186.

[43] Liao L, Klubek K P, Tang C W, et al. High-efficiency tandem organic light-emitting diodes [J]. Applied Physics Letters, 2004, 84 (2): 167-169.

[44] Guo X, Shen G, Wang G, et al. Tunnel-regenerated multiple-active-region light-emitting diodes with high efficiency [J]. Applied Physics Letters, 2001, 79 (18): 2985-2986.

[45] Kido J, Matsumoto T, Nakada T, et al. Invited Paper: High efficiency organic EL devices having charge generation layers [J]. SID Symposium Digest of Technical Papers, 2003, 34 (1): 964-965.

[46] Matsumoto T, Nakada T, Endo J, et al. 27. 5 L: Late-News Paper: Multiphoton organic EL device having charge generation layer [J]. SID Symposium Digest of Technical Papers, 2003, 34 (1): 979-981.

[47] Xia R, Heliotis G, Hou Y, et al. Fluorene-based conjugated polymer optical gain media [J]. Organic Electronics, 2003, 4 (2): 165-177.

[48] Schon J H, Dodabalapur A, Kloc C, et al. A light-emitting field-effect transistor [J]. Science, 2000, 290 (5493): 963-965.

[49] Oyamada T, Sasabe H, Adachi C, et al. Electroluminescence of 2,4-bis(4-(2′-thiophene-yl)phenyl) thiophene in organic light-emitting field-effect transistors [J]. Applied Physics Letters, 2005, 86 (9): 381.

[50] Hu Y, Gao J. Direct probing of a polymer electrolyte/luminescent conjugated polymer mixed ionic/electronic conductor [J]. Journal of the American Chemical Society, 2009, 131 (51): 18236-18237.

[51] Hu Y, Tracy C, Gao J. High-resolution imaging of electrochemical doping and dedoping processes in luminescent conjugated polymers [J]. Applied Physics Letters, 2006, 88 (12): 123507.

[52] Hu Y, Gao J. Direct imaging and probing of the p-n junction in a planar polymer light-emitting electrochemical cell [J]. Journal of the American Chemical Society, 2011, 133 (7): 2227-2231.

[53] Hu Y, Gao J. Mapping the built-in electric field in polymer light-emitting electrochemical cells [J]. Organic

Electronics, 2012, 13 (3): 361-365.
[54] Chang C, Hsieh M, Chen J, et al. Highly power efficient organic light-emitting diodes with a p-doping layer [J]. Applied Physics Letters, 2006, 89 (24): 253504.
[55] Yoo S, Chang J, Lee J, et al. Formation of perfect ohmic contact at indium tin oxide/N,N′-di(naphthalene-1-yl)-N, N′-diphenyl-benzidine interface using ReO3 [J]. Scientific Reports, 2014, 4 (1): 3902.
[56] Deng Y, Li Y, Ou Q, et al. The doping effect of cesium-based compounds on carrier transport and operational stability in organic light-emitting diodes [J]. Organic Electronics, 2014, 15 (6): 1215-1221.
[57] Yook K, Jeon S, Min S, et al. Highly efficient p-i-n and tandem organic light-emitting devices using an air-stable and low-temperature-evaporable metal azide as an n-dopant [J]. Advanced Functional Materials, 2010, 20 (11): 1797-1802.
[58] Wei H, Ou Q, Zhang Z, et al. The role of cesium fluoride as an n-type dopant on electron transport layer in organic light-emitting diodes [J]. Organic Electronics, 2013, 14 (3): 839-844.
[59] Kwon S, Kim H, Choi S, et al. Weavable and highly efficient organic light-emitting fibers for wearable electronics: A scalable, low-temperature process [J]. Nano Letters, 2018, 18 (1): 347-356.
[60] Kim T, Price J, Grede A, et al. Kirigami-inspired 3D organic light-emitting diode (OLED) lighting concepts [J]. Advanced Materials Technologies, 2018, 3 (7): 1800067.
[61] Ellmer K. Past achievements and future challenges in the development of optically transparent electrodes [J]. Nature Photonics, 2012, 6 (11): 809-817.
[62] Kumar A, Zhou C. The race to replace tin-doped indium oxide: Which material will win [J]. ACS Nano, 2010, 4 (1): 11-14.
[63] Choi J, Shim Y, Park C, et al. Junction-free electrospun Ag fiber electrodes for flexible organic light-emitting diodes [J]. Small, 2017, 14 (7): 1702567.
[64] Zhang C, Khan A, Cai J, et al. Stretchable transparent electrodes with solution-processed regular metal mesh for an electroluminescent light-emitting film [J]. ACS Applied Materials & Interfaces, 2018, 10 (24): 21009-21017.
[65] Han S, Chae Y, Kim J, et al. High-performance solution-processable flexible and transparent conducting electrodes with embedded Cu mesh [J]. Journal of Materials Chemistry C, 2018, 6 (16): 4389-4395.
[66] Schwab T, Schubert S, Meskamp L, et al. Eliminating micro-cavity effects in white top-emitting OLEDs by ultra-thin metallic top electrodes [J]. Advanced Optical Materials, 2013, 1 (12): 921-925.
[67] Liang J, Li L, Niu X, et al. Elastomeric polymer light-emitting devices and displays [J]. Nature Photonics, 2013, 7 (10): 817-824.
[68] Yu Z, Niu X, Liu Z, et al. Intrinsically stretchable polymer light-emitting devices using carbon nanotube-polymer composite electrodes [J]. Advanced Materials, 2011, 23 (34): 3989-3994.
[69] Sekitani T, Nakajima H, Maeda H, et al. Stretchable active-matrix organic light-emitting diode display using printable elastic conductors [J]. Nature Materials, 2009, 8 (6): 494-499.
[70] Liang J, Li L, Chen D, et al. Intrinsically stretchable and transparent thin-film transistors based on printable silver nanowires, carbon nanotubes and an elastomeric dielectric [J]. Nature Communications, 2015, 6 (1): 1-10.
[71] Kumar S, Shankar J, Periyasamy B, et al. Device engineering aspects of organic light-emitting diodes (OLEDs) [J]. Polymer-Plastics Technology and Materials, 2019, 58 (15), 1597-1624.

第5章

半导体量子点材料

5.1 半导体量子点简介

半导体薄膜的量子化效应可以追溯到20世纪70年代，当时科学家在研究Ⅲ-Ⅴ族半导体薄膜时发现了限域载流子的量子态。根据载流子受限维度的不同，可以定义三种不同形式的量子化。当载流子在一维方向上受限时，称为“量子阱”；当载流子在二维方向上受限时，就称为“量子线”；当其在三维方向上受限时，就形成了“量子点”（quantum dots，QD）。与体材料相比较，不同维度方向受限的半导体材料具有不同的电子态密度。图5-1给出了不同维度方向受限的半导体材料电子态密度。量子点材料涉及多学科交叉研究领域，不同学科的科学家对其称谓不同，譬如物理学家形象地称其为量子点，化学家称之为纳米溶胶或胶体量子点，材料学家常常称其为超微粒。在本书中，我们称其为半导体量子点，以便和物理学中的“量子点”有所区别。

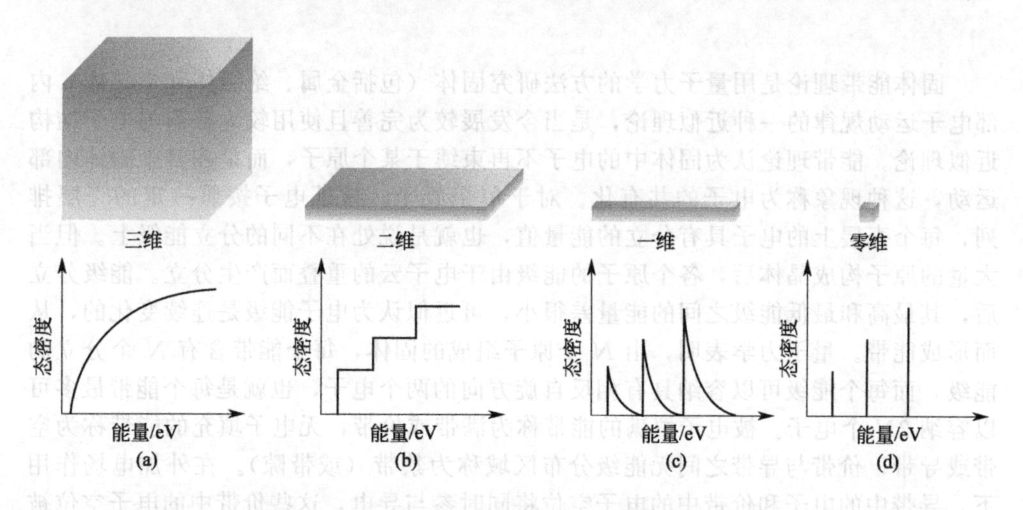

图5-1 不同维度方向受限的半导体材料电子态密度

半导体量子点，也称为半导体纳米晶（semiconductor nanocrystals，NC），是一种被广泛关注和研究的新型纳米半导体材料，是由数百个甚至数千个原子组成的材料体系，其尺寸通常为1～30nm。由于其载流子在三维方向上受到限制而不能自由运动，因此其载流子能量是量子化的，态密度分布是分立的，类似于原子光谱的性质，因而半导体量子点通常被称为“人工原子”。与相对应的半导体体材料相比较，半导体量子点具有不同的光学性质，如窄而对称的发射光谱、尺寸可调的光谱、较高的发光效率等。目前研究较为广泛的半导体量子点主要包括Ⅱ-Ⅵ、Ⅲ-Ⅴ、Ⅳ-Ⅵ和Ⅰ-Ⅲ-Ⅵ族等，如ZnS、ZnSe、CdS、CdSe、CdTe、InP、PbS、PbSe和$CuInS_2$等。

半导体量子点的合成通常采用胶体化学方法，为了使半导体量子点能够分散在溶剂中，一般会在合成过程中加入一定量的表面活性剂。所选用的表面活性剂种类非常重要，针对不同类型的半导体量子点所使用的表面活性剂种类也不同。采用胶体化学方法合成半导体量子点的优势主要包括：可以有效调控半导体量子点的尺寸，其平均尺寸分布通常在10%以内；可通过控制合成条件有效调控半导体量子点的形貌；可有效控制半导体量子点的组分和纳米结构；合成成本低廉。

近年来，半导体量子点的研究成为较活跃的科学研究领域之一，其研究范围涉及物理、化学、材料和电子等学科，这些学科相对独立，但又相互交叉。作为纳米材料的重要组成部分，半导体量子点与光电子和生物医学等领域密切相关，目前已在发光二极管、太阳能电池、生物医学和新能源等领域得到了广泛应用，并成为当今物理、化学、材料和电子等学科的前沿热点。随着人们对半导体量子点性能的不断认识和理解，半导体量子点必将与许多传统学科相互融合，并将推动新兴交叉学科的发展。

5.2 半导体量子点的电子结构

固体能带理论是用量子力学的方法研究固体（包括金属、绝缘体和半导体）内部电子运动规律的一种近似理论，是当今发展较为完善且使用较为普遍的电子结构近似理论。能带理论认为固体中的电子不再束缚于某个原子，而是在整个固体内部运动，这种现象称为电子的共有化。对于单个原子，核外电子按照一定的壳层排列，每个壳层上的电子具有分立的能量值，也就是说处在不同的分立能级上。但当大量的原子构成晶体后，各个原子的能级由于电子云的重叠而产生分立。能级分立后，其最高和最低能级之间的能量差很小，可近似认为电子能级是连续变化的，从而形成能带。量子力学表明，由 N 个原子组成的固体，每个能带含有 N 个分立的能级，而每个能级可以容纳具有相反自旋方向的两个电子，也就是每个能带最多可以容纳 $2N$ 个电子。被电子填满的能带称为满带或价带，无电子填充的能带称为空带或导带，价带与导带之间无能级分布区域称为禁带（或带隙）。在外加电场作用下，导带中的电子和价带中的电子空位将同时参与导电，这些价带中的电子空位被称为空穴。半导体和绝缘体的主要区别是禁带宽度不同。绝缘体的禁带宽度较大，在一般条件下能够被激发到导带的电子很少，其导电性很差；而金属能带中价电子占据部分能级，为半满带，因此金属具有较好的导电性能。图 5-2 为导体、半导体和绝缘体的能带结构示意图。

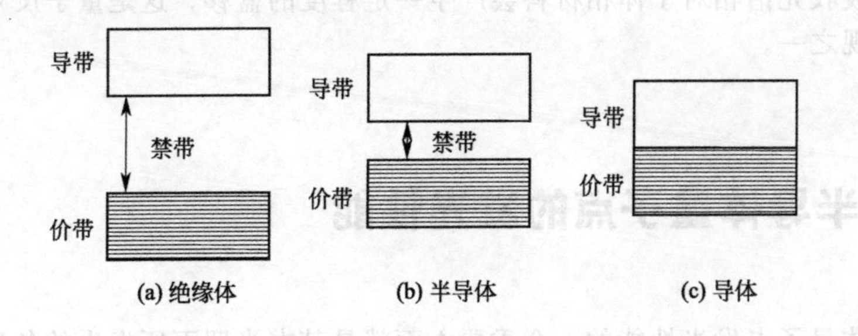

图 5-2 导体、半导体和绝缘体的能带结构示意图

固体能带理论表明体相半导体材料在金属费米能级附近的电子能级一般是连续的，但是当其尺寸减小到与激子玻尔半径相当时，出现在体相半导体材料能带中连续的能级分布变成了分立的能级结构，并且材料的带隙会增加，这一物理现象被称为量子尺寸效应。图 5-3 为体相半导体材料和半导体量子点的能级结构示意图。量子尺寸效应可以通过量子力学中的一维势箱中粒子的能量与势箱长度的关系进行解释。一维势箱中粒子的能量与势箱长度的关系如下：$E=\frac{n^2h^2}{8ml^2}$（n=1、2、3、…）。其中 E 为能量，n 为量子数，h 为普朗克常数，m 为粒子质量，l 为势箱长度。在纳米尺寸时，其能量是分立的，且随着势箱长度的减小而增加。在体相材料中，势箱长度很大，从而使得相邻能级间的差很小，几乎可以忽略不计，可认为是连续的。在半导体量子点中，箱中粒子指的是处于离域状态的电子和空穴，考虑到半导体量子点的尺寸较小，电子空穴通常被限制在一个较小的范围内，因此它们之间由较强的库仑作用联系在一起，所以电子空穴对通常可以视为激子，类似于一个氢原子结构。而激子的活动范围一般被称为激子玻尔半径，这也就是量子尺寸效应起作用的临界尺寸。在半导体量子点尺寸小于激子玻尔半径的情况下，此时激子处于中等受限情况，半导体量子点由于空间的受限作用要大于其库仑作用，电子和空穴的动能对激子能量起到了主要作用，而电子和空穴之间的库仑作用相当于激子能量的微扰项。如果将半导体量子点视为半径为 R 的球状结构，Brus 等根据有效质量近似模型将激子能量表示为：

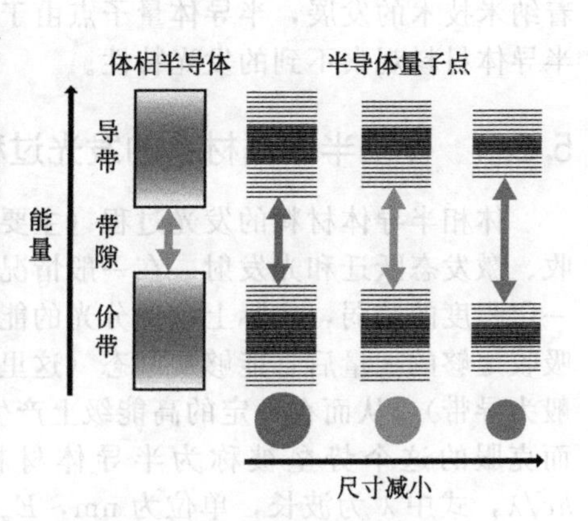

图 5-3 体相半导体材料和半导体量子点的能级结构示意图

$$E_g=E_g^0+\frac{h^2}{8R^2}\left[\frac{1}{m_e}+\frac{1}{m_h}\right]-\frac{1.786e^2}{4\pi\varepsilon_0\varepsilon R}$$

式中，E_g 表示半导体量子点的禁带宽度；E_g^0 表示体相材料的禁带宽度；m_e 和 m_h 分别表示电子和空穴的质量；ε_0 和 ε 分别表示体相材料和半导体量子点的有效介电常数。因此，半导体量子点的光学禁带宽度相对于体相材料的禁带宽度有所增加，其吸收光谱相对于体相材料会产生一定程度的蓝移，这是量子尺寸效应的主要宏观表现之一。

5.3 半导体量子点的发光性能

半导体量子点发光性能的一个重要方面就是其在光照下所发生的各种现象。体相半导体材料的发光过程非常复杂，经过几十年的研究目前已取得了长足进展。随着纳米技术的发展，半导体量子点由于尺寸较小，其在光照下常常表现出一些体相半导体材料观察不到的发光特性。

5.3.1 体相半导体材料的发光过程

体相半导体材料的发光过程（主要指光致发光过程）一般包括三个过程：光吸收、激发态跃迁和光发射。在一般情况下，光照射在半导体材料上，光的强度会有一定程度的减弱，实际上这部分光的能量被材料吸收了。半导体材料价带上的电子吸收足够的能量后，能够从基态（这里指价带）克服一定的势垒跃迁至激发态（一般为导带），从而在一定的高能级上产生非平衡载流子，这一过程就是光吸收过程，而克服的这个势垒被称为半导体材料的带隙。半导体材料的带隙宽度 $E_g = hc/\lambda$，式中 λ 为波长，单位为 nm，E_g 的单位为 eV。这些在高能级上的非平衡载流子并不稳定，它们会通过晶格弛豫的方式到达更低能级或基态，释放出吸收的能量恢复到平衡态，这一过程就是激发态跃迁的过程。通过辐射复合产生的光子一部分从样品表面辐射出来，另一部分将在样品体内传播，这部分光子也可能引起样品中电子的再激发，这两部分过程统称为光发射过程。在以上三个过程中，半导体材料的光吸收和光发射过程统称为“带间跃迁”。半导体的吸收和发射也可以通过带隙中的局域能级进行，或者带间跃迁与局域能级间的跃迁相互交叉。对于间接带隙结构的半导体材料，动量守恒要求声子参与才能完成光学跃迁，当然直接带隙半导体中也可能发生声子参与的跃迁。

图 5-4 为光照下体相半导体和半导体量子点的发光过程示意图。如前所述，价带上的电子被激发到导带上后，会在价带上留下空穴，而进入导带上的电子可以跃迁到基态，这一跃迁称为辐射跃迁。当导带上的电子和价带上的空穴复合时就可以形成电子-空穴对（又称为激子），激子的能量以发光的形式释放出来。处于激发态上的电子不仅可能以发光的形式进行辐射复合，而且也可能以其他的形式（如发热）将吸收的能量释放出来，这一过程叫作非辐射复合。非辐射复合一般通过深能级或俄歇复合等途径进行，这主要是因为很多有实用价值的半导体发光材料都是依靠其中的杂质、缺陷态等实现发光的。杂质和缺陷态一般都能在半导体材料的带隙

中形成能够提供电子的定域能级，这被称为施主能级，施主能级一般靠近导带。同样，杂质和缺陷也能在带隙中形成能够提供空穴的能级，这被称为受主能级，受主能级一般靠近价带。如果杂质和缺陷态在禁带中形成定域能级，这些能级往往远离材料的带边（一般指导带底和价带顶），被称为深能级。这些定域能级在半导体材料的发光中起到了非常重要的作用，因为这些杂质和缺陷态能够束缚电子或空穴，在发光材料中形成一些复合中心。因此，半导体材料的发光类型一般可以分为以下两种类型。①带间复合发光（激子发光）。这种类型最为简单，即导带上的电子和价带上的空穴直接复合，所产生的能量等于或者大于半导体禁带宽度能量。②施主-受主对复合的发光（施主-受主对发光）。这种发光可以通过两种途径进行：一种途径是带-带间激发之后，一个电子被离化的施主俘获，在受主上形成一个补偿的空穴，然后两者进行复合发光；另一种途径是受主上的电子直接被激发到离化的施主能级上，然后进行复合发光。

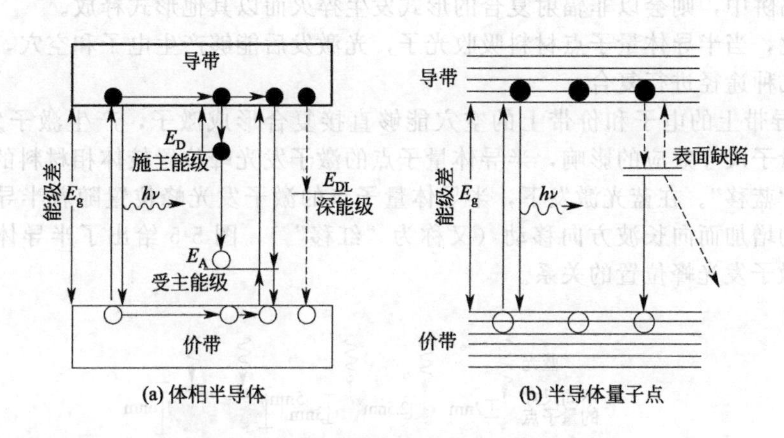

图 5-4　光照下体相半导体和半导体量子点的发光过程示意图（实线代表辐射跃迁，虚线代表非辐射跃迁）

5.3.2　半导体量子点的发光过程

与体相半导体材料相比较，半导体量子点材料的能级结构发生明显变化，由连续的能级分布变成了分立的能级结构，表现出明显的量子尺寸效应。另外，由于半导体量子点尺寸的减小，大部分原子位于其表面，从而使其比表面积随着尺寸的减小而明显增大，这种现象被称为表面效应。由于半导体量子点较大的比表面积使其表面原子数增多，从而导致其表面原子的配位能力不足，产生大量的不饱和键和悬挂键，很容易吸附一些其他种类的分子或者原子，使得纳米晶表面存在大量的表面缺陷态，产生电子或空穴的陷阱，它们反过来会影响半导体量子点的光学性质。

与体相半导体材料的发光性能相比，半导体量子点材料由于受到表面效应和量子尺寸效应的影响而具有一些特殊的光学性能。在光照下，半导体量子点吸收光子后，其价带上的电子受激而跃迁到分立的导带能级上，同时在价带上留下一个空穴；处于激发态的电子和空穴都处于较高的能态，是不稳定的。它们在极短的时间内分别弛豫到导带底和价带顶，之后导带底的电子会跃迁回价带顶与空穴进行复合形成激子而发光，这一过程称为半导体量子点的本征发光（带边发光）。由于量子尺寸效应的影响，半导体量子点的本征发光是可以通过尺寸连续可调的。然而，由于受到表面效应的影响，半导体量子点的表面存在大量的悬挂键和不饱和键，它们能够在禁带中形成一些缺陷态能级，这些缺陷态可以分为浅能级或深能级；浅能级缺陷态的能量与导带或者价带边相近，在大多数情况下，浅能级缺陷会发生辐射复合，而深能级通常发生非辐射复合。当表面缺陷捕获电子后能够通过辐射复合发光，通常称为缺陷发光。按照缺陷能级的来源，缺陷发光可以分为表面缺陷发光和内部缺陷发光。其中，表面缺陷态主要源于半导体量子点表面的晶格缺陷或者悬挂键等；而内部缺陷主要包括晶格内位点缺失等引起的辐射复合中心和不造成晶体结构缺陷基础上有意引入的电子缺陷。需要说明的是，发生辐射复合时，电子或空穴只要有一方处于缺陷态能级上，就会发生缺陷态发光。当然，如果有电子落入较深的表面陷阱中，则会以非辐射复合的形式发生猝灭而以其他形式释放。

因此，当半导体量子点材料吸收光子，光激发后能够产生电子和空穴，主要通过以下几种途径进行复合。

① 导带上的电子和价带上的空穴能够直接复合形成激子，产生激子发光带。由于受量子尺寸效应的影响，半导体量子点的激子发光峰位置较体相材料的带隙位置有所“蓝移”。在蓝光激发下，半导体量子点的激子发光峰位置随着半导体量子点尺寸的增加而向长波方向移动（又称为“红移”），图 5-5 给出了半导体量子点尺寸与激子发光峰位置的关系。

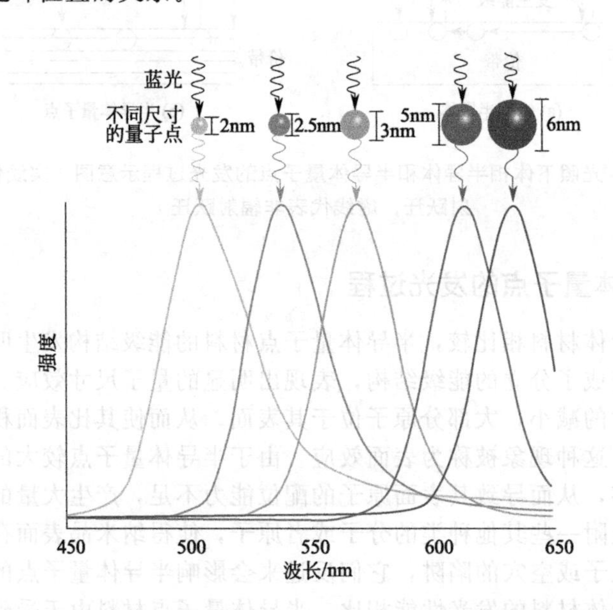

图 5-5　半导体量子点尺寸与激子发光峰位置的关系

② 通过表面缺陷态间接复合发光。因为半导体量子点的表面有许多表面晶格缺陷或悬挂键和不饱和键，它们可以充当电子或空穴的陷阱。如果半导体量子点的表面

很完整，表面缺陷对载流子的捕获能力就很弱，因而表面缺陷态的发光就很弱，激子发光就会占绝对优势；相反，如果半导体量子点的表面有许多缺陷态，它们对电子或空穴的捕获能力就很强，电子或空穴一旦被捕获，电子和空穴直接复合的概率就会变小，从而就会使得表面缺陷态的发光很强，而激子态的发光就非常弱。

③ 通过杂质能级复合发光。在半导体纳米材料中通过掺杂一些杂质原子（一般为金属离子或稀土离子），在半导体量子点材料的禁带中形成杂质能级，从而产生杂质发光。为了实现杂质发光，杂质的能级一般处于主量子点材料的能隙之间。

5.4 半导体量子点的光学性能表征

半导体量子点的光学性质与其电子能级结构和电子空穴对的复合特性密切相关，因此对半导体量子点光学性质的分析实质上就是对半导体量子点中电子和空穴行为的分析。对于体相半导体发光材料而言，表征其发光性能的主要手段有吸收光谱、光致发光光谱、发光寿命、发光效率等。这同样适用于表征半导体量子点的光学特性，这里我们主要介绍半导体量子点的吸收光谱、激发光谱和发射光谱、时间分辨发射光谱和光致发光量子产率等。

5.4.1 半导体量子点的吸收光谱

一个有效的发光材料必须要有好的吸收本领，因此发光材料的重要特性之一就是材料的吸收光谱。它是指光的吸光度 A（或透过率 T）随波长或频率变化的关系曲线。考虑到吸收光谱测量的准确性，一般将吸收光谱分为两个波段：紫外-可见吸收光谱；红外光谱。而红外光谱又分为近红外光谱（0.75～2.5μm）、中红外光谱（2.5～25μm）和远红外光谱（25～1000μm）。

一般情况下，光子吸收满足如下关系：$I(\nu)=I_0(\nu)e^{-\alpha(\nu)l}$。式中，$I_0(\nu)$ 和 $I(\nu)$ 分别是入射和透射光强；$\alpha(\nu)$ 是吸收系数，量纲是 cm^{-1}；l 是样品的厚度，光通过该物质 1cm 后，其强度将减至入射强度 I_0 的 $e^{-\alpha}$ 倍。可以定义吸光度 $A=\ln\frac{I_0}{I}=\varepsilon Cl$，这称为朗伯-比尔（Lambert-Beer）定律。式中，$\varepsilon=\alpha\lg e$，一般称为消光系数；C 是溶液浓度。朗伯-比尔定律是光吸收的基本定律。

对于半导体量子点而言，其吸收光谱主要研究价带中的电子吸收能量后跃迁到导带，此时形成按波长或频率排列的暗线或暗带组成的光谱。吸收光谱有的是带谱，有的是线谱。研究半导体量子点的吸收光谱特征和规律可以了解半导体量子点的能级结构和载流子状态，以及载流子与其他粒子（如晶格热振动产生的声子等）相互作用的性质。图 5-6（a）为相似尺寸的 CdS、CdSe 和 CdTe 半导体量子点的吸收光谱图。从吸收光谱图中可以看出三种材料的吸收峰位置不同，这表明从吸收光谱图中可以了解三种半导体量子点的光学带隙是不同的。由于受量子尺寸效应的影响，半导体量子点的光学带隙随着尺寸的减小而增加，因此其吸收峰的位置常常随着半导体量子点尺寸的增加而向长波长方向移动（常称为红移）。图 5-6（b）为不同尺寸的 CdSe 半导体量子点的吸收光谱图。CdSe 半导体量子点的尺寸越大，其带隙越小，相应的吸收峰向长波方向移动，这些明显吸收峰对应的能级是激子能级，通常称为激子吸收峰。对于两个峰位大致相近的半导体量子点，通过其激子吸收峰的尖锐程度大致可以判定这两个样品的尺寸分布情况。

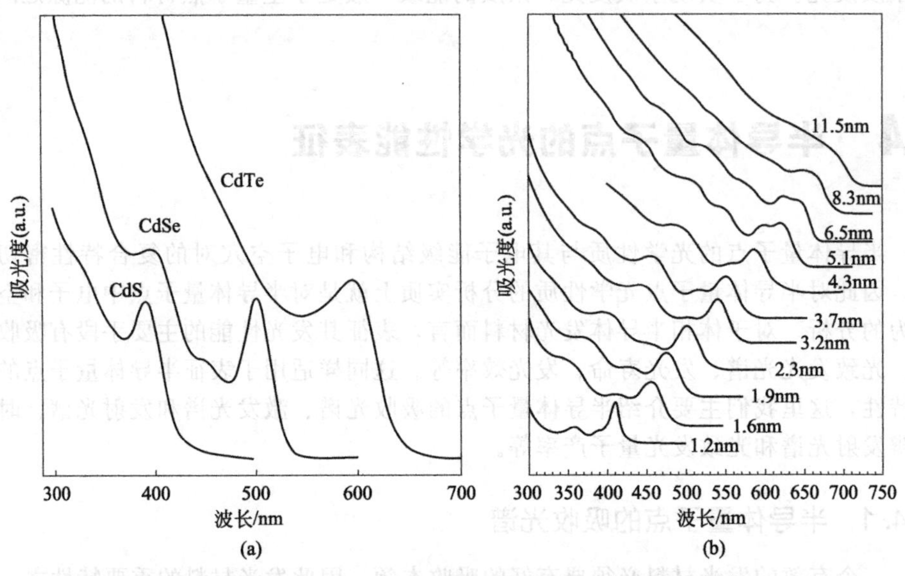

图 5-6 相似尺寸的 CdS、CdSe 和 CdTe 半导体量子点的吸收光谱图（a）和不同尺寸的 CdSe 半导体量子点的吸收光谱图（b）

5.4.2 半导体量子点的激发光谱和发射光谱

发光材料的发光光谱（发射光谱或荧光光谱）表示在一定激发源激发下，发光材料的发光能量或发光强度按照波长或者频率分布的曲线，它是发光材料典型的特征。发光光谱通常有带谱和线谱两种，其中带谱是指在一定波长范围内（几十至几百纳米）发射能量或强度的连续变化；而线谱是由许多很尖锐的谱线组成。这里主要介绍在光激发下物质的发光强度随波长的变化而获得的发射光谱。测定发射光谱时通常要选择激发波长，通过固定激发波长而进行发射光谱的扫描。因此，了解发射光谱之前必须要了解激发光谱，它是指物质的发光强度随激发光波长或频率的变化而获得的光谱。激发光谱通常反映不同波长对材料激发的效果。通过激发光谱，可以选择最佳激发波长，通常选择发射强度最大时的激发光波长。在通常情况下，半导体量子点的激发光谱形状与基态吸收光谱很接近。然而，如果半导体量子点存在一定的尺寸分布，不同尺寸的半导体量子点对监测波长的发射贡献不同，其激发光谱也会与吸收光谱存在一定的差异。在最佳激发波长激发下，可以选择发射强度最大的发射波长，表示为该材料的发光峰位置。半导体量子点的发射光谱形状通常与激发波长无关。

当半导体量子点在光照下时，除吸收某种波长的光之外，通常还将发射比原来吸收光波长更长的光，这就是光致发光。光致发光光谱一般也称为发射光谱。图 5-7（a）为典型半导体量子点的发射光谱和吸收光谱。通常情况下，光致发光峰的位置较吸收峰的位置有所红移，即材料吸收光子的能量大于发射光子的能量，这个差值通常被称为 Stokes（斯托克斯）位移。对于同一个半导体量子点而言，虽然其可以在光照下吸收不同能量的光子，但是其激子复合一般都会发生在最低能级附近，因此半导体量子点的发射光谱通常只有一个峰，这个发射峰通常称为激子峰。一般而言，半导体量子点的发射光谱较窄而且对称，其半高全宽可窄达 20～40nm 且随着尺寸的变化而变化，通过调控半导体量子点的尺寸，其发光颜色可以覆盖整个可见光范围。然而如果同一半导体量子点样品中尺寸分布不均匀，就会有不同能量的光子发射出来，从而就会使得发射光谱变宽。除此之外，如果半导体量子点材料存在缺陷态，也会影响发射光谱的形状和峰位。根据缺陷态的种类不同，可以将缺陷态能级分为施主和受主能级；根据其所处的位置，可以将其分为浅能级或深能级。浅能级缺陷态的能量与导带边或者价带边相近，在大多数情况下，浅能级缺陷会发生辐射复合，而深能级通常发生非辐射复合。对于那些较浅的缺陷态，其发射峰位置在半导体量子点的激子发射峰位置附近，将会导致发射峰的半高宽变宽。如果缺陷态较深，发射峰位置与激子峰位置相差较大，在发射光谱上通常会观察到在激子发射峰外还有一个与缺陷态相关的发射峰拖尾。由于半导体量子点具有较大的比表面积，其表面缺陷态通常作为俘获中心可以俘获载流子或激子，从而造成了非辐射复合概率的增加，使得发光性能降低。例如，将镉盐在十二硫醇中直接加热可制得 CdS 半导体纳米晶，它的发射光谱呈现出一个较宽的缺陷态发射；如果在其表面生长一层 ZnS 壳层，其发射光谱将会有一个明显的位于 435nm 附近的发射峰和一个拖尾的缺陷态发射峰。十二硫醇作为硫源制备的 CdS 和 CdS/ZnS 半导体纳米晶的吸收光谱和发射光谱见图 5-7（b）。不同纳米结构或形貌的半导体量子点材料具有不同的表面缺陷态，如不同纳米结构的 ZnO 纳米颗粒在常温下通常具有位于紫外区域的激子发射峰和位于绿光区域的缺陷态发射。室温下不同结构 ZnO 纳米粒子的荧光光谱图见图 5-8。理论计算和实验结果表明，ZnO 中的缺陷态主要包括锌空位（V_{Zn}）、氧空位（V_O）、间隙锌原子（Zn_i）、间隙氧原子（O_i）、氧空位和间隙锌原子的复合物（V_OZn_i）、锌空位和间隙锌原子的复合物（$V_{Zn}Zn_i$）以及 O 取代 Zn（O_{Zn}）。

5.4.3　半导体量子点的时间分辨发射光谱

半导体量子点价带上的电子受到激发后跃迁到导带上，处于激发态的电子返回到基态前，在激发态停留的平均时间通常称为半导体量子点的发光寿命（或衰减时间），实际上是指激发光停止后发光强度逐渐衰减的过程。发光衰减是发光现象的重要特征之一，通常是用于区分发光现象和其他光发射现象的一个关键标志。有时处于激发态的电子在跃迁回到基态的这段时间里，还会参与其他过程。因此，不同类型的半导体量子点材料的发光衰减规律和发光寿命有所不同。半导体量子点的发光寿命通常可以用于研究半导体量子点光致发光的机制和半导体量子点之间发生能量共振转移的速率等。

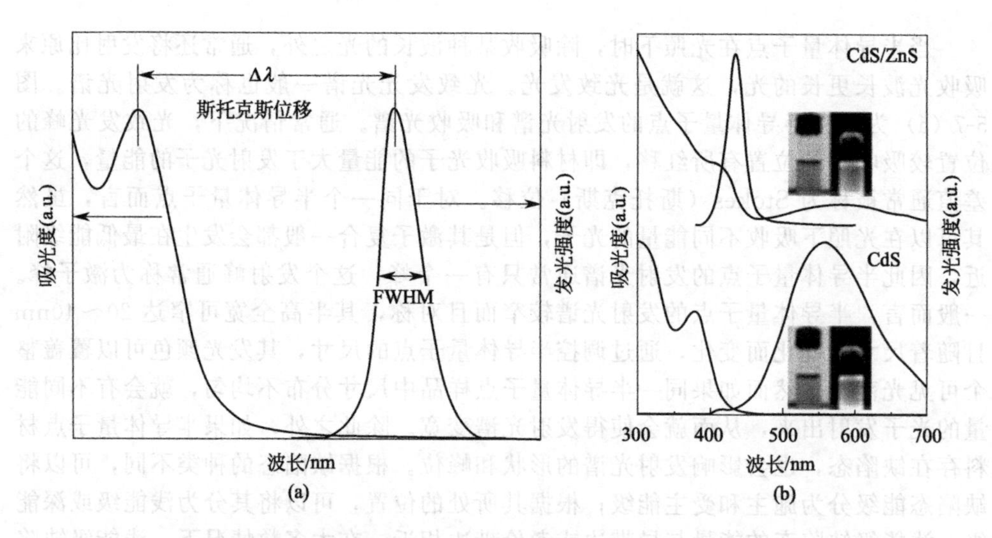

图 5-7 典型半导体量子点的发射光谱和吸收光谱（a）与十二硫醇作为硫源制备的 CdS 和 CdS/ZnS 半导体纳米晶的吸收光谱和发射光谱（b）

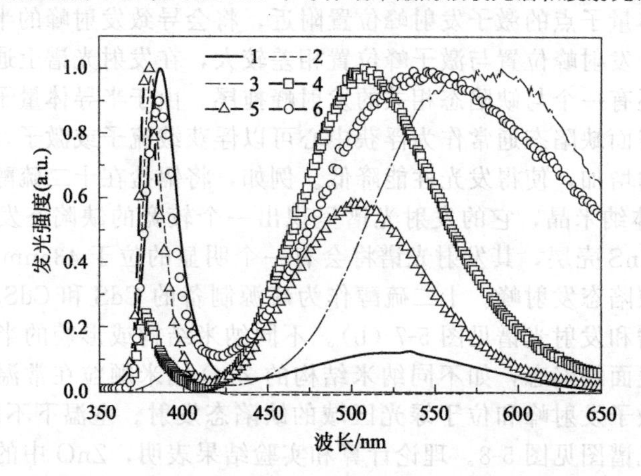

图 5-8 室温下不同结构 ZnO 纳米粒子的荧光光谱图

1—四面体形；2—针头状；3—纳米棒；4—壳状；5—带棱棒状；6—纳米带

目前，发光寿命的测量通常采用时间分辨发射光谱。这是一种瞬态光谱技术，通常是激发光脉冲停止后相对于激发光脉冲的不同延迟时刻测得的光谱，这在某种程度上反映了激发态电子的运动过程，也称为发光衰减动力学。一般来说，时间分辨发射光谱测的是激发光停止后半导体量子点的发射强度随时间的变化情况，一般以发射强度的对数作为纵坐标，时间作为横坐标。在测量的时候，通常要固定激发波长和发射波长，记录发射强度随时间的变化。

在一般情况下，半导体量子点吸收光子后，电子跃迁到激发态；产生电子空穴对（激子）后，并不是所有的激子都通过辐射复合形式发光，有些激子是通过非辐射复合形式将能量转移给声子发生猝灭而以其他形式释放的。实际上，激子的辐射复合发光是一种典型的单分子过程，其衰减过程符合指数衰减的规律。如果半导体量子点受激发后的发光过程是一级反应，激发停止后发光强度正比于发光中心的数目，那么发光强度随时间的变化关系可以表示为：$I=I_0\mathrm{e}^{-\alpha t}$。式中，$I$ 是 t 时刻的发光强度；I_0 是初始时的发光强度；t 是时间；α 是常数。如果 τ 秒之后，发光强度衰减到初始时发光强度的 1/e，则 τ 被称为发光的平均寿命。如果该过程中辐射和非辐射的衰减速率常数分别为 k_{r} 和 k_{nr}，那么发光寿命 $\tau=\dfrac{1}{k_{\mathrm{r}}+k_{\mathrm{nr}}}$。如果半导体量子点发光过程变得复杂，由于发光机制不同，其发光衰减也将会变得复杂。譬如，如果半导体量子点表面有缺陷态存在，则处于激发态的电子可能会跃迁到价带与空穴进行本征复合，也有可能会跃迁回缺陷态然后再复合，这时候发光衰减曲线就会表现为多个指数衰减函数的叠加，可表示为 $I=I_1\mathrm{e}^{-\alpha_1 t}+I_2\mathrm{e}^{-\alpha t}+\cdots+I_n\mathrm{e}^{-\alpha t}$，式中，$\tau_n$ 是第 n 个衰减通道的发光寿命。在一般情况下，将测量的数据进行处理与拟合就可获得发光寿命的信息。拟合数据时，常以多个指数衰减函数为模型。根据测量数据和理论模拟结果之间的差异，给出判据 χ_{r}^2。该数值越接近 1，说明拟合结果越好。在半对数坐标上，如果发光衰减曲线拟合结果呈现直线，那么就说明半导体量子点的辐射复合是通过单一通道进行的，呈单指数衰减。例如，浙江大学 Peng 课题组通过优化合成条件和调控壳层 CdS 厚度，在 CdS 壳层达到一定厚度后，发现 CdSe/CdS 核壳半导体量子点表现出单指数衰减的特性，说明半导体量子点的辐射复合通道是单一的。CdSe/CdS 核壳半导体量子点的时间分辨光致发光光谱见图 5-9 (a)。由于不存在其他复合通道，单通道衰减的半导体量子点光致发光量子产率明显提高，其溶液的发射光谱和单个半导体量子点的发射光谱非常接近。单个半导体量子点和半导体量子点聚集体的发射光谱见图 5-9 (b)。然而，大部分半导体量子点发光衰减曲线的拟合结果在半对数坐标上不呈现直线，这时要进行多指数拟合。对于一个未知样品，通常根据样品情况或已有的经验，假设它含有 n 个发光寿命，然后对其进行拟合。如果拟合后的 χ_{r}^2 与 1 相差甚远，说明之前的假设不合理，需要改变发光寿命的个数再次进行拟合，直到 χ_{r}^2 非常接近 1。实际上，大部分半导体量子点发光衰减曲线的拟合结果通常是双指数、三指数甚至更多，这说明这些半导体量子点有多个复合通道；除了半导体量子点的本征复合通道外，还会存在缺陷、半导体量子点之间的能量转移等通道。例如，美国阿肯色大学的 Min 课题组早在 2003 年就报道了在表面有缺陷态的 CdSe 半导体量子点中也可以得到较高的光致发光量子产率，他们将不同量子产率的 CdSe 半导体量子点的发光衰减曲线拟合为双指数函数，短寿命和长寿命成分都会对量子产率产生影响。不同量子产率的 CdSe 半导体量子点的时间分辨光致发光光谱见图 5-10。在通常情况下，短寿命成分是由带间缺陷态引入的，而长寿命成分主要来自电子和空穴在表面缺陷态的辐射复合。因此，时间分辨光谱技术由于包含了比发射光谱更多的信息，目前已成为纳米发光和生物化学等领域的主要研究工具之一。

5.4.4 半导体量子点的光致发光量子产率

半导体量子点光致发光量子产率（PLQY）是衡量量子点发光能力高低的一个重要参数，其定义为半导体量子点的发射能量与吸收能量的比值。换言之，量子产

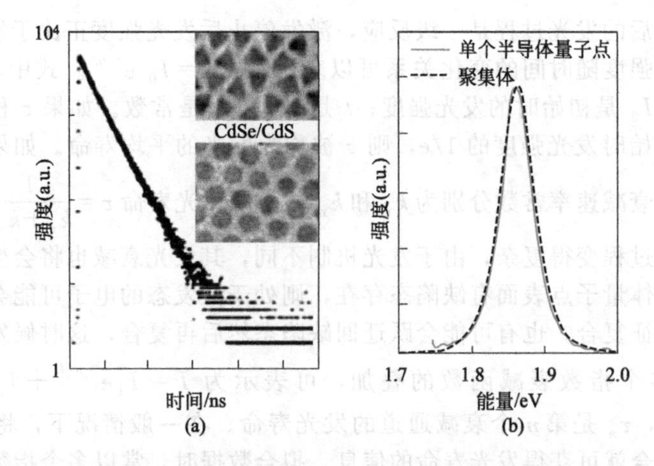

图 5-9 CdSe/CdS 核壳半导体量子点的时间分辨光致发光光谱（a）与单个半导体量子点和半导体量子点聚集体的发射光谱（b）

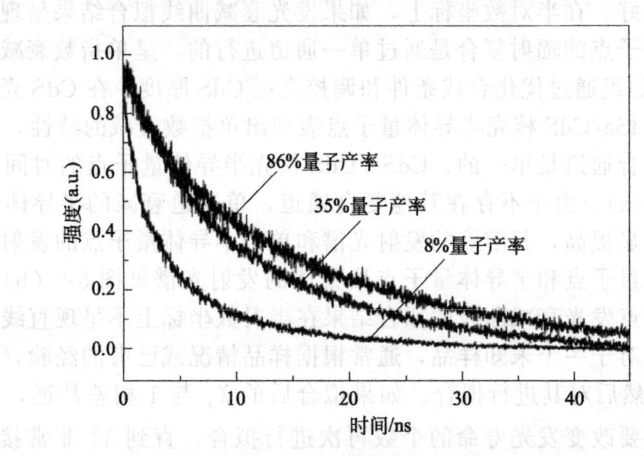

图 5-10 不同量子产率的 CdSe 半导体量子点的时间分辨光致发光光谱

率是发射光子数与吸收光子数的比值，即 $\mathrm{PLQY}=\dfrac{\text{发射光子数}}{\text{吸收光子数}}$。

量子产率的测量方法通常分为相对法和绝对法两种。“绝对”量子产率的测量需要更加复杂的仪器，而“相对”量子产率的测量则相对较为简单。无论是理论研究还是实际需要，量子产率的测量都有着非常重要的意义。然而，目前还没有一种理想的量子产率测量方法，一般要根据不同的测量对象选择不同的测量方法。

虽然半导体量子点绝对量子产率的测量非常重要（绝对量子产率不需要标准样品作为参比，其测量误差相对较小），然而，由于绝对量子产率测量方法相对比较复杂，常常受到激发波长、光源和样品浓度等的影响而使得测量结果有所不同，因此采用相对量子产率测量方法来衡量低浓度半导体量子点溶液的量子产率相对来说较为方便和简单，往往会起到事半功倍的效果。对于低浓度的半导体量子点溶液，发光强度与激发光强度和半导体量子点溶液的关系如下：$I_F=2.303KI_0\varepsilon lC$。式中，$K$ 为与半导体量子点溶液样品发射能力有关的系数；ε 为消光系数；I_0 为入射光强度；l 为样品中光通过的路径长度；C 为半导体量子点浓度。根据低浓度条件下的朗伯-比尔定律，上式可以表示为：$I_F=2.303KI_0A$。式中，吸光度 $A=\varepsilon lC$。应当注意的是，上式只适用于样品的浓度比较低时，一般是吸光度在 0.05 以下。在同一测试仪器和激发光强度的情况下，通过对比低浓度半导体量子点溶液和标准样品溶液的发射强度和吸收强度来决定 QY_{QD}，公式如下：

$$QY_{QD}=\frac{A_{ST}I_{QD}n_{QD}^2}{A_{QD}I_{ST}n_{ST}^2}QY_{ST}$$

式中，QY_{QD} 和 QY_{ST} 分别表示半导体量子点和标准样品的量子产率；A_{QD} 和 A_{ST} 分别表示激发波长处半导体量子点和标准样品的吸光度；n_{QD} 和 n_{ST} 分别表示两种样品所使用的溶剂折射率；I_{QD} 和 I_{ST} 分别代表半导体量子点和标准样品溶液的发射峰积分面积，半导体量子点和标准样品之间应该使用相同的激发波长。

半导体量子点的光致发光量子产率与其材料的纳米结构和组分等性能密切相关。以 CdSe 半导体量子点的合成为例，Cd 和 Se 前驱体的比例对于 CdSe 半导体量子点的量子产率有着非常重要的影响。图 5-11 给出了在不同比例的阴阳离子前驱体条件下量子产率随反应时间的变化情况。随着反应时间的延长，所得样品的发射峰峰位逐渐增加，而量子产率先增大后减小。Cd 前驱体用量较少时，所得样品的量子产率大于 Se 前驱体较少时的量子产率。对于核壳结构的 CdSe/CdS 半导体量子点，壳层厚度与量子产率密切相关。例如，浙江大学 Peng 课题组采用单前驱体和双前驱体合成方法制备了一系列具有不同壳层厚度的高质量闪锌矿晶型的 CdSe/CdS 半导体量子点，结果表明拥有中等壳层厚度的半导体量子点具有更高的量子产率；而当壳层厚度进一步增加时，量子产率明显降低。另外，他们还研究了不同表面处理方式对样品量子产率的影响，发现经过镉前驱体处理后的半导体量子点吸收和发射光谱变化不大；但是光致发光量子产率从处理前的 15% 提高至接近 100%，说明半导体量子点表面对其量子产率也有着非常重要的影响。不同壳层厚度的 CdSe/CdS 半导体量子点的光谱和量子产率与不同表面处理后 CdSe 半导体量子点的吸收和发射光谱以及量子产率的变化见图 5-12。

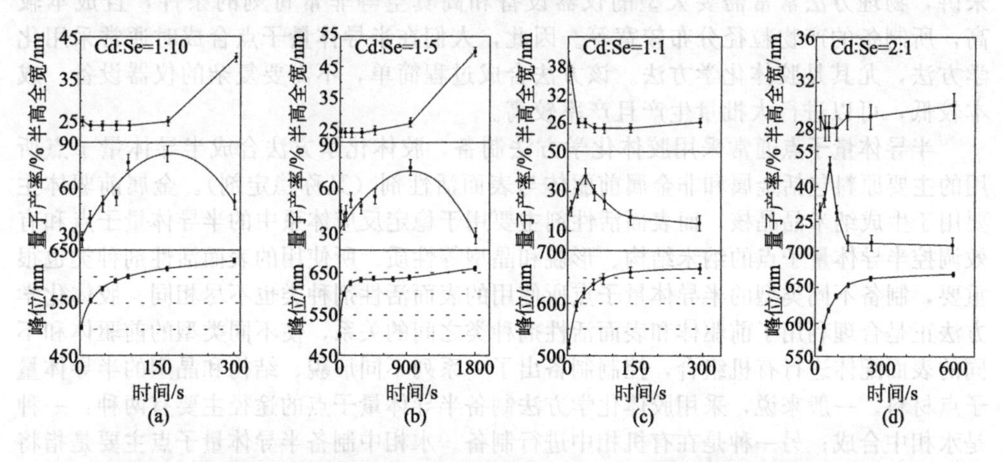

图 5-11 在不同比例的阴阳离子前驱体条件下量子产率随反应时间的变化情况

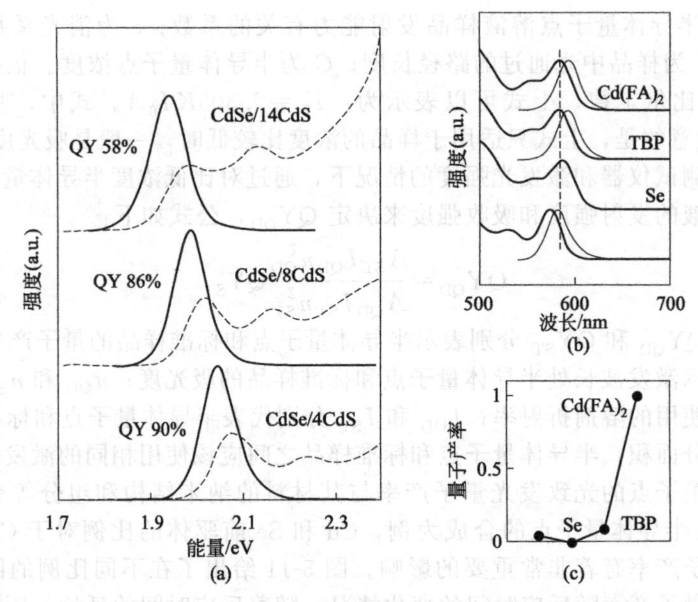

图 5-12 不同壳层厚度的 CdSe/CdS 半导体量子点的光谱和量子产率与不同表面处理后 CdSe 半导体量子点的吸收和发射光谱以及量子产率的变化

5.5 半导体量子点的合成

半导体量子点的合成是纳米材料领域派生出来的含有丰富科学内涵的一个重要分支。经过近 30 年的发展，目前半导体量子点合成方法已基本成熟，通常可分为物理方法和化学方法。物理方法主要包括分子束外延法、飞秒激光烧蚀法等；而化学方法主要包括溶胶凝胶法、胶体化学法、热分解法、水热（溶剂热）法等。一般来讲，物理方法常常需要大型的仪器设备和高真空等非常苛刻的条件，且成本较高，所制备的产物粒径分布较宽等。因此，人们在半导体量子点合成时通常采用化学方法，尤其是胶体化学方法。该方法合成过程简单，不需要复杂的仪器设备，成本较低，可以进行大批量生产且产率较高。

半导体量子点通常采用胶体化学方法制备，胶体化学方法合成半导体量子点所用的主要原料包括金属和非金属前驱体与表面活性剂（又称稳定剂）。金属前驱体主要用于生成纳米晶晶核，而表面活性剂主要用于稳定反应体系中的半导体量子点和有效调控半导体量子点的纳米结构、形貌和晶型等性质。所使用的表面活性剂种类也很重要，制备不同类型的半导体量子点所使用的表面活性剂种类也不尽相同。胶体化学方法正是合理利用了前驱体和表面活性剂种类之间的关系，使不同类型的前驱体和不同的表面配体进行有机组合，控制制备出了一系列不同形貌、结构和晶型的半导体量子点材料。一般来说，采用胶体化学方法制备半导体量子点的途径主要有两种：一种是水相中合成；另一种是在有机相中进行制备。水相中制备半导体量子点主要是指将金属和非金属的水相前驱体溶液在无氧环境下混合反应制备半导体量子点。该方法制备成本较低，对环境友好且操作简单，制备的半导体量子点由于具有水溶性特点可用于生物医学领域。但是，水相制备的半导体量子点结晶性差，反应时间较长，形貌不容易控制且发光量子产率不高。而有机相中制备半导体量子点是指在高温有机溶剂中，将金属前驱体和非金属前驱体或表面配体混合制备出半导体量子点。该方法合成温度较高，制备出的材料结晶性好，形貌可以通过调控表面配体进行有效控制，半导体量子点的发光效率较高，但是，制备出的半导体量子点材料是油溶性的，不适合直接应用于生物医学领域，在光电子器件领域有着潜在的应用。

半导体量子点的合成对于半导体量子点的性能调控及其功能化有着非常重要的作用，实现半导体量子点生长过程的控制并能够精确调控其尺寸、形貌、结构和组成是半导体量子点合成的主要目标。结晶动力学是半导体量子点合成的理论基础，其形成过程主要包括快速成核阶段和缓慢生长阶段。在成核阶段，前驱体在高温下快速分解，在溶液中形成过饱和单体，引发迅速的成核过程。随着反应进行，溶液中的单体浓度迅速降低；当低于成核的临界浓度时，溶液中剩余的单体不会形成新的晶核，而是在已经形成的晶核上继续生长，进入缓慢生长阶段。目前报道的半导体量子点成核和生长过程的理论模型较多，比较受关注的半导体量子点生长的理论模型主要包括 LaMer 理论、Ostwald 熟化机制等。其中，LaMer 理论偏重于成核，而 Ostwald 熟化机制偏重于生长。LaMer 理论将成核生长过程分为三个阶段：在第一个阶段，单体浓度逐渐增加至饱和状态，该过程中没有纳米颗粒生成；在第二个阶段，单体浓度过饱和，到一定程度后开始大量成核，此时单体浓度迅速下降；在第三个阶段，单体浓度下降直至成核终止。LaMer 理论的生长机制示意图见图 5-13。而 Ostwald 熟化机制是以热力学理论为基础的，根据 Gibbs-Thompson（吉布斯-汤普森）理论，小尺寸颗粒具有较高的表面能，其周围的单体浓度大于大尺寸颗粒周围的单体浓度，两者之间的浓度差造成单体的扩散；随着小颗粒周围的单体浓度不断降低，导致小尺寸颗粒开始溶解，大尺寸颗粒继续生长，直至达到平衡。Ostwald 熟化机制的生长示意图见图 5-14。

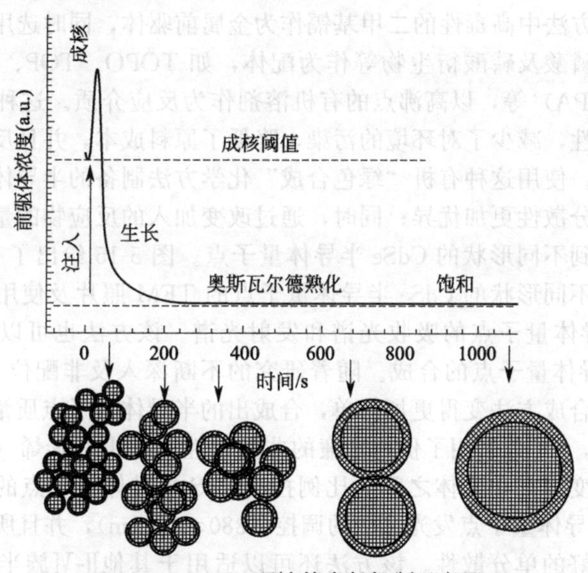

图 5-13 LaMer 理论的生长机制示意图

目前，利用胶体量子点合成方法已经成功制备出Ⅱ-Ⅵ族、Ⅲ-Ⅴ族、Ⅳ-Ⅵ族和Ⅰ-Ⅲ-Ⅵ族等不同类型的半导体量子点，下面将对这些半导体量子点的合成方法进行介绍。

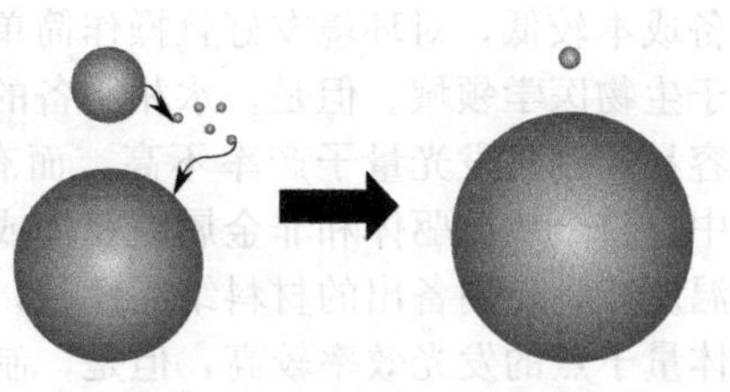

图 5-14 Ostwald 熟化机制的生长示意图

5.5.1 Ⅱ-Ⅵ族半导体量子点

Ⅱ-Ⅵ族半导体量子点包括镉基和锌基硫属化物半导体量子点，其发射波长可以覆盖紫外到红光的整个可见光区，甚至于可以调控到近红外光区。不同类型的Ⅱ-Ⅵ族半导体量子点的性质和应用与其合成方法有着密切联系，下面将重点介绍典型的Ⅱ-Ⅵ族半导体量子点的合成方法及其相关的表征和光学性能。

(1) 高温油相热注入方法

1993 年，半导体量子点的合成方法有了一次较大的突破，麻省理工学院的 Bawendi 课题组最先采用高温油相合成方法制备出了高质量的 CdE（E=S、Se、Te）半导体量子点。该方法将硒粉溶解在三辛基膦（TOP）中，与有机金属前驱体二甲基镉[$Cd(CH_3)_2$]反应，通过选择合适的前驱体材料及控制反应温度，首次制备出粒径在 1.2～11.5nm 范围内尺寸均一的 CdSe 半导体量子点。该反应中使用的表面活性剂为 TOP 和三正辛基氧化膦（TOPO）。但是，该方法的反应条件过于苛刻，且前驱体具有较强的毒性和自燃性，原料价格昂贵，在室温下不稳定，需要高压储存；需要严格的无氧无水操作，不利于大规模的生产。随后，研究者们在上述方法的基础上，不断地对半导体量子点合成工艺进行改进，并取得了较大进展。其中，Peng 等发明的有机“绿色化学”合成方法是对 Bawendi 合成方法较为成功的改进。在该方法中，使用毒性较小的金属氧化物（如 CdO 等）或者金属盐［如 $Cd(CH_3COO)_2$ 和硬脂酸镉等］来代替上述方法中高毒性的二甲基镉作为金属前驱体，同时选用长烷基链的脂肪酸、脂肪胺或亚磷酸及磷酸衍生物等作为配体，如 TOPO、TOP、十六胺（HAD）、硫代二丙酸（TDPA）等，以高沸点的有机溶剂作为反应介质。这种方法有效降低了整个反应的危险性，减少了对环境的污染，降低了原料成本，并且反应条件也较传统的方法简单温和。使用这种有机“绿色合成”化学方法制备的半导体量子点，其光学性质和颗粒的单分散性更加优异；同时，通过改变加入的反应物的量以及烷基链配体的浓度，可以得到不同形状的 CdSe 半导体量子点。图 5-15 给出了有机“绿色化学”合成方法制备的不同形状的 CdSe 半导体量子点的 TEM 照片及使用不同烷基链配体制备的 CdSe 半导体量子点的吸收光谱和发射光谱。该方法也可以拓宽到高质量的 CdS 和 CdTe 半导体量子点的合成。随着研究的不断深入及非配位有机溶剂的使用，半导体量子点的合成方法变得更加简单，合成出的半导体量子点质量更好，合成过程更加安全。例如，Yu 等采用了价格低廉的非配位性溶剂十八碳烯（ODE）作为高沸点溶剂，通过改变溶剂和配体之间的比例控制 CdS 半导体量子点的生长，实现了对不同尺寸 CdS 半导体量子点发光范围的调控（380～460nm），并且所制备的 CdS 半导体量子点具有较好的单分散性。该方法还可以适用于其他Ⅱ-Ⅵ族半导体量子点的合成。虽然有机“绿色化学”合成方法简化了合成过程，但是半导体量子点合成过程中还会使用三丁基膦（TBP）或 TOP 等含膦的表面活性剂来合成 Se 前驱体，不利于环保。2005 年，Zou 和 Mulvaney 等分别报道了采用价格低廉的液体石蜡和十八碳烯溶解硒粉作为 Se 前驱体合成出了高质量的 CdSe 半导体量子点，无膦法合成半导体量子点是半导体量子点合成的又一大进展。无膦法的合成路线不但避免了使用易燃且价格昂贵的有机金属化合物和配位溶剂，而且还避免了使用含膦化合物 TOP 和 TBP。

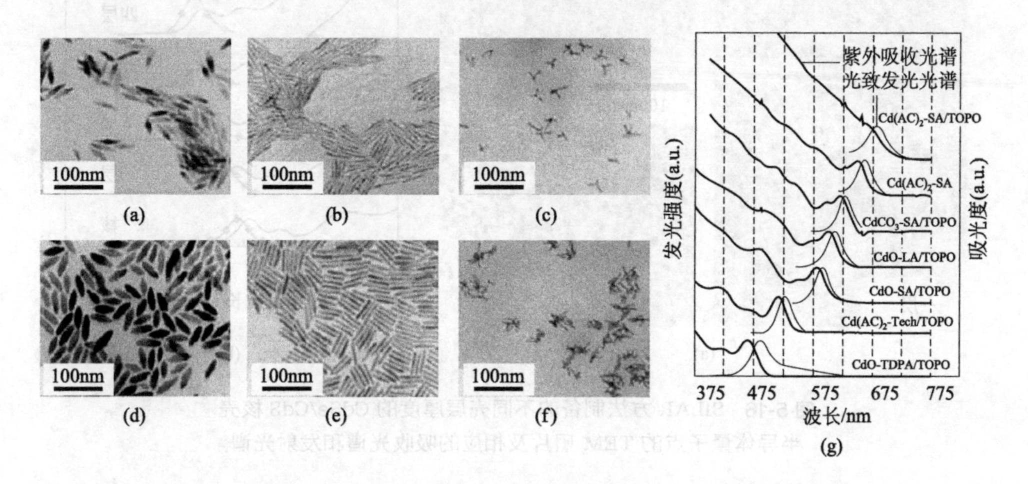

图 5-15 有机“绿色化学”合成方法制备的不同形状的 CdSe 半导体量子点的 TEM 照片及使用不同烷基链配体制备的 CdSe 半导体量子点的吸收光谱和发射光谱

尽管研究者们采用高温油相合成方法在Ⅱ-Ⅵ族半导体量子点的合成方面取得了较大进步，但是由于这些裸核的半导体量子点光致发光量子产率还有待进一步提高，因此可在其表面外延生长一层宽带隙的无机半导体壳层形成核壳结构，有效降低半导体量子点裸核表面的缺陷数目。1990 年，Kortan 等首次提出了核壳结构的概念，证明了在 CdSe 半导体量子点表面包覆一层 ZnS 壳层能够显著提高半导体量子点的发光效率，还能够抑制缺陷态发射，之后采用相似的方法制备出了高质量的 CdSe/CdS 核壳结构半导体量子点。但是，由于外延生长壳层会引起半导体量子点的尺寸分布变宽，使其发射光谱的半高宽较宽。2003 年，Peng 等提出连续离子层吸附与反应（SILAR）方法用于合成 CdSe/CdS 核壳半导体量子点，得到了不同壳层厚度的核壳半导体量子点。在该方法中，壳层的生长是通过在半导体量子点核溶液中注入阴、阳离子前驱体溶液实现壳层的控制。这样通过胶体引入前驱体可以使前驱体尽可能生长到原有半导体量子点上，可抑制自成核过程的发生。随着 CdS 壳层厚度的增加，半导体量子点尺寸明显增大，保持了较好的形貌和较窄的尺寸分布，并且其吸收光谱和发射光谱随着壳层厚度的增加而发生红移。图 5-16 给出了 SILAR 方法制备的不同壳层厚度的 CdSe/CdS 核壳半导体量子点的 TEM 照片及相应的吸收光谱和发射光谱。近年来，该课题组采用单前驱体外延生长的方式，通过控制反应条件如 CdSe 核半导体量子点浓度、反应配体和前驱体种类等合成出了一系列不同壳层厚度的核壳半导体量子点；结果发现外延生长 4～16 层的闪锌矿 CdSe/CdS 核壳半导体量子点具有优异的发光效率，并且有着单指数发光通道。

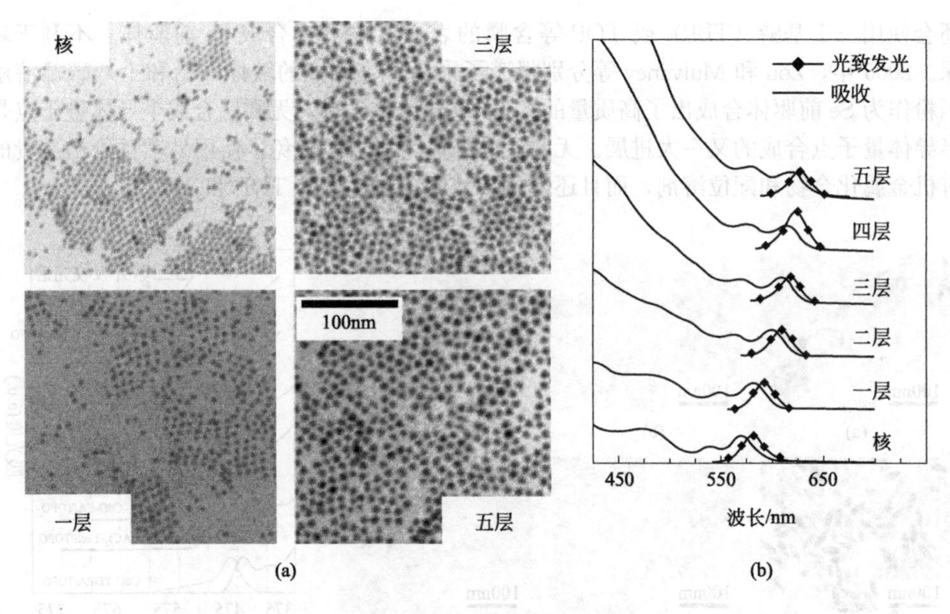

图 5-16 SILAR 方法制备的不同壳层厚度的 CdSe/CdS 核壳半导体量子点的 TEM 照片及相应的吸收光谱和发射光谱

除了镉基硫属化物半导体量子点，高温油相热注入法还用于制备锌基硫属化物半导体量子点，如 ZnSe、ZnTe 等。Dai 等以 ZnO 和硒粉作为前驱体，以橄榄油作为有机溶剂采用热注入法制备出了 ZnSe 半导体量子点，通过调控前驱体比例可以有效调控半导体量子点尺寸，其吸收峰位从紫外区变化到蓝光区域。Zhong 等使用硬脂酸锌作为前驱体，以 TOP 和 ODE 作为有机溶剂制备出了 ZnSe 半导体量子点；为了提高其发光效率，他们将 Cd 和 Se 的前驱体溶液通过 SILAR 方法滴加至 ZnSe 核溶液中，反应一段时间后制备出了 ZnSe/CdSe 核壳半导体量子点，其吸收峰和发射峰随着壳层厚度的增加而发生明显红移。不同壳层厚度的 ZnSe/CdSe 核壳半导体量子点的吸收光谱和发射光谱见图 5-17。

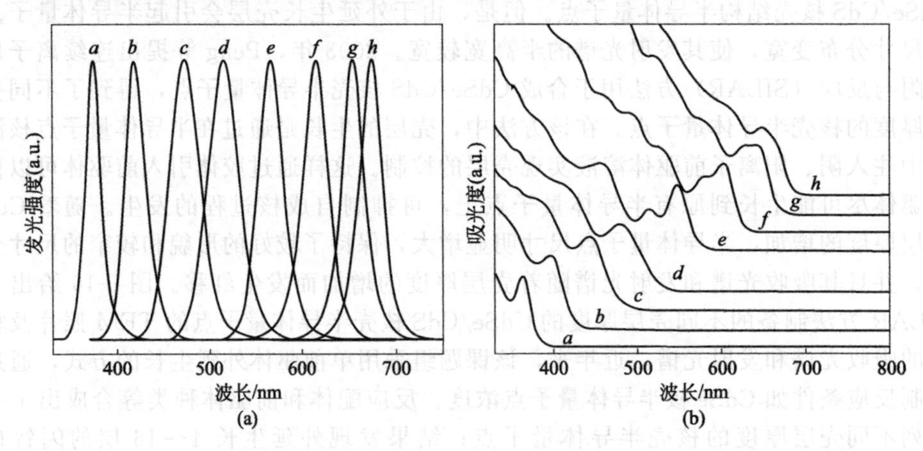

图 5-17 不同壳层厚度的 ZnSe/CdSe 核壳半导体量子点的吸收光谱和发射光谱

(2) 水相合成方法

虽然高温油相热注入方法合成的半导体量子点具有发光效率高、尺寸均一且形貌可控等优点，但是其操作过程相对较为复杂，不利于大规模生产。特别是这种方法制备的半导体量子点大多都是油溶性的，而生物分子一般都是水溶性的，这就在很大程度上限制了半导体量子点在生物医学方面的应用。虽然现在有一些方法可以将油相中合成的半导体量子点经过表面修饰使其具有生物亲合性，但是配体交换过程会造成半导体量子点的发光效率降低，且该过程也较为复杂，增加了操作程序。目前，水相合成法广泛应用于水溶性半导体量子点的制备，该方法使用的表面活性剂大部分都是短链的小分子巯基化合物。1993 年，Nozik 等以巯基甘油作为配体，在水相中成功合成出粒径小且尺寸分布范围窄，能够在空气中稳定存在的 CdTe 半导体量子点。巯基常温水相法的反应前驱体主要采用离子型化合物，配体主要为巯基类小分子，如巯基乙酸、巯基丙酸、巯基乙醇、巯基乙胺等，通过加热回流反应物的水溶液来促使半导体量子点的成核和生长。之后，Rogach 等采用水相合成方法，以不同的巯基化合物作为表面活性剂制备出了表面带有不同功能基团的 CdSe 半导体量子点；半导体量子点的尺寸与巯基化合物有着密切联系，这些小尺寸的半导体量子点表现出明确的激子吸收特性。Gao 等在半导体量子点水相合成方面做了许多有突破性的工作，他们以巯基丙酸作为配体，通过巯基与半导体量子点表面的镉原子配位来调控半导体量子点的生长；通过 $CdCl_2$ 与 NaHTe 反应得到了尺度均一且效率较高的 CdTe 量子点，在一定 pH 值范围内调控羧基与阳离子的比例可有效改善半导体量子点的发光效率。在之后的工作中，他们发现半导体量子点表面的巯基化合物在光照下可释放出硫离子而与表面的镉离子结合形成 CdS 壳层，从而提高了半导体量子点的发光效率，其最高发光效率可达到 85%。巯基乙酸修饰的 CdTe 半导体量子点在光照下的吸收光谱和发射光谱、发光峰位和量子产率随着光照时间的变化以及室温下半导体量子点溶液照片见图 5-18。之后，他们采用油水相微乳液的方法在半导体量子点表面上包覆一层 SiO_2 壳层，提高了水溶性半导体量子点的稳定性和发光性能。目前，水相合成法已成功制备出一系列Ⅱ-Ⅵ族半导体量子点材料，如 ZnSe、CdS、ZnS 和 ZnTe 等；并且在此基础之上合成出水溶性的核壳结构半导体量子点，如 CdSe/ZnS、CdTe/CdS 等。与高温油相热注入法相比较，巯基水相合成法存在明显的缺点，如发光峰半高宽较大、合成长波长半导体量子点的反应时间太长。

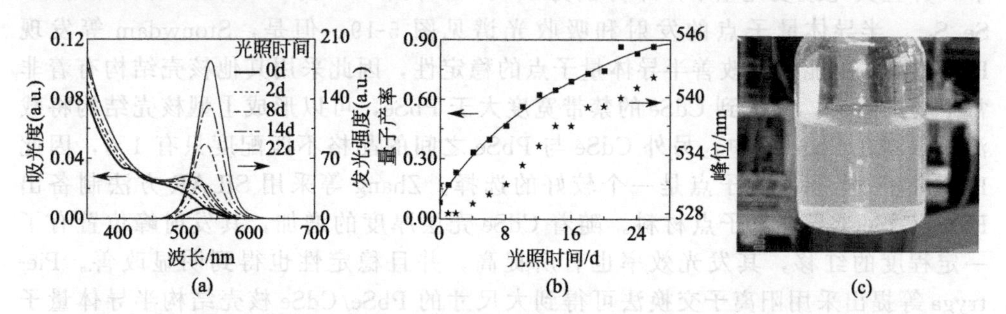

图 5-18 巯基乙酸修饰的 CdTe 半导体量子点在光照下的吸收光谱和发射光谱（a）、发光峰位和量子产率随着光照时间的变化（b）以及室温下半导体量子点溶液照片（c）

因此，在巯基水相合成法的基础上，许多课题组发展了微波和超声辅助合成方法来制备水溶性半导体量子点。例如，Huang 课题组采用微波辅助方法在水相中合成出 CdTe 半导体量子点，在反应初期（15min），其光致发光量子产率可以达到 82%，发射峰的半高全宽窄达 27nm；对半导体量子点进行光照处理后，其量子产率可以达到 98%。另外，他们的课题组还采用该方法制备了水溶性的核/壳/壳结构的 CdTe/CdS/ZnS 半导体量子点，其不仅有着较高的光致发光量子产率（40%～80%），而且还具有非常好的光学稳定性；同时，最外层的 ZnS 层降低了重金属离子 Cd^{2+} 的毒性，非常适合在生物医学上应用。目前，这种方法已广泛应用于合成 ZnS、CdS、ZnSe 等及核壳结构 CdTe/CdS、CdTe/CdS/ZnS 半导体量子点。

5.5.2 Ⅳ-Ⅵ族半导体量子点

Ⅳ-Ⅵ族半导体量子点主要是铅基和锡基量子点，包括 PbTe、PbSe、PbS 和 SnSe 等。它们都是窄带隙材料，其发光范围主要集中在近红外区域。与Ⅱ-Ⅵ族半导体量子点相比，Ⅳ-Ⅵ族半导体量子点具有较小的电子和空穴有效质量、较大的介电常数和有效激子玻尔半径，通常应用于光电探测器和生物医学标记等领域。下面将对Ⅳ-Ⅵ族半导体量子点的合成方法及表征和光学性质进行介绍。

2001 年，Chen 等在高温条件下（100～200℃）通过金属有机前驱体共沉淀方法合成出了高质量的 PbSe 半导体量子点，其尺寸在 5～10 nm 之间。2003 年，Bawendi 等采用高温油相热注入法合成出粒径分布均匀的 PbSe 半导体量子点，通过调控半导体量子点尺寸其发射波长可以从 1.32μm 调控到 1.56μm；但是当半导体量子点暴露在空气中时，其发光强度显著下降。为了提高发光效率和稳定性，借鉴Ⅱ-Ⅵ族核壳结构半导体量子点的合成方法，研究者们制备出 PbSe/PbS 和 PbSe/CdSe 核壳结构半导体量子点，其发光效率和稳定性得到了显著提升。例如，Lifshitz 等以乙酸铅、TOPSe 和 TOPS 作为前驱体，油酸作为表面活性剂，二苯醚作为有机溶剂合成出核壳结构 PbSe/PbS 和 $PbSe/PbSe_xS_{1-x}$ 半导体量子点；通过改变半导体量子点的尺寸和组分，其发射峰可以在 1～2μm 之间进行调节，并且其光致发光量子产率分别为 40%～50%和 65%。PbSe/PbS 和 PbSe/Pb-Se_xS_{1-x} 半导体量子点的发射和吸收光谱见图 5-19。但是，Stouwdam 等发现 PbS 壳层并不能有效改善半导体量子点的稳定性，因此采用其他核壳结构有着非常重要的意义。考虑到 CdSe 的禁带宽度大于 PbSe，可以形成Ⅰ型核壳结构将载流子限制在 PbSe 核中，另外 CdSe 与 PbSe 之间的晶格不匹配度只有 1%，因此 PbSe/CdSe 半导体量子点是一个较好的选择。Zhang 等采用 SILAR 方法制备出 PbSe/CdSe 半导体量子点材料。随着 CdSe 壳层厚度的增加，其发射峰位置有了一定程度的红移，其发光效率也有所提高，并且稳定性也得到明显改善。Pietryga 等提出采用阳离子交换法可得到大尺寸的 PbSe/CdSe 核壳结构半导体量子点，他们利用 PbSe 半导体量子点表面的铅离子会与溶液中的镉离子交换这一原理得到了目标产物，其光谱稳定性得到提高。但是，该方法合成的 PbSe/CdSe 核壳半导体量子点很难精确控制 CdSe 的厚度。高温油相热注入方法还用于制备 PbS 和 PbTe 半导体量子点，例如 Hines 等制备出不同尺寸的 PbS 半导体量子点，其吸收光谱范围从 800nm 增加到 1800nm，其发射光谱也呈现出较窄的半峰宽和对称的峰型。Lu 等制备出了不同尺寸的 PbTe 半导体量子点，其第一激子吸收峰位置从 1009nm 变换到 2054nm，其发射峰主要来自带边复合。与铅基Ⅳ-Ⅵ族半导体量子点相比，有关锡基硫属化物半导体量子点合成与发光性能的报道较少。例如，Hichey 等采用与 CdS 半导体量子点相似的合成方法制备出了 SnS 半导体量子点，通过改变表面活性剂的比例对其形貌进行调控，其吸收光谱没有明显的激子吸收峰。

除了高温油相注入法外，水相合成法也被用于合成 PbS 半导体量子点。Zhao 等采用巯基乙酸和二巯基丙醇作为表面活性剂在水相中制备出了 PbS 半导体量子点，通过调控表面活性剂和铅前驱体的比例，可以调控 PbS 半导体量子点的吸收和发射光谱范围以及光致发光量子产率。水相合成Ⅳ-Ⅵ族半导体量子点的研究报道相对较少，并且其发光效率普遍较低，形貌调控不如油相合成方法容易。

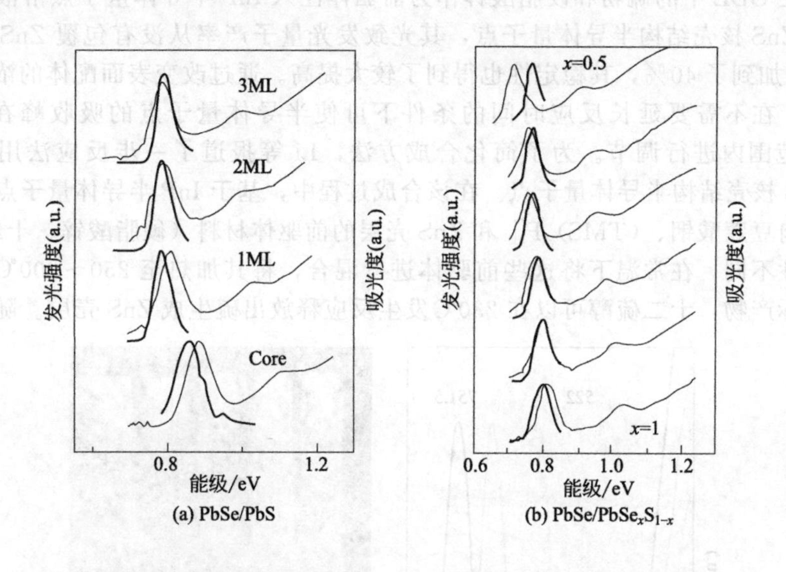

图 5-19 PbSe/PbS 和 PbSe/PbSe$_x S_{1-x}$ 半导体量子点的发射光谱和吸收光谱

5.5.3 Ⅲ-Ⅴ族半导体量子点

Ⅲ-Ⅴ族半导体量子点主要是铟基和镓基量子点，包括 InP、InAs、GaP 和 GaAs 等，它们的发光范围主要集中在可见光区和近红外区域。与Ⅱ-Ⅵ和Ⅳ-Ⅵ族半导体量子点相比，Ⅲ-Ⅴ族半导体量子点具有其独特之处，尤其是镉基和铅基量子点的毒性限制了其进一步应用，因此Ⅲ-Ⅴ族半导体量子点近年来成为研究者们关注的重点。但是，Ⅲ-Ⅴ族半导体材料具有共价键结构，其高质量量子点的合成有一定的困难。早期的 InP 半导体量子点的合成方法主要借鉴 CdSe 半导体量子点的合成方法，但是需要较长的反应时间（3～7d）来获得较好的颗粒结晶度，并且合成的 InP 半导体量子点发光性能较差，在发射光谱中存在缺陷态发光，其光致发光量子产率通常低于 1%。后来，Talapin 等通过在 InP 半导体量子点表面进行 HF 处理去除了表面多余的磷原子减少了缺陷态，通过尺寸选择光刻处理使 InP 半导体量子点的尺寸从 1.7nm 调控到 6.5nm，得到了带边复合发光，其发光颜色也从绿色调控到近红外光，且量子产率提升到 20%～40%。HF 光刻处理后不同尺寸 InP 半导体量子点的吸收光谱和发射光谱以及室温下光照前和光照后的水溶液照片见图 5-20。Peng 等使用不同链长的脂肪酸作为表面配体，通过调控铟前驱体和脂肪酸的比例制备了 InP 半导体量子点，他们发现脂肪酸的碳链越长，其成核和生长的过程就越慢。因此，选用中等链长的脂肪酸可以平衡成核反应和生长速度。但是，InP 半导体量子点在空气中的稳定性较差，在空气中放置一段时间后会被氧化而造成光学性能变化。因此，2007 年 Xie 等采用两步法制备出了 InP/ZnS 核壳结构半导体量子点。他们首先将乙酸铟和三甲基硅基磷［$(TMS)_3P$］在低沸点的正辛胺中于相对较低的温度下（190℃）合成出高质量的 InP 半导体量子点核，之后将溶解在 ODE 中的硫粉和硬脂酸锌作为前驱体注入 InP 半导体量子点溶液中得到了 InP/ZnS 核壳结构半导体量子点，其光致发光量子产率从没有包覆 ZnS 壳层前的 1%增加到了 40%，其稳定性也得到了较大提高。通过改变表面配体的浓度和碳链长度，在不需要延长反应时间的条件下可使半导体量子点的吸收峰在 390～720nm 范围内进行调节。为了简化合成方法，Li 等报道了一步反应法用于合成 InP/ZnS 核壳结构半导体量子点。在该合成过程中，基于 InP 半导体量子点核的前驱体［肉豆蔻酸铟、$(TMS)_3P$］和 ZnS 壳层的前驱体材料（硬脂酸锌、十二硫醇）反应活性不同，在常温下将这些前驱体进行混合，将其加热至 250～300℃，可以获得目标产物，十二硫醇可以在 230℃发生反应释放出硫生成 ZnS 壳层。随着反应

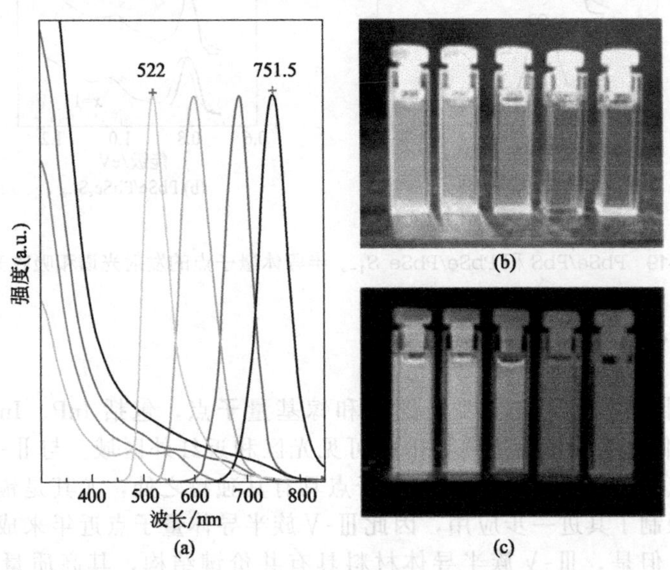

图 5-20 HF 光刻处理后不同尺寸 InP 半导体量子点的吸收光谱和发射光谱以及室温下光照前和光照后的水溶液照片

时间的延长，其发射峰可以在 480～600nm 范围之间进行调节，其量子产率最高可以达到 70%。InP/ZnS 核壳结构半导体量子点的示意图、吸收光谱图以及紫外灯照射下的发光照片，一步反应法合成的 InP/ZnS 半导体量子点的吸收和发射光谱图、紫外灯照射下的发光照片以及不同波长范围下半导体量子点的量子产率和半峰宽的关系见图 5-21。2017 年，Koh 等探讨了 InP 合成过程中 Zn 前驱体存在的作用。结果显示，在 InP 合成的初始阶段，Zn 前驱体的存在可以与磷前驱体形成中间体，相对于 In-P 中间体具有较低的活性，可以减缓半导体量子点的生长过程，从而使半导体量子点的尺寸分布及发射光谱的半峰宽变窄。他们通过实验和理论计算相结合的手段很好地解释了 InP 半导体量子点的成核和生长过程，这对于合成高质量且单分散的 InP 半导体量子点非常重要。

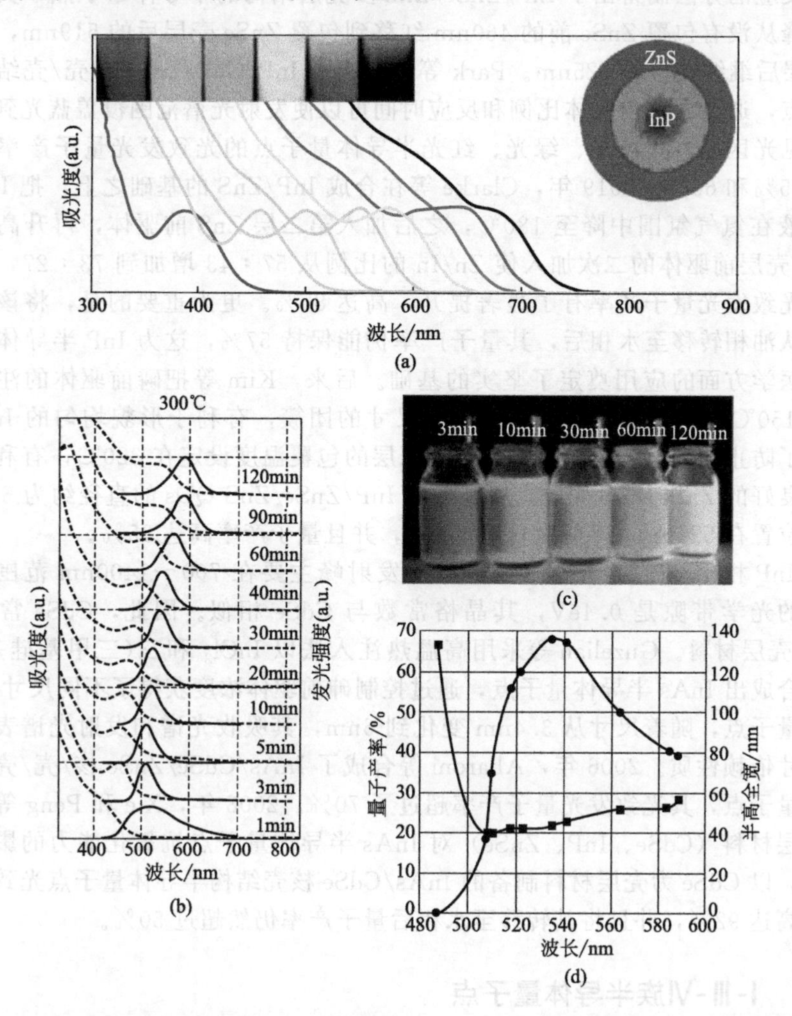

图 5-21　InP/ZnS 核壳结构半导体量子点的示意图、吸收光谱图以及紫外灯照射下的发光照片，一步反应法合成的 InP/ZnS 半导体量子点的吸收光谱和发射光谱、紫外灯照射下的发光照片以及不同波长范围下半导体量子点的量子产率和半峰宽的关系

然而 InP 和 ZnS 之间的晶格失配度高达 7.7%，会造成核芯和壳层之间形成界面张力，产生缺陷，影响其发光性能。因此，寻找与 InP 晶格失配度较低的材料作为壳层材料非常重要。InP 与 ZnSe 的晶格失配度为 3.4%，InP 与 GaP 同属于Ⅲ-Ⅴ族，因此 ZnSe 和 GaP 常被用作制备 InP/ZnSe 和 InP/GaP 核壳结构的壳层材料。Tessier 等以 ZnSe 作为壳层材料制备了 InP/ZnSe 核壳结构半导体量子点，其发射峰的半高宽比 InP/ZnS 半导体量子点更窄。考虑到 ZnSe 的光学带隙较窄，对电子和空穴的限制能力较弱，为了进一步提高 InP 半导体量子点的发光性能和稳定性，可以在 InP 和 ZnS 之间引入中间壳层 ZnSe 或 GaP 形成梯度型势垒；壳层合金化在某种程度上还可以减小核壳界面处的界面张力。例如，Kim 等采用连续离子层吸附反应的方法制备出了 InP/ZnSe/ZnS 多壳层结构的半导体量子点，其第一激子吸收峰从没有包覆 ZnSe 前的 460nm 红移到包覆 ZnSe 壳层后的 519nm，当包覆 ZnS 壳层后继续红移到 525nm。Park 等合成出了 InP/GaP/ZnS 核/壳/壳结构半导体量子点，通过调节前驱体比例和反应时间可以使发射光谱范围覆盖蓝光到红光的整个可见光区域，其蓝光、绿光、红光半导体量子点的光致发光量子产率分别为 40%、85%和 60%。2019 年，Clarke 等在合成 InP/ZnS 的基础之上，把 InP/ZnS 的原溶液在氮气氛围中降至 180℃，之后加入第二层 ZnS 前驱体，再升高温度至 240℃，壳层前驱体的二次加入使 Zn/In 的比例从 57∶43 增加到 73∶27，得到的量子点光致发光量子产率有了显著提升，高达 85%。更为重要的是，将该半导体量子点从油相转移至水相后，其量子产率仍能保持 57%，这为 InP 半导体量子点在生物医学方面的应用奠定了坚实的基础。后来，Kim 等把磷前驱体的注入温度设定在 150℃以便控制反应速率形成大尺寸的团簇，有利于形貌均匀的 InP 核形成；为了防止壳层的各向异性生长，把壳层的包覆温度设定在 320℃，有利于形成结晶性良好的 ZnSe/ZnS 壳层。所制备的 InP/ZnSe/ZnS QDs 的直径约为 6nm，发射峰的位置在 528nm，半峰宽仅有 36nm，并且量子产率高达 95%。

与 InP 相比，InAs 半导体量子点的发射峰主要在 700～1400nm 范围内，其体材料的光学带隙是 0.4eV，其晶格常数与 CdSe 相似。因此，CdSe 常被选作 InAs 的壳层材料。Guzelian 等采用高温热注入法以 $InCl_3$ 和三(三甲基硅基)砷为前驱体合成出 InAs 半导体量子点，通过控制砷前驱体浓度获得了不同尺寸的 InAs 半导体量子点，随着尺寸从 3.4nm 变化到 6nm，其吸收光谱和发射光谱表现出明显的尺寸依赖性质。2006 年，Aharoni 等合成了 InAs/CdSe/ZnSe 核/壳/壳结构的半导体量子点，其光致发光量子产率超过了 70%。2008 年，Xie 和 Peng 等探讨了不同壳层材料（CdSe、InP、ZnSe）对 InAs 半导体量子点抗氧化能力的影响。结果显示，以 CdSe 为壳层材料制备的 InAs/CdSe 核壳结构半导体量子点光致发光量子产率高达 92%，并且将其转移至水相后量子产率仍然超过 50%。

5.5.4 Ⅰ-Ⅲ-Ⅵ族半导体量子点

Ⅰ-Ⅲ-Ⅵ族半导体量子点主要包括多元硫属铜基和银基量子点材料，其中Ⅰ一般是指 Ag 和 Cu；Ⅲ主要是 In、Ga 和 Al；而Ⅵ是指 S、Se 和 Te 等。这类材料通常所含的元素毒性较小，对环境友好，适合用于生物医学和光电器件等领域。在一般情况下，Ⅰ-Ⅲ-Ⅵ族半导体量子点，包括 $CuInS_2$、$CuGaS_2$ 或 $AgInS_2$ 等，阳离子通常是非化学计量比的，会产生阳离子空位或者间隙原子。在一般情况下，阳离子空位会充当受主能级，而阴离子或者阳离子替代位会充当施主能级，从而会造成施主-受主对（DAP）复合，使得发射光谱有所展宽。虽然这些半导体量子点材料也可以通过元素调控其发光性能，但发光效率和色纯度等方面与Ⅱ-Ⅵ或Ⅲ-Ⅴ族半导体量子点还有一定的差距。因此，Ⅰ-Ⅲ-Ⅵ族半导体量子点的合成引起了广大科学工作者的关注，并取得了长足进展。总的来说，Ⅰ-Ⅲ-Ⅵ族半导体量子点的合成借鉴了Ⅱ-Ⅵ族半导体量子点的合成方法，但是三元半导体量子点的组成要比二元半导体量子点复杂得多，因此其合成也相对较为复杂。例如，Cu 阳离子和 Ag 阳离子是软路易斯酸，而铟离子是硬路易斯酸，从而会使它们与阴离子的反应速率不同；由于反应活性的不同，会造成二元硫化亚铜或硫化铟的生成。因此，通常会引入一种路易斯碱来调节阳离子的反应活性，通常的方法是加入过量的有机配体（如硫醇等）作为溶剂，从而可以减少副反应的发生。2003 年，Castro 等通过高温降解单源前驱体 $(PPh_3)_2CuIn(SEt)_4$ 得到了 $CuInS_2$ 纳米材料，但是其发光性能较弱。2008 年，Panthani 等采用乙酰丙酮铜、乙酰丙酮铟作为金属前驱体，油胺作为溶剂，将硫粉溶解在邻二氯苯中作为硫前驱体，将上述混合物加热得到了黄铜矿四方形结构的 $CuInS_2$ 半导体量子点，通过调控油胺和金属前驱体的比例调控其粒径，其吸收带边为 1.3eV。为了抑制副反应的发生，引入弱路易斯碱类的烷基硫醇作为铜离子的配体，减小铜前驱体的反应活性。Xie 等系统探讨了硫醇浓度变化对所制备的 $CuInS_2$ 半导体量子点吸收带边的影响，结果发现其光学带隙强烈地依赖于硫醇的浓度。通过调控反应温度和反应时间对其尺寸进行调控，得到了一系列不同尺寸的 $CuInS_2$ 半导体量子点，其表现出明显的尺寸依赖特性。

Uehara 等通过引入铜空位到 Cu-In-S 体系中来调控其发光性能，当 Cu∶In∶S 原子比例为 1∶2.3∶4 时，可以观察到发光，但最大量子产率仅为 5%；而当 Cu∶In∶S 原子比例为 1∶1∶2 时，则观察不到发光现象。为了进一步提高 $CuInS_2$ 半导体量子点的发光性能，在 $CuInS_2$ 半导体量子点表面包覆一层宽带隙的壳层构筑核壳结构可有效减少表面缺陷态和其他非辐射复合的通道。例如，Li 等采用十二硫醇作为硫源和配体，在 $CuInS_2$ 半导体量子点表面包覆 ZnS 壳层，使得发光性能有了明显改善，其量子产率达到了 60%，发射峰可以在 550～815nm 范围内调节。但是，和传统的Ⅱ-Ⅵ族核壳结构半导体量子点相比，包覆 ZnS 壳层后的 Cu-In-S 半导体量子点吸收和发射峰位发生了蓝移而不是红移，这可能与阳离子交换或者表面结构重组有关。Park 等通过研究不同锌前驱体类型对 Cu-In-S/ZnS 核壳结构的影响发现，Cu-In-S 半导体量子点壳层部分的阳离子交换对光谱变化发挥了主要作用。除了包覆壳层形成壳层结构，将 $CuInS_2$ 与 ZnS 形成合金，通过组分调控构筑一类新型四元半导体量子点材料也是一种途径。但是由于 $CuInS_2$ 大部分为四方形晶相，而 ZnS 多为立方体或六方形晶相，形成同质合金半导体量子点需要两种物质晶格匹配。因此，为了构筑四元 Cu-In-Zn-S 合金型半导体量子点，合成立方体或六方形结构的 Cu-In-S 纳米晶非常重要。Pan 等首次用高温油相注入法制备出立方闪锌矿和六方纤锌矿结构的 $CuInS_2$ 纳米晶，其中通过调控阳离子前驱体比例可以调控纤锌矿型组分从 $Cu_3InS_{3.1}$ 到 $CuIn_{2.2}S_{3.8}$，通过改变温度和油胺的用量使尺寸在 3～30nm 范围内变化。在此基础之上，Pan 等利用油酸和十二硫醇作为配体制备出了 Cu-In-Zn-S 半导体量子点，其中二乙基二硫代氨基甲酸盐在非配位性溶剂 ODE 中发生热解反应生成合金半导体量子点，油胺的存在可以有效降低热分解温度从而减小阳离子反应活性之间的差异，有利于形成同质结的 Cu-In-Zn-S 半导体量子点。随着前驱体比例的变化，其吸收带宽可在较大范围内进行调控。Tang 课题组采用一步反应法制备出了 Cu-In-Zn-S 半导体量子点，通过改变 Cu 前驱体的用量可调控发光颜色从绿色变化到红色。不同 Cu 前驱体用量制备的 Cu-In-Zn-S 半导体量子点的吸收光谱和发射光谱以及室温下在紫外灯照射下溶液的发光数码照片见图 5-22。根据其生长过程中发射光谱的变化证明了 Cu-In-Zn-S 半导体量子点是由锌离子扩散进入 Cu-In-S 半导体量子点中发生了铜离子和锌离子交换后形成的。在其表面外延生长一层 ZnS 壳层后，其最大光致发光量子产率从 15%增加到 65%，且具有良好的固态发光性能。不同阳离子比例下制备的 Cu-In-Zn-S/ZnS 半导体量子点的吸收光谱和发射光谱以及紫外灯照射下的固体粉末发光照片见图 5-23。之后，他们发现包覆 ZnS 壳层后半导体量子点的发射峰位置较包覆前蓝移的程度不同，对于红色半导体量子点来说包覆 ZnS 壳层后光谱几乎没有移动，因此包覆壳层后半导体量子点发射光谱的移动与 ZnS 壳层的外延生长和阳离子扩散两个反应密切相关。他们通过一步反应法和连续离子沉积方法研究了发射光谱和吸收光谱的变化情况，结果发现锌离子的注射速度和注入量对发射光谱的移动有着非常重要的影响，说明 Cu-In-S 半导体量子点 ZnS 壳层的生长与铜-锌离子的交换是竞争关系。该课题组采用多步注射方法，通过调控 Zn 前驱体溶液的注射速度和注射量来调控 ZnS 壳层的生长，最终得到了量子产率高达 90%的核壳结构半导体量子点，且该材料呈现单指数衰减，说明多个非辐射复合的通道被抑制。多次注射 Zn 前驱体制备的 Cu-In-Zn-S/ZnS 半导体量子点的发射光谱和量子产率最高的样品的时间分辨光谱见图 5-24。Berends 等也研究了 $CuInS_2$ 半导体量子点的表面性质，前驱体的反应活性和反应温度对 ZnS 壳层生长的影响，结果表明高温反应得到的半导体量子点被乙醇清洗过且表面存在乙酸根离子时是有利于壳层生长

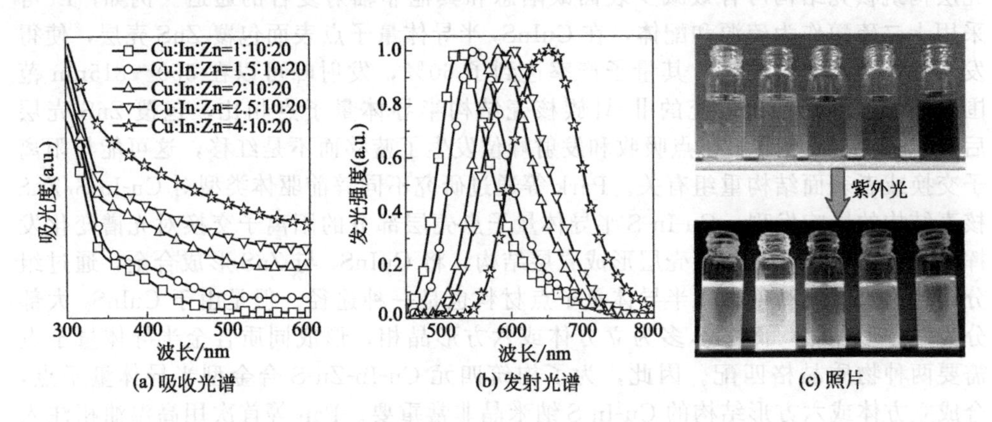

图 5-22 不同 Cu 前驱体用量制备的 Cu-In-Zn-S 半导体量子点的吸收光谱和发射光谱以及室温下在紫外灯照射下溶液的发光数码照片

的，而在低温时是有利于阳离子交换反应的。另外，Yang等通过延长壳层包覆时间制备出厚壳层的Cu-In-S/ZnS半导体量子点，其尺寸约为7.1nm，量子产率也高达89%。

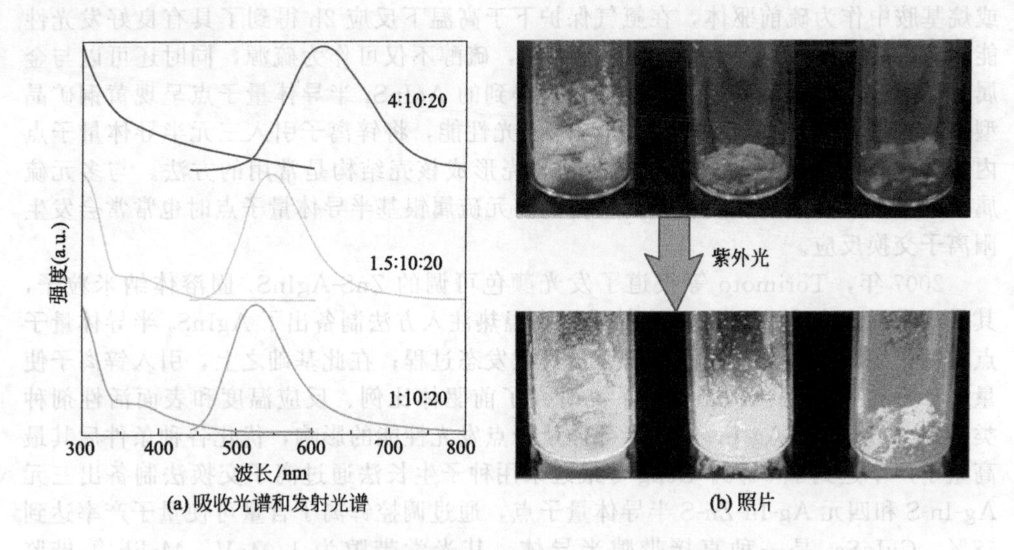

图5-23 不同阳离子比例下制备的Cu-In-Zn-S/ZnS半导体量子点的吸收光谱和发射光谱以及紫外灯照射下的固体粉末发光照片

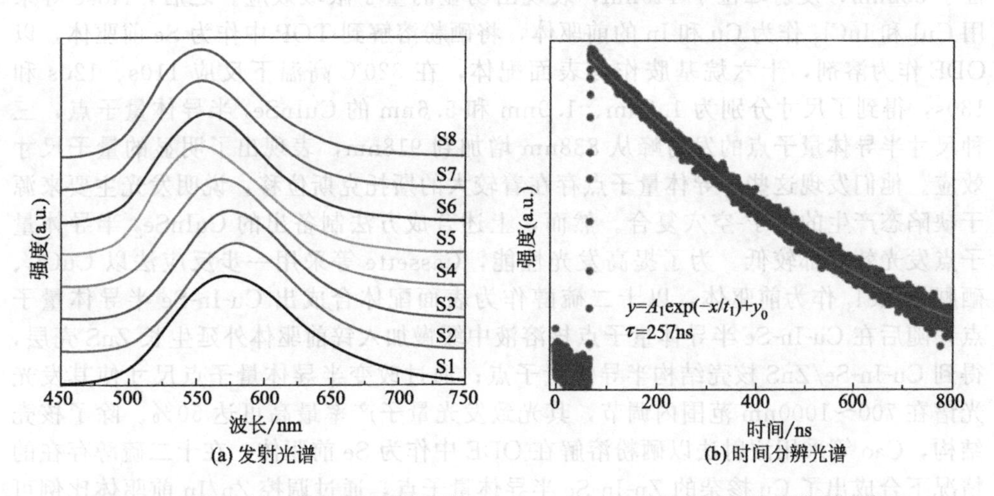

图5-24 多次注射Zn前驱体所制备的Cu-In-Zn-S/ZnS半导体量子点的发射光谱和量子产率最高的样品的时间分辨光谱

除了$CuInS_2$半导体量子点，$AgInS_2$和$CuInSe_2$半导体量子点也受到了关注。与$CuInS_2$半导体量子点相比，$AgInS_2$半导体量子点的合成研究开展得较早，但是由于银离子与硫反应的活性高于亚铜离子与硫反应的活性，因此会导致不同阳离子反应的不平衡性，造成其他副产物的形成，增加了$AgInS_2$半导体量子点合成的复杂性。最开始，Vittal 等采用一步反应法，在高温下热解单源前驱体，在十二硫醇和油酸两种表面活性剂保护下制备出了 $AgInS_2$ 半导体量子点，其具有斜方晶系结构。之后，Kuzuya 等采用乙酸银和乙酸铟作为金属前驱体，将硫粉分散在硫醇或烷基胺中作为硫前驱体，在氩气保护下于高温下反应 2h 得到了具有良好发光性能的 $AgInS_2$ 半导体量子点。在该反应中，硫醇不仅可作为硫源，同时还可以与金属离子配位调控金属离子的反应活性，得到的 $AgInS_2$ 半导体量子点呈现黄铜矿晶型。为了提高 $AgInS_2$ 半导体量子点的发光性能，将锌离子引入三元半导体量子点内部形成合金或在其表面包覆一层 ZnS 壳形成核壳结构是常用的方法。与多元硫属铜基量子点类似，在制备核壳结构的多元硫属银基半导体量子点时也常常会发生阳离子交换反应。

2007 年，Torimoto 等报道了发光颜色可调的 ZnS-$AgInS_2$ 固溶体纳米粒子，其最高量子产率为 24%。Mao 等采用高温热注入方法制备出了 $AgInS_2$ 半导体量子点，并采用稳态和瞬态光谱法研究了其激发态过程；在此基础之上，引入锌离子使量子产率达到 32%。Chang 等系统研究了前驱体比例、反应温度和表面活性剂种类等对 $AgInS_2$ 和 Ag-In-Zn-S 半导体量子点发光性能的影响，优化各种条件后其最高量子产率达到了 60%。Zeng 等最近采用种子生长法通过离子交换法制备出三元 Ag-In-S 和四元 Ag-In-Zn-S 半导体量子点，通过调控锌离子含量可使量子产率达到 58%。$CuInSe_2$ 是一种直接带隙半导体，其光学带隙为 1.04eV。Malik 等借鉴Ⅱ-Ⅵ族半导体量子点合成方法以 TOPO 作为表面配体，CuCl 和 $InCl_3$ 作为前驱体，TOP 作为溶剂制备出了 $CuInSe_2$ 半导体量子点，该半导体量子点激子吸收峰位于 352nm，发射峰位于 440nm，表现出明显的量子限域效应。之后，Nose 等采用 CuI 和 $InCl_3$ 作为 Cu 和 In 的前驱体，将硒粉溶解到 TOP 中作为 Se 前驱体，以 ODE 作为溶剂，十六烷基胺作为表面配体，在 320℃ 高温下反应 110s、120s 和 130s，得到了尺寸分别为 1.2nm、1.9nm 和 5.6nm 的 $CuInSe_2$ 半导体量子点，三种尺寸半导体量子点的发射峰从 838nm 增加到 918nm，表现出了明显的量子尺寸效应。他们发现这些半导体量子点存在着较大的斯托克斯位移，说明发光主要来源于缺陷态产生的电子-空穴复合。然而，上述合成方法制备出的 $CuInSe_2$ 半导体量子点发光效率都较低。为了提高发光性能，Cassette 等采用一步反应法以 $CuCl_2$、硒脲、$InCl_3$ 作为前驱体，以十二硫醇作为表面配体合成出 Cu-In-Se 半导体量子点，随后在 Cu-In-Se 半导体量子点核溶液中缓慢加入锌前驱体外延生长 ZnS 壳层，得到 Cu-In-Se/ZnS 核壳结构半导体量子点；通过改变半导体量子点尺寸使其发光光谱在 700～1000nm 范围内调节，其光致发光量子产率最高可达 50%。除了核壳结构，Cao 等采用注射法以硒粉溶解在 ODE 中作为 Se 前驱体，在十二硫醇存在的情况下合成出了 Cu 掺杂的 Zn-In-Se 半导体量子点，通过调控 Zn/In 前驱体比例可以将发光范围从 565nm 增加到 710nm，通过外延生长一层 ZnSe 壳层后其量子产率可达 38%。

近年来，Tang 课题组研究发现在十二硫醇存在下制备的 Cu 掺杂的 Zn-In-Se 半导体量子点，实际上是五元 Cu-In-Zn-Se-S 半导体量子点，通过 X 射线光电子能谱证明了 S 元素不仅以表面配体存在，还以晶格硫存在。他们通过调控硒粉和十二硫醇的用量，对半导体量子点的发射光谱进行调控，发现随着 Se 元素用量的增加，发射峰位向长波长方向移动；随着十二硫醇用量的增加，发射峰位向短波长方向移动。Cu-In-Zn-Se-S 半导体量子点在不同 Se 含量和硫醇用量时的吸收光谱和发射光谱见图 5-25。随着 Cu 含量的增加，发射峰波长从 552nm 增加到 672nm，光致发光量子产率也可达到 28%。他们通过一步反应方法和高温热注入方法对半导体量子点的生长过程进行了研究，结果发现阳离子交换机制在 Cu-In-Zn-S 半导体量子点的形成过程中起到了主要作用，而铜离子的掺杂却对 Cu-In-Zn-Se-S 半导体量子点的形成过程起到了主要作用。

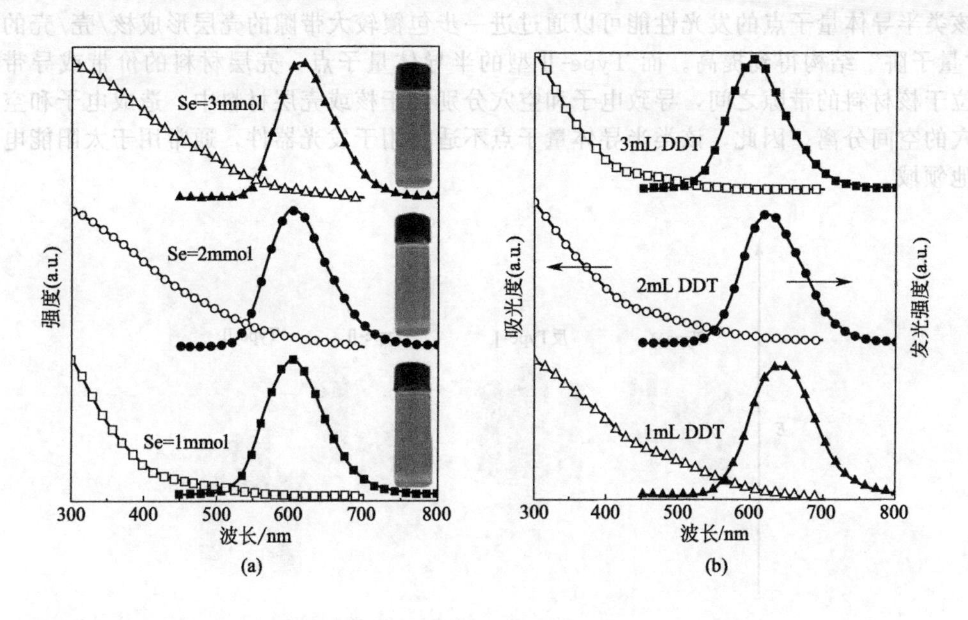

图 5-25 Cu-In-Zn-Se-S 半导体量子点在不同 Se 含量和硫醇用量时的吸收光谱和发射光谱

5.6 半导体量子点的功能化修饰

半导体量子点由于其尺寸较小通常具有较大的比表面积，半导体量子点的尺寸越小其表面原子数占全部原子数的比例就越大，从而使得表面原子数越多。表面原子数的增多，使得表面原子的配位能力不足，产生大量的悬挂键和不饱和键，从而使得表面原子具有较高的活性和不稳定性，因此就会表现出许多特殊的性质，这就是半导体量子点的表面效应。由于这种具有坏处的表面效应的存在，因此对表面进行功能化修饰对半导体量子点的应用和性能优化有着非常重要的意义。

5.6.1 半导体量子点的核壳结构

目前，半导体量子点的功能化修饰受到了广大研究者的关注，其中在半导体量子点表面外延生长壳层形成核壳结构半导体量子点是最为流行的修饰手段之一。通常，根据核壳材料的带隙和能带结构将核壳结构半导体量子点分为以下三类：Type-Ⅰ、反 Type-Ⅰ和 Type-Ⅱ。图 5-26 为不同类型核壳结构半导体量子点的能级示意图。Type-Ⅰ型半导体量子点壳层材料的带隙大于核的带隙，核材料的价带和导带位于壳层材料的价带和导带之间，电子和空穴被限制在核内，壳层材料起到减少表面缺陷态的作用，有利于提高半导体量子点的量子产率，因此该类半导体量子点常被用于发光器件。反 Type-Ⅰ半导体量子点壳层材料的带隙小于核的带隙，壳层材料的价带和导带位于核材料的带隙之间，载流子复合就会在外壳层中发生。该类半导体量子点的发光性能可以通过进一步包覆较大带隙的壳层形成核/壳/壳的“量子阱”结构得到提高。而 Type-Ⅱ型的半导体量子点，壳层材料的价带或导带位于核材料的带隙之间，导致电子和空穴分别位于核或壳层材料中，造成电子和空穴的空间分离。因此，该类半导体量子点不适合用于发光器件，通常用于太阳能电池领域。

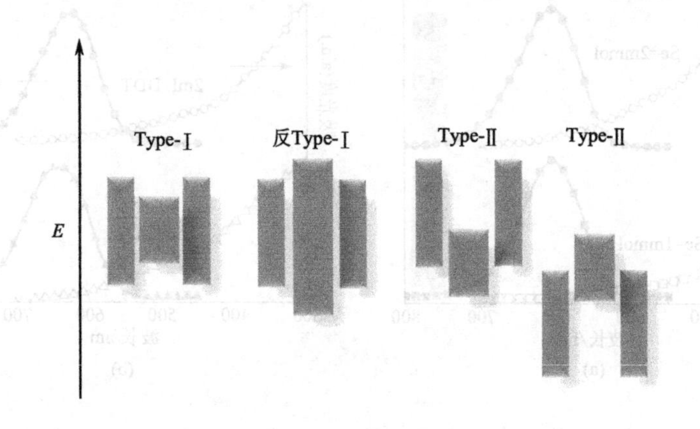

图 5-26 不同类型（Type）核壳结构半导体量子点的能级示意图

半导体量子点的壳层结构除了和材料的带隙有关外，其与材料的组成也有一定的关系。有时还会对壳层的组成进行改变，以此来提升半导体量子点的发光性能。有时为了减小晶格不匹配度，可以使用合金壳层材料，主要是在合成过程中将壳层材料与核材料形成合金。例如，ZnS 由于带隙宽、稳定性好，常被用作壳层材料；对于传统的 CdSe 半导体量子点来说，ZnS 和 CdSe 之间较大的晶格不匹配度（12%）会造成核壳界面间的晶格张力，会使得半导体量子点的发光效率下降。如果采用合金化的壳层来包覆 CdSe，能够降低界面张力，抑制俄歇复合，提高半导体量子点的发光效率。Lim 等采用连续生长的方法合成出一系列 $CdSe/Zn_{1-x}Cd_xS$ 合金壳层的核壳结构半导体量子点，半导体量子点的光致发光量子产率比裸核的 CdSe 半导体量子点有显著提升。同时，他们还通过保持 CdSe 半导体量子点核的半径为 2nm 不变，调节不同的壳层厚度（2.5～6.3nm），得到了具有不同合金壳层厚度的半导体量子点。经研究发现壳层厚度对半导体量子点的发射峰形状和位置、量子产率和寿命几乎不产生影响，但是半导体量子点膜的量子产率和寿命会随壳层厚度的增加明显地增大，说明合金壳层能够有效地抑制半导体量子点膜的能量转移，并且合金层越厚效果越好。除了使壳层合金化之外，在核壳之间加入中间壳层形成阶梯能级势垒是提高半导体量子点发光性能的另一种有效方法。Yu 和 Zhao 等合成出了合金型 Cd-Se-S 半导体量子点。该半导体量子点由富 Se 的内层核、富 S 的外壳层构成；从内到外组分的渐变能够产生较平滑的核壳界面，降低了半导体量子点内非辐射复合速率，减小了半导体量子点的闪烁效应，提高了半导体量子点的光学稳定性。Klimov 等制备出 $CdSe/CdSe_xS_{1-x}/CdS$ 半导体量子点，探讨中间壳层半导体量子点发光性能的影响。结果显示，$CdSe/CdSe_xS_{1-x}/CdS$ 半导体量子点比 CdSe/CdS 半导体量子点具有更长的双激子寿命，说明半导体量子点的核壳界面对非辐射复合速率具有很大影响。

5.6.2　半导体量子点的表面配体修饰

除了在其表面外延生长无机壳层来消除表面悬挂键，以减少非辐射复合通道并提高其发光性能外，对其表面进行功能化修饰改变表面的配体官能团也非常重要，这可以满足其应用方面的需求。譬如，高质量的半导体量子点一般都是在高温油相中合成的，其表面包覆的一层憎水性有机配体使半导体量子点具有较高的稳定性和在油相中良好的溶解性，但是这些半导体量子点在水中的溶解性较差，不能满足生物体系应用的需求，因此需要对其进行亲水性处理。理想的功能化修饰应满足：①转移效率要高（最好能达到 100%）；②转移前后半导体量子点的发光量子产率没有明显降低；③转移后的亲水半导体量子点尺寸要小，大约 10nm 为最佳；④转移后的亲水半导体量子点要具有较高的稳定性，在长期储存过程中不发生聚合或沉淀。目前将油溶性半导体量子点进行表面功能化处理使其具有亲水性的方法有多种，但主要包括配体交换法、双亲性聚合物法和二氧化硅包覆法，下面将对这三种方法进行介绍。

(1) 配体交换法

巯基的键合能力较强，因此早期的亲水性半导体量子点就是利用巯基小分子配体与有机配体如三正辛基氧化膦（TOPO）等进行竞争，与半导体量子点表面的金属原子键合而发生配体交换。例如，1998 年，Nie 和 Bruchez 等分别利用巯基乙酸（TGA）和巯基丙酸（MPA）配体作为表面功能化修饰基团，使半导体量子点从油相转移到水相中；转移后的半导体量子点由于表面配体 TGA 和 MPA 含有羧基，所以具有较好的亲水性，与生物分子通过酰胺键相互偶联后可应用于生物医学领域。一般高温油相法制备出的半导体量子点表面包覆一层憎水性表面配体 TOPO，其中的氧原子与半导体量子点表面的金属原子键合。当 TGA 参与竞争后，TGA 中的巯基分子与半导体量子点表面的金属原子具有更强的键合能力，因此 TGA 可以取代 TOPO 成为半导体量子点的表面配体；转移后半导体量子点表面的羧基能够与水分子形成弱的相互作用，所以半导体量子点具有良好的亲水性。巯基小分子配体与油相合成的半导体量子点进行表面配体交换的过程见图 5-27。

但是，在上述配体交换过程中，外界环境会不可避免地破坏半导体量子点表面原子的物理和化学结构，在长期储存过程中，巯基小分子很可能会形成单质硫而从半导体量子点表面脱落，从而使得半导体量子点在水相中的稳定性降低。因此，为

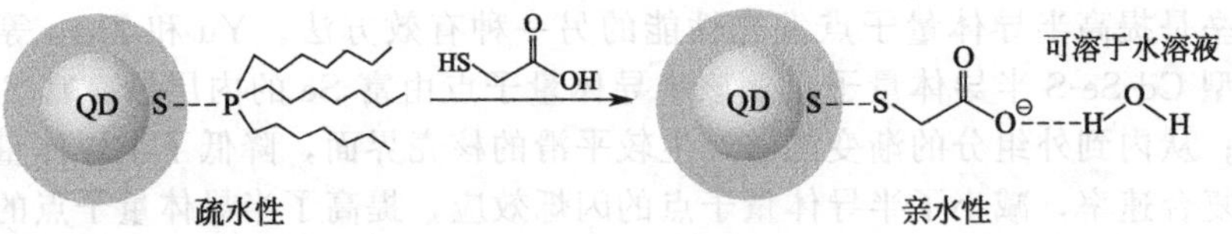

图 5-27 巯基小分子配体与油相合成的半导体量子点进行表面配体交换的过程

了更好地提高半导体量子点在水相中的稳定性，可以采用键合能力更强的多巯基分子或者其他极性分子，如多羧基分子等。2010 年，Liu 等采用二巯基辛酸作为亲水性半导体量子点的表面配体，其中二巯基辛酸中的两个巯基基团能够与半导体量子点表面的金属原子键合，从而可以提高半导体量子点在水相中的稳定性。另外，Zhang 等采用聚丙烯酸（PAA）与油相中合成的半导体量子点表面的油酸进行配体交换，油酸中的羧基能够与金属原子配位，而另一端有机碳链具有疏水性；经过 PAA 配体交换后，半导体量子点表面配体存在羧基，在水中具有较好的溶解性，极大地提高了配体交换后半导体量子点在水相中的稳定性。

(2) 双亲性聚合物法

高温油相合成的半导体量子点表面有 TOPO 层，虽然可以减少半导体量子点的表面缺陷，但是具有疏水性。为了将其从油相转移到水相中，采用双亲性聚合物中的疏水基团与 TOPO 中的烷基链反应，使其表面包覆一层双亲聚合物，从而可以具有亲水性。Nie 等利用长碳链的双亲性聚合物作为表面修饰剂对半导体量子点进行相转移，其中聚合物的疏水基团会通过范德华力与半导体量子点表面的有机配体结合，而聚合物的亲水端则使半导体量子点在水中具有很好的溶解性。聚合物包覆时，在半导体量子点表面形成了一层稳定的保护层，有效地防止了半导体量子点表面受到外界环境的破坏。对半导体量子点在水相中的稳定性来说，这种聚合物包覆法要比配体交换法更好些。目前常用的双亲性聚合物有聚马来酸十八胺酯（PMA-ODA）、聚马来酸十六醇酯（PMAH）和聚马来酸十八碳烯（PMA-ODE），其原理都是以聚马来酸酐（PMA）为骨架，通过利用不同长度的烷基链来实现半导体量子点从油相到水相的相转移，其量子产率比较高且水相中稳定性好。例如，Zhou 等以双亲性聚合物作为配体制备出了不同发光颜色的水溶性半导体量子点，并探讨了烷基链长度对水溶性半导体量子点稳定性的影响，结果表明较长碳链的双亲聚合物能够使半导体量子点在水相中具有更好的稳定性，如聚马来酸正十六醇酯修饰的半导体量子点在水相至少可以保存 6 个月。但是，该方法制备的水溶性半导体量子点粒径较大，一般为 30～40nm，不适合在生物体系应用。另外，Nan 首次报道了以聚醚酰亚胺（PEI）为配体通过直接配体交换的方法把疏水性半导体量子点转变为亲水性半导体量子点，但是所制备的半导体量子点极不稳定，很快被光氧化。因此，为了提高水溶性半导体量子点的稳定性，Duan 和 Nie 等采用聚醚酰亚胺和聚乙二醇（PEI-*g*-PEG）共聚物来包覆半导体量子点。与 PEI 包覆的半导体量子点相比，PEI-*g*-PEG 共聚物的包覆既减小了 PEI 对生物细胞的有害性，还提高了半导体量子点的稳定性和生物相容性，但是该方法依然是基于直接配体交换反应，大大地降低了半导体量子点的发光强度。2016 年，Tang 等通过聚（亚乙基亚胺）氨基与相应的溴代烷烃烷基化，合成出了 *N*-烷基化聚（亚乙基亚胺），让其直接包覆在疏水性半导体量子点表面可以把半导体量子点从油相转移至水相中。与 PEI 修饰的半导体量子点相比，该聚合物修饰的半导体量子点具有更高的发光性能和更好的稳定性。

（3）二氧化硅包覆法

二氧化硅（SiO_2）作为表面配体是一种非常好的惰性材料，其具有毒性小、易修饰和功能化、易与生物分子发生偶联的优点，因此 SiO_2 作为表面修饰剂对半导体量子点进行包覆受到了广泛关注。该方法还能够引入带有氨基、巯基或羧基等基团的有机硅烷分子，因此水溶性半导体量子点在各种酸、碱、盐等缓冲溶液中都具有较高的稳定性。目前，比较成熟的两种 SiO_2 包覆方法是经典的 Stöber 法和反相微乳液法。Nikhil 等选用（3-巯基丙基）三甲氧基硅烷（MPTS）作为交换配体与油溶性半导体量子点配体发生交换。对溶液进行碱化处理后，MPTS 会在碱性条件下水解，从而在半导体量子点表面沉积形成 SiO_2 壳层，SiO_2 修饰的水溶性半导体量子点具有较好的水溶性、较高的稳定性和发光性能。在此基础之上，如果再在氨基丙基三乙氧基硅烷（APTS）等硅烷偶联剂作用下进一步进行表面功能化，这时半导体量子点表面就会修饰有亲水性的氨基基团。SiO_2 作为表面修饰剂转移半导体量子点（R：$-NH_2$、$-COOH$ 等）的过程见图 5-28。通过这种方法可以包覆不同厚度且形成具有不同功能化基团的 SiO_2 壳层，从而得到粒径处于几十纳米到几微米之间的水溶性半导体量子点，但是水解生成 SiO_2 壳层的过程比较耗时且步骤烦琐。

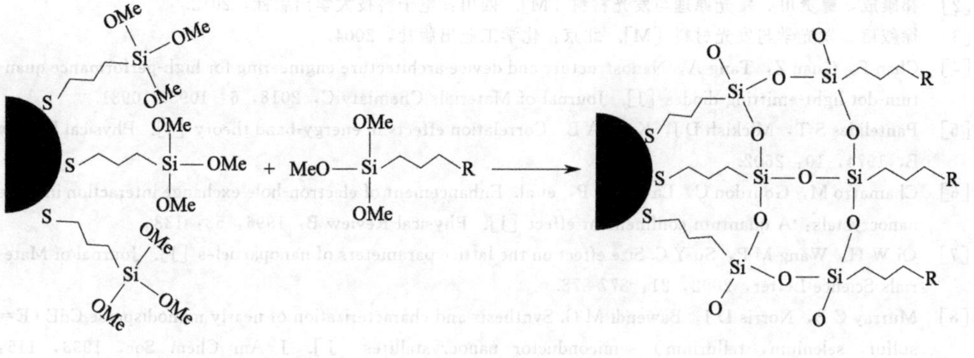

R：$NHCH_2CH_2NH_2$，$PO_3(Me)$，PEG

图 5-28 SiO_2 作为表面修饰剂转移半导体量子点（R：$-NH_2$、$-COOH$ 等）的过程

反相微乳液法包覆 SiO_2 是利用一种非离子型的表面活性剂（如 Triton X-100 等），把小水珠稳定在一种含有半导体量子点的有机溶剂如环已烷中。作为 SiO_2 前驱体的正硅酸四乙酯（TEOS）会在水相或者在环已烷和水的两相界面上发生水解和缩合反应，从而得到高度分散的水溶性半导体量子点。例如，Adegoke 等首先采用高温油相热注入法合成了疏水性的合金型半导体量子点，随后采用巯基乙酸

(TGA)作为巯基配体进行配体交换获得亲水性的半导体量子点；为了进一步提高合金型半导体量子点的光学性能，进一步对亲水性半导体量子点进行表面硅烷化处理，使其表面包覆一层 SiO_2，合成出的半导体量子点具有较高的量子产率(98%)。为了进一步控制水溶性半导体量子点的尺寸，Li 等采用一种新的控制合成方法合成出了发光性能强且稳定性高的半导体量子点；CdSe/ZnS 核壳结构半导体量子点首先包覆在硅球的表面，然后再包覆一层硅球，最后连接功能化的亲水基团。半导体量子点硅烷化的合成过程示意见图 5-29。该方法具有较高的重复性，能够精确地控制半导体量子点在单个硅球上的密度，制备出的半导体量子点发光强度比未包覆的半导体量子点高出近 50 倍，且量子产率没有明显下降，最重要的是该方法合成出的半导体量子点在酸性腐蚀和高温条件下都具有良好的稳定性。

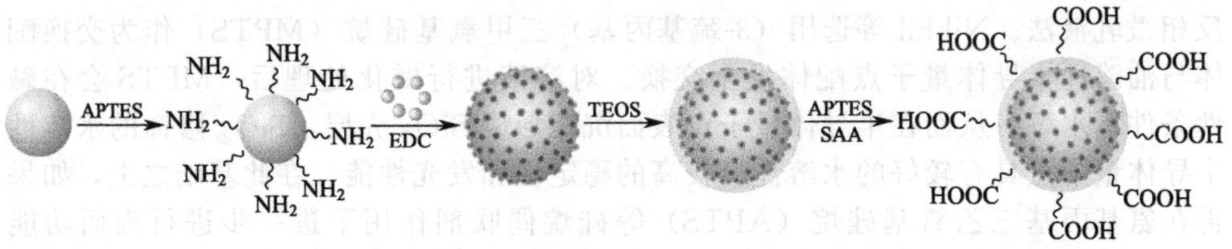

图 5-29 半导体量子点硅烷化的合成过程示意

参考文献

[1] 张宇，于伟泳．胶体半导体量子点 [M]. 北京：科学出版社，2015.

[2] 祁康成，曹贵川．发光原理与发光材料 [M]. 四川：电子科技大学出版社，2012.

[3] 徐叙瑢．发光学与发光材料 [M]. 北京：化学工业出版社，2004.

[4] Chen F，Guan Z，Tang A，Nanostructure and device architecture engineering for high-performance quantum-dot light-emitting diodes [J]. Journal of Materials Chemisty C，2018，6：10958-10981.

[5] Pantelides S T，Mickish D J，Kunz A B. Correlation effects in energy-band theory [J]. Physical Review B，1974，10：2602.

[6] Chamarro M，Gourdon C，Lavallard P，et al. Enhancement of electron-hole exchange interaction in CdSe nanocrystals：A quantum confinement effect [J]. Physical Review B，1996，53：1336.

[7] Qi W H，Wang M P，Su Y C. Size effect on the lattice parameters of nanoparticles [J]. Journal of Materials Science Letter，2002，21：877-878.

[8] Murray C B，Norris D J，Bawendi M G. Synthesis and characterization of nearly monodisperse CdE (E= sulfur，selenium，tellurium) semiconductor nanocrystallites [J]. J Am Chem Soc，1993，115：8706-8715.

[9] Peng Z A，Peng X. Formation of high-quality CdTe，CdSe，and CdS nanocrystals using CdO as precursor [J]. Journal of American Chemical Society，2001，123：183-184.

[10] Qu L，Peng Z A，Peng X. Alternative routes toward high quality CdSe nanocrystals [J]. Nano Letters，2001，1：333-337.

[11] Yu W W，Peng X. Formation of high-quality CdS and other Ⅱ-Ⅵ semiconductor nanocrystals in noncoordinating solvents：tunable reactivity of monomers [J]. Angewandte Chemie-International Edition，2002，41：2368-2371.

[12] Deng Z，Cao L，Tang F，et al. A new route to zinc-blende CdSe nanocrystals：mechanism and synthesis [J]. Journal of Physical Chemistry B，2005，109：16671-16675.

[13] Yang Y A, Wu H, Williams K R, et al. Synthesis of CdSe and CdTe nanocrystals without precursor injection [J]. Angewandte Chemie-International Edition, 2005, 44: 6712-6715.

[14] Peng X, Schlamp M C, Kadavanich A V, et al. Epitaxial growth of highly luminescent CdSe/CdS core/shell nanocrystals with photostability and electronic accessibility [J]. Journal of American Chemical Society, 1997, 119: 7019-7029.

[15] Li J J, Wang Y A, Guo W, et al. Large-scale synthesis of nearly monodisperse CdSe/CdS core/shell nanocrystals using air-stable reagents via successive ion layer adsorption and reaction [J]. Journal of American Chemical Society, 2003, 125: 12567-12575.

[16] Bae W K, Char K, Hur H, et al. Single-step synthesis of quantum dots with chemical composition gradients [J]. Chemistry of Materials, 2008, 20: 531-539.

[17] Nan W, Niu Y, Qin H, et al. Crystal structure control of zinc-blende CdSe/CdS core/shell nanocrystals: synthesis and structure-dependent optical properties [J]. Journal of American Chemical Society, 2012, 134: 19685-19693.

[18] Xu S S, Shen H B, Zhou C H, et al. Effect of shell thickness on the optical properties in CdSe/CdS/$Zn_{0.5}Cd_{0.5}S$/ZnS and CdSe/CdS/$Zn_xCd_{1-x}S$/ZnS Core/multishell nanocrystals [J]. Journal of Physical Chemistry C, 2011, 115: 20876-20881.

[19] Jun S, Jang E. Bright and stable alloy core/multishell quantum dots [J]. Angewandte Chemie-International Edition, 2013, 52: 679-682.

[20] Lee K H, Lee J H, Kang H D, et al. Highly fluorescence-stable blue CdZnS/ZnS quantum dots against degradable environmental conditions [J]. Journal of Alloys Compounds, 2014, 610: 511-516.

[21] Song J, Wang O, Shen H, et al. Over 30% external quantum efficiency light-emitting diodes by engineering quantum dot-assisted energy level match for hole transport layer [J]. Advanced Functional Materials, 2019, 1808377.

[22] Moon H, Chae H. efficiency enhancement of all-solution-processed inverted-structure green quantum dot light-emitting diodes via partial ligand exchange with thiophenol derivatives having negative dipole moment [J]. Advanced Optical Materials, 2019, 1901314.

[23] Hines M A, Guyot-Sionnest P. Bright UV-blue luminescent colloidal ZnSe nanocrystals [J]. Journal of Physical Chemistry B, 1998, 102: 3655-3657.

[24] Liu Y, Tang Y, Ning Y, et al. "One-pot" synthesis and shape control of ZnSe semiconductor nanocrystals in liquid paraffin [J]. Journal of Materials Chemistry, 2010, 20: 4451-4458.

[25] Chen F, Stokes K L, Zhou W, et al. Synthesis and properties of lead selenide nanocrystal solids [J]. MRS Online Proc Libr Archive, 2001, 691.

[26] Steckel J S, Coe-Sullivan S, Bulović V, et al. 1.3 μm to 1.55 μm tunable electroluminescence from PbSe quantum dots embedded within an organic device [J]. Advanced Materials, 2003, 15: 1862-1866.

[27] Moreels I, Fritzinger B, Martins J C, et al. Surface chemistry of colloidal PbSe nanocrystals [J]. Journal of American Chemical Society, 2008, 130: 15081-15086.

[28] Abel K A, FitzGerald P A, Wang T Y, et al. Probing the structure of colloidal core/shell quantum dots formed by cation exchange [J]. Journal of Physical Chemistry C, 2012, 116: 3968-3978.

[29] Brumer M, Kigel A, Amirav L, et al. PbSe/PbS and PbSe/$PbSe_xS_{1-x}$ core/shell nanocrystals [J]. Advanced Functional Materials, 2005, 1: 1111-1116.

[30] Lifshitz E, Brumer M, Kigel A, et al. Air-stable PbSe/PbS and PbSe/$PbSe_xS_{1-x}$ core-shell nanocrystal quantum dots and their applications [J]. Journal of Physical Chemistry B, 2006, 110: 25356-25365.

[31] Zhang Y, Dai Q, Li X, et al. Formation of PbSe/CdSe core/shell nanocrystals for stable near-infrared high photoluminescence emission [J]. Nanoscale Research Letters, 2010, 5: 1279.

[32] Micic O I, Curtis C J, Jones K M, et al. Synthesis and characterization of InP quantum dots [J]. Journal of Physical Chemistry, 1994, 98: 4966-4969.

[33] Mićić O I, Sprague J, Lu Z, et al. Highly efficient band-edge emission from InP quantum dots [J]. Apply Physical Letters, 1996, 68: 3150-3152.

[34] Talapin D V, Gaponik N, Borchert H, et al. Etching of colloidal InP nanocrystals with fluorides: photochemical nature of the process *resulting* in high photoluminescence efficiency [J]. Journal of Physical Chemistry B, 2002, 106: 12659-12663.

[35] Xie R, Battaglia D, Peng X. Colloidal InP nanocrystals as efficient emitters covering blue to near-infrared [J]. Journal of American Chemical Society, 2007, 129: 15432-15433.

[36] Xu S, Ziegler J, Nann T. Rapid synthesis of highly luminescent InP and InP/ZnS nanocrystals [J]. Journal of Materials Chemistry, 2008, 18: 2653-2656.

[37] Huang K, Demadrille R, Silly M G, et al. Internal structure of InP/ZnS nanocrystals unraveled by high-resolution soft X-ray photoelectron spectroscopy [J]. ACS Nano, 2010, 4: 4799-4805.

[38] Li L, Reiss P. One-pot synthesis of highly luminescent InP/ZnS nanocrystals without precursor injection [J]. Journal of American Chemical Society, 2008, 130: 11588-11589.

[39] Koh S, Eom T, Kim W D, et al. Zinc-phosphorus complex working as an atomic valve for colloidal growth of monodisperse indium phosphide quantum dots [J]. Chemistry of Materials, 2017, 29: 6346-6355.

[40] Park J P, Lee J J, Kim S W. Highly luminescent InP/GaP/ZnS QDs emitting in the entire color range via a heating up process [J]. Scientific Reports, 2016, 6: 30094.

[41] Pietra F, Kirkwood N, De Trizio L, et al. Ga for Zn cation exchange allows for highly luminescent and photostable InZnP-based quantum dots [J]. Chemical Materials, 2017, 29: 5192-5199.

[42] Clarke M T, Viscomi F N, Chamberlain T W, et al. Synthesis of super bright indium phosphide colloidal quantum dots through thermal diffusion [J]. Communications Chemistry, 2019, 2: 36.

[43] Aharoni A, Mokari T, Popov I, et al. Synthesis of InAs/CdSe/ZnSe core/shell/shell structures with bright and stable near-infrared fluorescence [J]. Journal of American Chemical Society, 2006, 128: 257-264.

[44] Chen B, Zhong H, Zhang W, et al. Highly emissive and color-tunable $CuInS_2$-based colloidal semiconductor nanocrystals: off-stoichiometry effects and improved electroluminescence performance [J]. Advanced Functional Materials, 2012, 22: 2081-2088.

[45] Castro S L, Bailey S G, Raffaelle R P, et al. Nanocrystalline chalcopyrite materials ($CuInS_2$ and $CuInSe_2$) via low-temperature pyrolysis of molecular single-source precursors [J]. Chemical Materials, 2003, 15: 3142-3147.

[46] Guan Z, Tang A, Lv P, et al. New insights into the formation and color-tunable optical properties of multinary Cu-In-Zn-based chalcogenide semiconductor nanocrystals [J]. Advanced Optical Materials, 2018, 6: 1701389.

[47] Guan Z, Chen F, Liu Z, et al. Compositional engineering of multinary Cu-In-Zn-based semiconductor nanocrystals for efficient and solution-processed red-emitting quantum-dot light-emitting diodes [J]. Organic Electronics, 2019, 74: 46-51.

[48] Cassette E, Pons T, Bouet C, et al. Synthesis and characterization of near-infrared Cu-In-Se/ZnS core/shell quantum dots for in vivo imaging [J]. Chemical Materials, 2010, 22: 6117-6124.

[49] Miao S, Hickey S G, Rellinghaus B, et al. Synthesis and characterization of cadmium phosphide quantum dots emitting in the visible red to near-infrared [J]. Journal of American Chemical Society, 2010, 132: 5613-5615.

[50] Efros A L, Rosen M, Kuno M, et al. Band-edge exciton in quantum dots of semiconductors with a degenerate valence band: Dark and bright exciton states [J]. Physical Review B, 1996, 54: 4843.

[51] Bawendi M G, Wilson W L, Rothberg L, et al. Electronic structure and photoexcited-carrier dynamics in nanometer-size CdSe clusters [J]. Physical Review Letters, 1990, 65: 1623.

[52] Efros A L, Rosen M. The electronic structure of semiconductor nanocrystals [J]. Annual Review of Materials Science, 2000, 30: 475-521.

[53] Issac A, Von Borczyskowski C, Cichos F. Correlation between photoluminescence intermittency of CdSe quantum dots and self-trapped states in dielectric media [J]. Physical Review B, 2005, 71: 161302.

[54] Norberg N S, Gamelin D R. Influence of surface modification on the luminescence of colloidal ZnO nanocrystals [J]. Journal of Physical Chemistry B, 2005, 109: 20810-20816.

[55] Bae W K, Padilha L A, Park Y S, et al. Controlled alloying of the core-shell interface in CdSe/CdS quantum dots for suppression of Auger recombination [J]. ACS Nano, 2013, 7: 3411-3419.

[56] Jun S, Jang E. Bright and stable alloy core/multishell quantum dots [J]. Angewandte Chemie International Edition, 2013, 52: 679-682.

[57] Reiss P, Protiere M, Li L. Core/shell semiconductor nanocrystals [J]. Small, 2009, 5: 154-168.

[58] Chen O, Zhao J, Chauhan V P, et al. Compact high-quality CdSe-CdS core-shell nanocrystals with narrow emission linewidths and suppressed blinking [J]. Nature Materials, 2013, 12: 445-451.

[59] Yang L W, Wu X L, Huang G S, et al. In situ synthesis of Mn-doped ZnO multileg nanostructures and Mn-related Raman vibration [J]. Journal of Applied Physics, 2005, 97: 014308.

[60] Hines M A, Guyot-Sionnest P. Synthesis and characterization of strongly luminescing ZnS-capped CdSe nanocrystals [J]. Journal of Physical Chemistry, 1996: 100, 468-471.

[61] Qu L, Peng X. Control of photoluminescence properties of CdSe nanocrystals in growth [J]. Journal of American Chemical Society, 2002, 124: 2049-2055.

[62] Aldana J, Wang Y A, Peng X. Photochemical instability of CdSe nanocrystals coated by hydrophilic thiols [J]. Journal of American Chemical Society, 2001, 123: 8844-8850.

[63] Liu D, Snee P T. Water-soluble semiconductor nanocrystals cap exchanged with metalated ligands [J]. ACS Nano, 2010, 5: 546-550.

[64] Zhang T, Ge J, Hu Y, et al. A general approach for transferring hydrophobic nanocrystals into water [J]. Nano Letters, 2007, 7: 3203-3207.

[65] Lin C A J, Sperling R A, Li J K, et al. Design of an amphiphilic polymer for nanoparticle coating and functionalization [J]. Small, 2008, 4: 334-341.

[66] Anderson R E, Chan W C W. Systematic investigation of preparing biocompatible, single, and small ZnS-capped CdSe quantum dots with amphiphilic polymers [J]. ACS Nano, 2008, 2: 1341-1352.

[67] Tang H, Zhou C, Wu R, et al. The enhanced fluorescence properties & colloid stability of aqueous CdSe/ZnS QDs modified with N-alkylated poly (ethyleneimine) [J]. New Journal of Chemistry, 2015, 39: 4334-4342.

[68] Chan Y, Zimmer J P, Stroh M, et al. Incorporation of luminescent nanocrystals into monodisperse core-shell silica microspheres [J]. Advanced Materials, 2004, 16, 2092-2097.

[69] Jana N R, Earhart C, Ying J Y. Synthesis of water-soluble and functionalized nanoparticles by silica coating [J]. Chemistry of Materials, 2007, 19: 5074-5082.

第6章

半导体量子点电致发光器件

6.1 半导体量子点电致发光器件的发展历史

1994 年，Colvin 等首次在纯核的 CdSe 半导体量子点薄膜两端外加电压，观察到了半导体量子点的电致发光现象。但是，他们制备的这种半导体电致发光器件（又称半导体量子点发光二极管，简称 QLEDs 或 QLED）效率（<1%）和亮度（100cd/m^2）参数都很低，无法实际应用。2000 年后，研究者们借鉴有机发光二极管（OLED）的结构和工作机制，推动了器件性能的快速发展。如今，QLED 由于其平面发光、色域广、稳定性高、可溶液加工和制备柔性器件等特点，受到了研究者们的广泛关注，被视为下一代平板显示和照明的有力竞争者之一。

1994 年，最早报道的 QLED 器件结构与聚合物发光二极管（PLED）类似，是由 CdSe 半导体量子点核作为发光层，聚合物 PPV 作为电荷传输层，金属 Mg 和氧化铟锡（ITO）作为阴阳两极构成的。这种 QLED 使用的裸核半导体量子点量子产率较低（约为 10%），同时在这种简单的器件结构中，电子不能完全限制在半导体量子点发光层内，还会在聚合物 PPV 层中复合发光，导致了器件整体载流子注入不平衡，器件的外量子效率（η_{EQE}）和亮度都比较低（器件亮度为 100cd/m^2 时，η_{EQE}<0.01%）。随后研究者们改进了半导体量子点材料，使用核壳结构的 CdSe/CdS 半导体量子点作为发光层制备 QLED 器件，器件的最大 η_{EQE} 达到了 0.22%，但是器件的电致发光光谱中仍然有来自聚合物层的发光，影响了器件的发光色纯度。2002 年，Coe 等首次将电子传输层引入 QLED 中，制备了以 TPD 和 Alq_3 为空穴传输层和电子传输层并在其间插入单层 CdSe/ZnS 半导体量子点的器件，器件的最大亮度达到了 2000cd/m^2，η_{EQE} 达到了 0.52%。但是，TPD 和 Alq_3 这类较低导电性的有机材料限制了电荷载流子的注入，因此很难进一步提高器件的性能。基于这个原因，2005 年，Caruge 等采用磁控溅射法沉积了 ZnO：SnO_2 和 NiO 分别作为 n 型和 p 型电荷传输层，这两种无机金属氧化物材料具有更高的导电性，因此制备的 QLED 得到了较高的电流密度（4A/cm^2）。但是，在

ZnO：SnO_2 溅射过程中会破坏半导体量子点薄膜，同时 NiO 和半导体量子点之间较大的界面势垒限制了空穴的有效注入，因此该器件的 η_{EQE} 还是不到 0.1%。

近十多年来，结合 n 型金属氧化物高的导电性以及有机材料较好的空穴传输性能，混合结构的 QLED（无机电子传输层和有机空穴传输层）逐渐进入研究者们的视野。2009 年，Cho 等以 TFB 和 TiO_2 分别作为空穴传输层和电子传输层制备了 QLED，结果该器件具有较低的开启电压（1.9V）和较高的亮度（12380cd/m^2）。2011 年，QLED 迎来了重大的突破，Qian 等以溶液加工的 ZnO 纳米粒子作为电

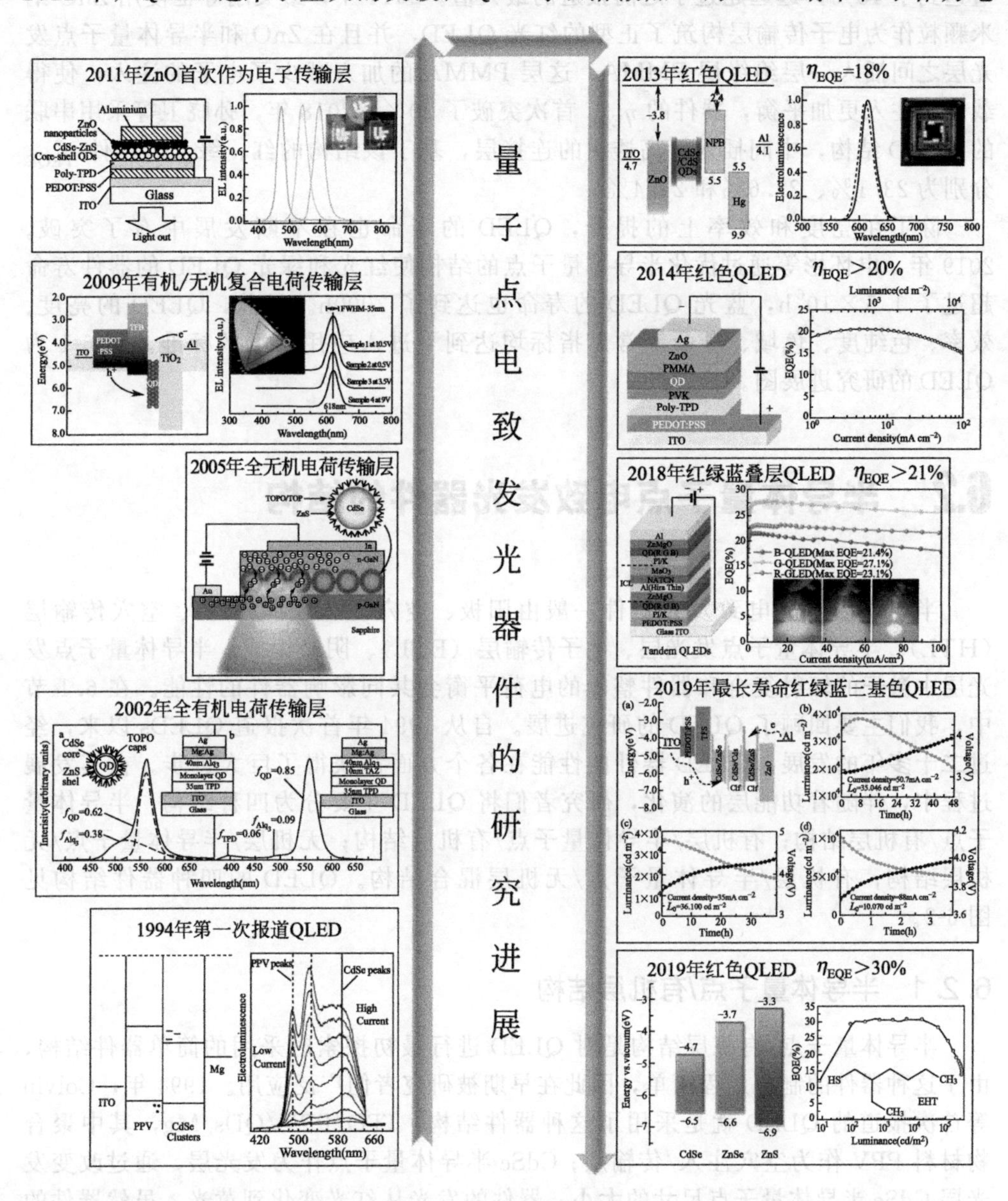

图 6-1 QLED 的研究进展图

子传输层，采用全溶液法制备了红光、绿光和蓝光 QLED；其最大 η_{EQE} 分别是 1.7%、1.8%、0.22%，对应的最大亮度分别为 31000cd/m^2、68000cd/m^2、4200cd/m^2，是当时的最高纪录。从此以后，ZnO 纳米粒子在 QLED 中常被作为电子传输层，QLED 的器件性能得到了显著提升。2013 年，Coe 等使用了 ZnO 纳米颗粒作为反型结构的电子传输层，因为 ZnO 层和半导体量子点发光层之间存在强的电耦合作用，这种结构极大地改善了器件的电荷注入平衡，器件的 η_{EQE} 最大值达到了 18%，远远超过了之前报道的最大值。2014 年，彭笑刚等也使用 ZnO 纳米颗粒作为电子传输层构筑了正型的红光 QLED，并且在 ZnO 和半导体量子点发光层之间插入一层绝缘层 PMMA。这层 PMMA 的加入减少了电子的注入，使得载流子注入更加平衡，器件的 η_{EQE} 首次突破了 20%。2018 年，孙晓卫等采用串联的 QLED 结构，中间插入了高透明的连接层，基于该结构的红、绿、蓝器件 η_{EQE} 分别为 23.1%、27.6%和 21.4%。

除了在亮度和效率上的提升，QLED 的寿命也在不断发展中有了突破。2019 年，申怀彬等通过优化半导体量子点的结构使红光和绿光 QLED 的器件寿命超过了 1.5×10^6h，蓝光 QLED 的寿命也达到了 7000h。目前，QLED 的亮度、效率、色纯度、色域、寿命等常见指标均达到了进入应用市场的标准。图 6-1 为 QLED 的研究进展图。

6.2 半导体量子点电致发光器件的结构

半导体量子点电致发光器件一般由阳极、空穴注入层（HIL）、空穴传输层（HTL）、半导体量子点发光层、电子传输层（ETL）、阴极组成。半导体量子点发光层中激子的辐射复合和器件整体的电荷平衡会共同影响器件的性能。在 6.1 节中，我们主要回顾了 QLED 的研究进展。自从 1994 年首次报道 QLEDs 以来，经过二十多年的发展，QLED 器件的性能在各个方面都获得了巨大进步。在其发展过程中，伴随着功能层的演化，研究者们将 QLED 主要分为四种结构：半导体量子点/有机层结构；有机层/半导体量子点/有机层结构；无机层/半导体量子点/无机层结构；有机层/半导体量子点/无机层混合结构。QLED 的四种器件结构见图 6-2。

6.2.1 半导体量子点/有机层结构

半导体量子点/有机层结构是对 QLED 进行最初探索时采用的简单器件结构，由于这种器件的制备过程简单，因此在早期被研究者们广泛应用。1994 年，Colvin 等首次报道的 QLED 就是采用了这种器件结构：ITO/PPV/QDs/Mg，其中聚合物材料 PPV 作为空穴注入/传输层；CdSe 半导体量子点作为发光层，通过改变发光层 CdSe 半导体量子点尺寸的大小，器件的发光从红光变化到黄光。虽然器件的性能很低，但是这种随着发光层半导体量子点尺寸的变化而改变器件发光颜色的特

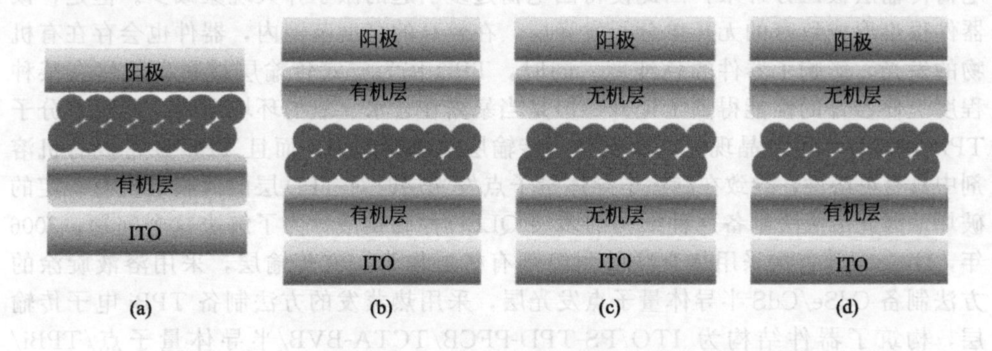

图 6-2 QLED 的四种器件结构

性吸引了研究者们的广泛关注。1997 年，Schlamp 等首次采用 CdSe/CdS 核壳结构半导体量子点作为发光层制备了器件结构为 ITO/PPV/QDs/Mg/Ag 的 QLED，在亮度为 600cd/m^2 时，器件的最大 η_{EQE} 达到了 0.22%。虽然性能比之前的器件有了较大提升，但是在器件的电致发光光谱中观察到了来自 PPV 的发光，这可能是因为在这种器件结构中电子的注入速率高于空穴，导致部分电子从 Ag/Mg 电极进入器件后，隧穿了半导体量子点发光层而进入聚合物 PPV 层与从 ITO 电极注入的空穴复合发光。同时，该器件的半导体量子点发光层直接与 Ag/Mg 电极接触，激子猝灭概率较高，影响了器件的性能。

尽管这种半导体量子点/有机层器件结构和制备过程都比较简单，但是由于较低的电荷注入效率和注入/传输的不平衡，使得器件性能相对较低，因此研究者们对半导体量子点/有机层结构进行了改进，设计出了新的 QLED 器件结构。

6.2.2 有机层/半导体量子点/有机层结构

在研究有机层/半导体量子点/有机层结构时，研究者们通过借鉴 OLED 的工作机制，将其成功应用于 QLED 中。相对于半导体量子点/有机层机构，这种结构避免了半导体量子点层与电极直接接触，器件性能有很大的提升空间。

2002 年，Coe 等为了平衡电荷的注入和传输，首次将电子传输层引入 QLED 中，制备了以有机材料 TPD 和 8-羟基喹啉铝（Alq_3）分别作为空穴传输层和电子传输层，单层半导体量子点作为发光层的 QLED 器件；器件结构为 ITO/TPD/半导体量子点/Alq_3/Ag：Mg/Ag。该器件的最大 η_{EQE} 和亮度分别达到了 0.52% 和 2000cd/m^2，比之前报道的最好的 QLED 器件性能提升了 25 倍。为了得到更好的器件性能，Coe 等将 TPD 和半导体量子点溶液混合旋涂在基底上，利用相分离技术，将单层半导体量子点沉积在 TPD 小分子表面，制备的器件最大 η_{EQE} 超过了 2%，而最大亮度也超过了 7000cd/m^2。在这种类型的 QLED 中，半导体量子点发光层中激子的形成主要是由 Förster 共振能量转移作用主导的；与直接电荷注入不同的是，激子先在电荷传输材料中形成，然后激子的能量通过非辐射偶极子-偶极子之间的耦合作用传递给半导体量子点发光层。由于半导体量子点发光层和有机电荷传输层被区分开来，因此使得因电荷过多引起的激子猝灭现象减少。但是，该器件很难形成致密的无孔单分子发光层，在较高的亮度范围内，器件也会存在有机物的发光，影响了器件的色纯度。同时，TPD 作为空穴传输层材料，虽然在某种程度上使器件的性能得到了提升，但是当暴露在含水、氧的环境中时，有机小分子 TPD 容易发生重结晶现象，影响空穴传输层的薄膜形貌；而且 TPD 在常规有机溶剂中具有可溶性，导致在旋涂半导体量子点发光层时对 TPD 层的薄膜结构有一定的破坏，因此溶液法制备这种结构的多层 QLED 面临挑战。为了解决这个问题，2006 年，Ginger 等首次采用热交联的耐溶剂有机层作为空穴传输层，采用溶液旋涂的方法制备 CdSe/CdS 半导体量子点发光层，采用热蒸发的方法制备 TPBi 电子传输层，构筑了器件结构为 ITO/PS-TPD-PFCB/TCTA-BVB/半导体量子点/TPBi/Ca/Ag 的 QLED 器件，见图 6-3(a)。该器件的电致发光光谱中只观察到了单纯的半导体量子点发光，而其他有机层发光没有观察到。通过对半导体量子点层进行退火处理，器件的 η_{EQE} 从 0.8% 上升到了 1.74%，亮度从 $1000cd/m^2$ 上升到了 $6000cd/m^2$。CdSe/CdS 为发光层的 QLED 器件 η_{EQE} 和亮度随电流密度变化的曲线见图 6-3(b)。之后，Bawendi 等以 spiro-TPD 和 TPBi 分别作为空穴传输层和电子传输层，以单分子层的半导体量子点作为发光层，采用微接触转印技术制备了器件结构为 ITO/PEDOT：PSS/spiro-TPD/QDs/TPBi/Ag：Mg/Ag 的 QLED 器件，其最大 η_{EQE} 分别为 1%（红）、2.7%（橙）、2.6%（绿）、0.2%（蓝）。除了微接触转印技术，喷墨印刷技术也被应用于制备 QLED。2015 年，Brovelli 等制备了 CdS 棒（长度为 26.8nm，厚度为 5.1nm）包覆 CdSe 核（直径约为 5.1nm）的 CdSe/CdS 异质结构半导体量子点。CdSe/CdS 异质结构半导体量子点的截面图和器件能级示意图见图 6-3(c)。以该结构的 CdSe/CdS 半导体量子点作为发光层，使用喷墨印刷技术制备发光层薄膜，以极性-聚电解质共轭聚合物作为电子传输层制备了 QLED，器件结构为 ITO/PEDOT：PSS/PVK/半导体量子点/polar-polymer-ETL/Ba/Al；器件的最大 η_{EQE} 高达 6.1%，是全溶液法制备的有机层/半导体量子点/有机层结构 QLED 的 20 倍，是蒸镀有机分子 QLED 的 200 多倍。该器件的 η_{EQE} 随电流密度变化的曲线见图 6-3(d)。

以上使用有机层/半导体量子点/有机层结构构筑的 QLED 与 OLED 结构相近，它具有 OLED 的部分优势特点，同时在光谱色纯度和发光的可调谐性上又明显优于 OLED。但是，这类结构使用的有机材料易受水、氧的影响，器件的稳定性较差，与 OLED 一样，其商业化将要求严格的封装技术，这会在增加成本的同时限制其在柔性显示上的应用。另外，这类有机分子材料较低的导电性会限制 QLED 的电流密度，从而限制了 QLED 的器件性能。

6.2.3 无机层/半导体量子点/无机层结构

这种器件结构采用无机电荷传输层取代上述 QLED 中的有机电荷传输层材料，器件在空气中的稳定性能得到较大提升，同时器件的电流密度也会增大。由于半导体量子点和电极一般都为无机物，因此上述结构的器件也称为全无机 QLED。

在早期的报道中，Mueller 等利用外延生长法分别制备了 n 型和 p 型的 GaN，

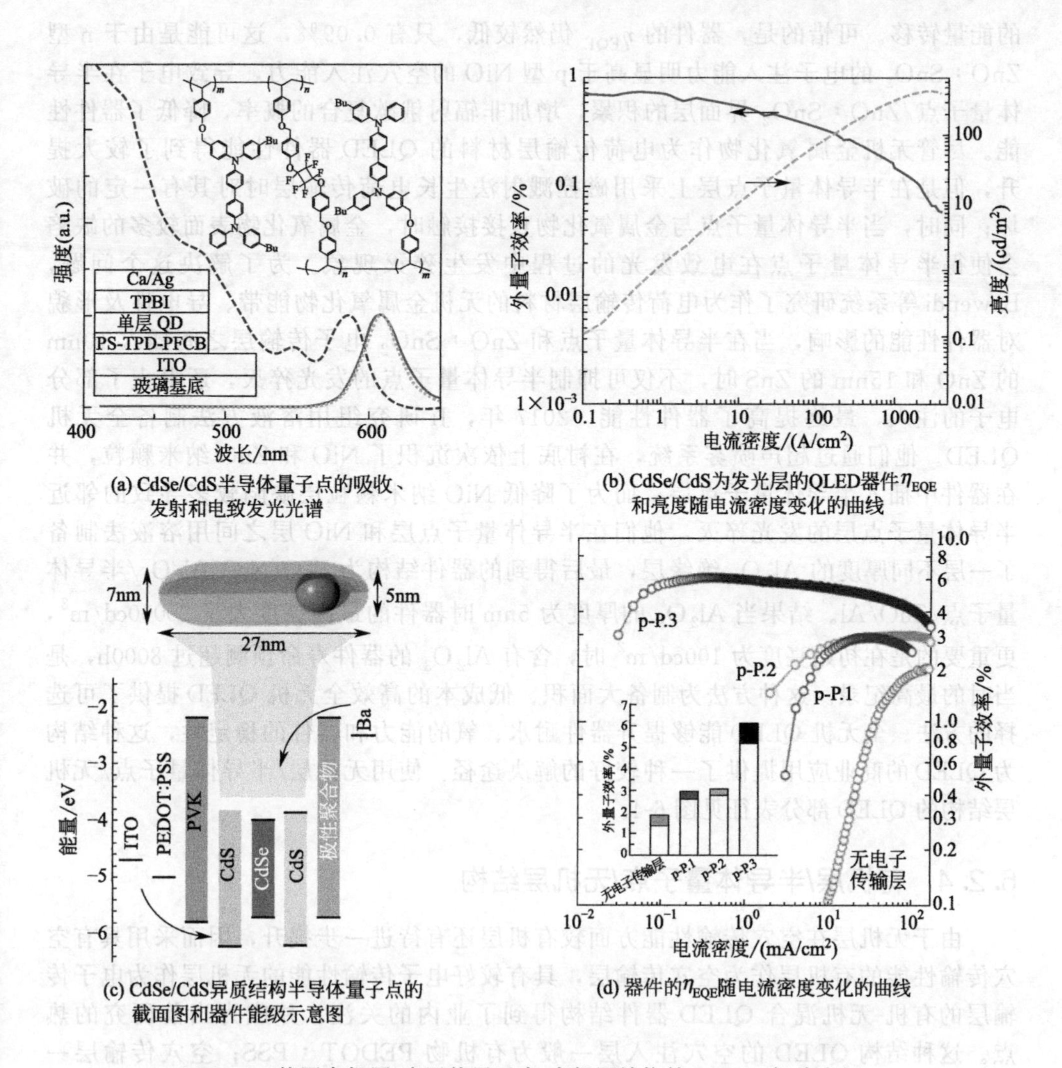

(a) CdSe/CdS半导体量子点的吸收、发射和电致发光光谱

(b) CdSe/CdS为发光层的QLED器件 η_{EQE} 和亮度随电流密度变化的曲线

(c) CdSe/CdS异质结构半导体量子点的截面图和器件能级示意图

(d) 器件的 η_{EQE} 随电流密度变化的曲线

图 6-3　使用有机层/半导体量子点/有机层结构的 QLEDs 部分表征

p-P. 1—全溶液法制备器件；p-P. 2—蒸镀有机分子；p-P. 3—喷墨印刷制备薄膜

并且利用这两种无机层作为电荷传输层，在中间插入 CdSe/ZnS 半导体量子点形成三明治结构；该器件虽然观察到了发光，但是 η_{EQE} 还不到 0.01%。外延生长法也不利于低成本的制造大面积器件和柔性器件，这就需要寻找其他工艺及无机传输层材料。很快，研究者们把目光投向了不仅可以在室温下溅射且储量丰富，还可以通过调节氧含量等来改变其导电性的金属氧化物材料。2008 年，Bawendi 等采用磁控溅射法生长了 n 型 ZnO：SnO_2 和 p 型 NiO 分别作为电子传输层和空穴传输层，器件结构为 ITO/NiO/半导体量子点/ZnO：SnO_2/Ag；该器件能够达到较高的电流密度，在最高亮度 1950cd/m² 时电流密度为 3.5mA/cm²，并且他们认为全无机 QLED 的主要工作机制是电荷的直接注入而非电荷传输层与半导体量子点层之间

的能量转移。可惜的是，器件的 η_{EQE} 仍然较低，只有 0.09%，这可能是由于 n 型 ZnO∶SnO_2 的电子注入能力明显高于 p 型 NiO 的空穴注入能力，导致电子在半导体量子点/ZnO∶SnO_2 界面层的积累，增加非辐射俄歇复合的概率，降低了器件性能。尽管无机金属氧化物作为电荷传输层材料的 QLED 器件性能得到了较大提升，但是在半导体量子点层上采用磁控溅射法生长电荷传输层时对其有一定的破坏；同时，当半导体量子点与金属氧化物直接接触时，金属氧化物表面较多的缺陷会使得半导体量子点在电致发光的过程中发生猝灭现象。为了解决这个问题，Bawendi 等系统研究了作为电荷传输层材料的无机金属氧化物能带、导电性及形貌对器件性能的影响，当在半导体量子点和 ZnO∶SnO_2 电子传输层之间插入 10nm 的 ZnO 和 15nm 的 ZnS 时，不仅可抑制半导体量子点的发光猝灭，还阻止了部分电子的注入，最终提高了器件性能。2017 年，Ji 研究组用溶液方法制备全无机 QLED。他们通过超声喷雾系统，在衬底上依次沉积了 NiO 和 ZnO 纳米颗粒，并在器件中插入半导体量子点层；而为了降低 NiO 纳米颗粒层缺陷较多导致的邻近半导体量子点层的发光猝灭，他们在半导体量子点层和 NiO 层之间用溶液法制备了一层不同厚度的 Al_2O_3 绝缘层，最后得到的器件结构为 ITO/NiO/Al_2O_3/半导体量子点/ZnO/Al。结果当 Al_2O_3 的厚度为 5nm 时器件的最高亮度大于 20000cd/m^2，更重要的是在初始亮度为 100cd/m^2 时，含有 Al_2O_3 的器件寿命预测超过 8000h，是当时的最高纪录。这种方法为制备大面积、低成本的高效全无机 QLED 提供了可选择的方法。全无机 QLED 能够提升器件耐水、氧的能力和器件的稳定性，这种结构为 QLED 的商业应用提供了一种较好的解决途径。使用无机层/半导体量子点/无机层结构的 QLED 部分表征见图 6-4。

6.2.4 有机层/半导体量子点/无机层结构

由于无机层在空穴传输性能方面较有机层还有待进一步提升，因而采用具有空穴传输性能的有机层作为空穴传输层，具有较好电子传输性能的无机层作为电子传输层的有机-无机混合 QLED 器件结构得到了业内的关注，并成为当前研究的热点。这种结构 QLED 的空穴注入层一般为有机物 PEDOT∶PSS；空穴传输层一般为聚合物 PVK、TFB、poly-TPD 或小分子有机物 TPD、CBP 等；而电子传输层通常为金属氧化物，如 TiO_2 和 ZnO 纳米粒子等。根据器件结构，这类有机-无机混合的 QLED 器件又可分为正型器件、反型器件和串联器件。

(1) 正型器件

正型器件使用 ITO 基底作为阳极，然后在其上分别是空穴注入层、空穴传输层、半导体量子点层和电子传输层，最后是金属电极作为阴极。2009 年，Cho 等以有机材料 TFB 和无机材料 TiO_2 分别作为空穴传输层和电子传输层制备了器件结构为 ITO/PEDOT∶PSS/TFB/半导体量子点/TiO_2/Al 的 QLED。通过对 CdSe/CdS/ZnS 半导体量子点的表面进行修饰来调节其能带结构，所制备的器件具有较低的开启电压（1.9V）和较高的亮度（12380cd/m^2）。

正型器件给 QLED 器件性能带来突破的是，2011 年 Qian 等首次用溶液法制备的无机 ZnO 纳米颗粒作为电子传输层，使用 ITO/PEDOT∶PSS/poly-TPD/半导体量

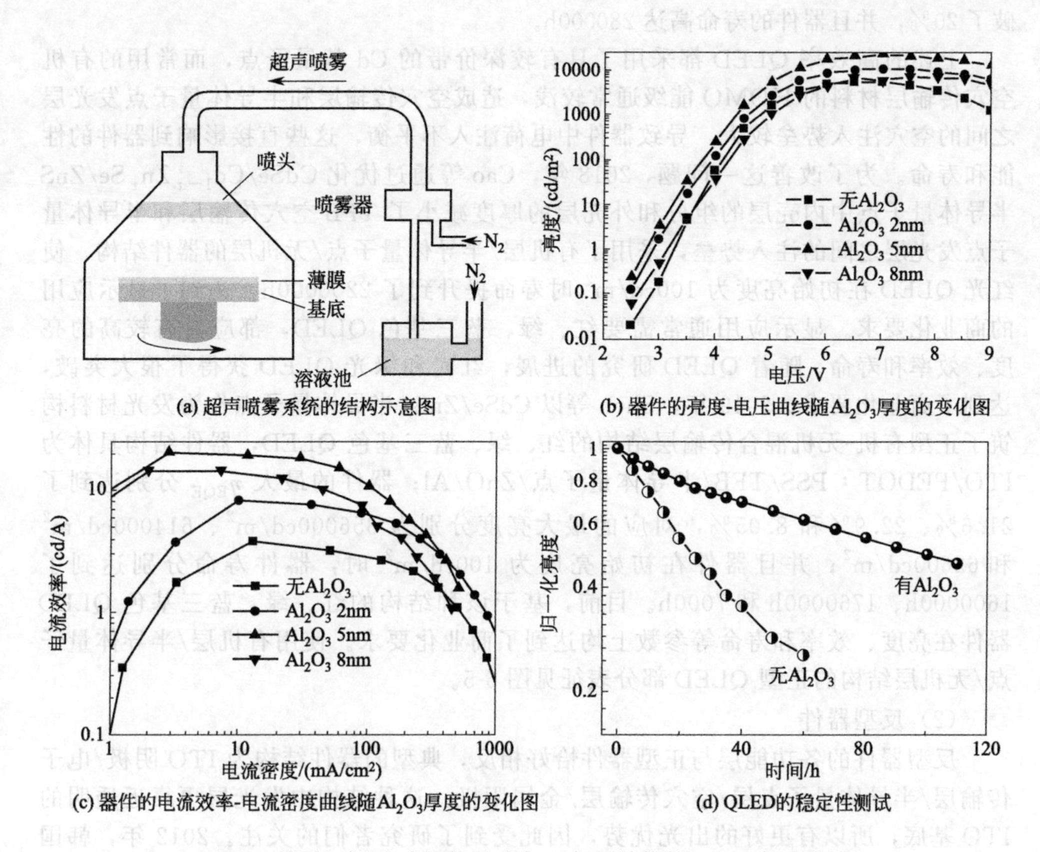

图 6-4　使用无机层/半导体量子点/无机层结构的 QLED 部分表征

子点/ZnO/Al 的器件结构，制备了橙红、绿、蓝三色的 QLED；器件最大亮度分别为 31000cd/m²、68000cd/m²、4200cd/m²，对应的 η_{EQE} 分别为 1.7%、1.8%、0.22%。对绿光 QLED 的寿命进行测试，结果显示溶液法制备的 ZnO 纳米颗粒作为电子传输层时器件具有较好的稳定性，初始亮度为 600cd/m² 时，未封装器件的寿命就已经超过了 250h。这些性能指标刷新了当时报道的最高纪录，此后 QLED 进入了各项性能快速提升的时期。2014 年，Peng 和 Jin 等采用全溶液法制备了混合结构的红光 QLED，为了平衡载流子注入，他们在 ZnO 和半导体量子点之间加入了一层薄的 PMMA 以降低电子的注入，同时采用 poly-TPD/PVK 双层空穴传输层以减小空穴注入势垒；器件结构为 ITO/PEDOT：PSS/poly-TPB/PVK/量子点/PMMA/ZnO/Al，红光器件 η_{EQE} 首次超过了 20%，为当时最高纪录值。同年，Lee 等首次采用一步法合成了 CdSe@ZnS 半导体量子点，随后在其表面包覆 ZnS 壳层形成 CdSe@ZnS/ZnS 核壳结构半导体量子点，并以 PVK 和 ZnO 纳米粒子作为空穴传输层和电子传输层材料构筑了混合结构的绿光 QLED；器件结构为 ITO/PEDOT：PSS/PVK/半导体量子点/ZnO/Al，绿光器件的 η_{EQE} 为 12.6%，并且电致发光光谱的半峰宽仅为 21nm，展现出较好的色纯度。之后，Manders 等构筑了有机-无机混合结构的 QLED (ITO/PEODT：PSS/TFB/半导体量子点/ZnO/Al)，使绿光器件的最大 η_{EQE} 首次突破了 20%，并且器件的寿命高达 280000h。

上述的高效率 QLED 都采用了具有较深价带的 Cd 基量子点，而常用的有机空穴传输层材料的 HOMO 能级通常较浅，造成空穴传输层和半导体量子点发光层之间的空穴注入势垒较大，导致器件中电荷注入不平衡，这些直接影响到器件的性能和寿命。为了改善这一问题，2018 年，Cao 等通过优化 CdSe/$Cd_{1-x}Zn_xSe$/ZnS 半导体量子点中内壳层的组分和外壳层的厚度减小了 TFB 空穴传输层和半导体量子点发光层之间的注入势垒，采用了有机层/半导体量子点/无机层的器件结构，使红光 QLED 在初始亮度为 100cd/m^2 时寿命提升到了 2200000h，达到了显示应用的商业化要求。显示应用通常需要红、绿、蓝三基色 QLED，都应具有较高的亮度、效率和寿命。随着 QLED 研究的进展，红光和绿光 QLED 获得了很大突破，达到了商业化要求。2019 年，Shen 等以 CdSe/ZnSe 半导体量子点作为发光材料构筑了正型有机-无机混合传输层结构的红、绿、蓝三基色 QLED，器件结构具体为 ITO/PEDOT：PSS/TFB/半导体量子点/ZnO/Al；器件的最大 η_{EQE} 分别达到了 21.6%、22.9%和 8.05%，对应的最大亮度分别为 356000cd/m^2、614000cd/m^2 和 62600cd/m^2；并且器件在初始亮度为 100cd/m^2 时，器件寿命分别达到了 1600000h、1760000h 和 7000h。目前，基于该种结构的红、绿、蓝三基色 QLED 器件在亮度、效率和寿命等参数上均达到了商业化要求。使用有机层/半导体量子点/无机层结构的正型 QLED 部分表征见图 6-5。

（2）反型器件

反型器件的各功能层与正型器件恰好相反，典型的器件结构为 ITO 阴极/电子传输层/半导体量子点层/空穴传输层/金属阳极。这种结构中发光层更靠近透明的 ITO 基底，所以有更好的出光优势，因此受到了研究者们的关注。2012 年，韩国的 Kwak 等首次采用反型结构来制备 QLED，器件结构为 ITO/ZnO/半导体量子点/CBP/MoO_3/Al；其中 ZnO 为电子传输层，CBP 为空穴传输层，MoO_3 为电极修饰层。基于这种反型器件的红、绿、蓝三种颜色的最高亮度分别为 23040cd/m^2、218800cd/m^2 和 2250cd/m^2，η_{EQE} 分别为 7.3%、5.8%和 1.7%。2013 年，Coe 研究组采用反型结构制备了红光 QLED，设计的器件结构为 ITO/ZnO/半导体量子点/spiro-2NBP/LG-101/Al；该器件的 η_{EQE} 达到了 18%，内量子效率达到了 90%，接近了理论最大值。反型结构的 QLED 器件，半导体量子点层和邻近的 ZnO 电子传输层之间会存在强的电耦合作用，这种作用极大地促进了电子通过 ZnO 层注入半导体量子点层，所以通过调控 ZnO 层和半导体量子点之间的界面可以调控电子注入的平衡。基于这个原因，Coe 研究组继续采用反型结构构筑了红光 QLED，为了平衡电荷的注入，他们在 ZnO 和半导体量子点发光层之间插入一层绝缘层材料 $CsCO_3$ 以减少部分电子的注入；器件结构为 ITO/ZnO/$CsCO_3$/半导体量子点/spiro-2NBP/LG-101/Al，其最高亮度超过了 160000cd/m^2，同时在初始亮度为 500cd/m^2 时寿命超过了 1445h。使用有机层/半导体量子点/无机层结构的反型 QLED 部分表征见图 6-6。

（3）串联器件

串联器件一般为两个或多个单独的 QLED 通过中间连接层进行连接，因为单

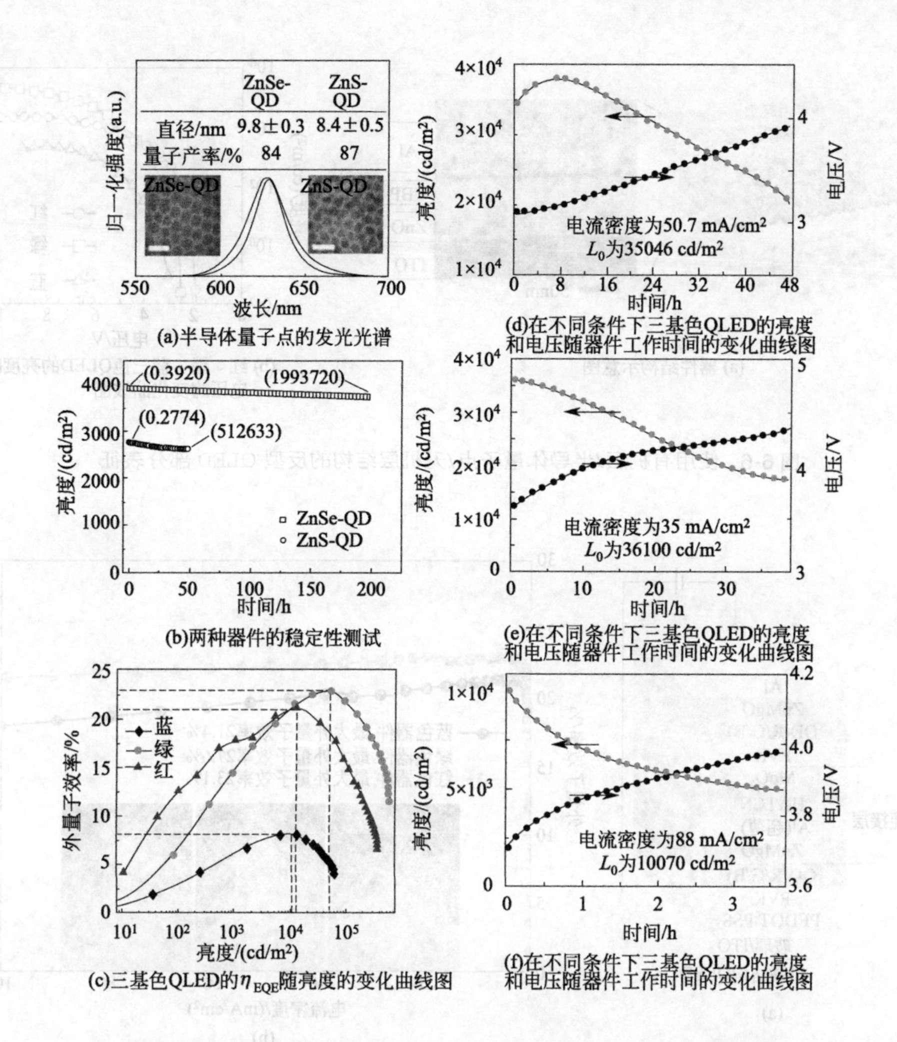

图 6-5　使用有机层/半导体量子点/无机层结构的正型 QLED 部分表征

节也均采用了无机-有机混合电荷传输的器件结构，所以也归为此类 QLED。借鉴 OLED 的串联结构，2018 年 Chen 等以 Al/HATCN/MoO_3 为中间连接层构筑了红、绿、蓝三基色串联结构的 QLED，器件的最大 η_{EQE} 分别达到了 23.1%、27.6%和 21.4%。串联结构的 QLED 器件结构与红、绿、蓝三色的外量子效率和电流密度的关系曲线见图 6-7。同年，Yang 等以 poly-TPD：PVK/ZnO/PEIE 为中间连接层构筑了串联结构的绿光 QLED，器件的最大电流效率和 η_{EQE} 分别达到了 183.3cd/A 和 42.2%。2020 年，Chen 等提出了一种半导体量子点-有机叠层发光二极管，引入了导电且透明的氧化铟锌（IZO）作为中间电极；通过将中间电极引出，该叠层器件可工作于并联或串联模式。通过改变驱动条件，单节 QLED 即可输出亮度可控的红、绿、蓝及任意颜色的发光。当器件工作模式处于串联模式时，通过调控驱动方式可实现高效率的白光发射。这种高效率、高亮度且色温可控的白

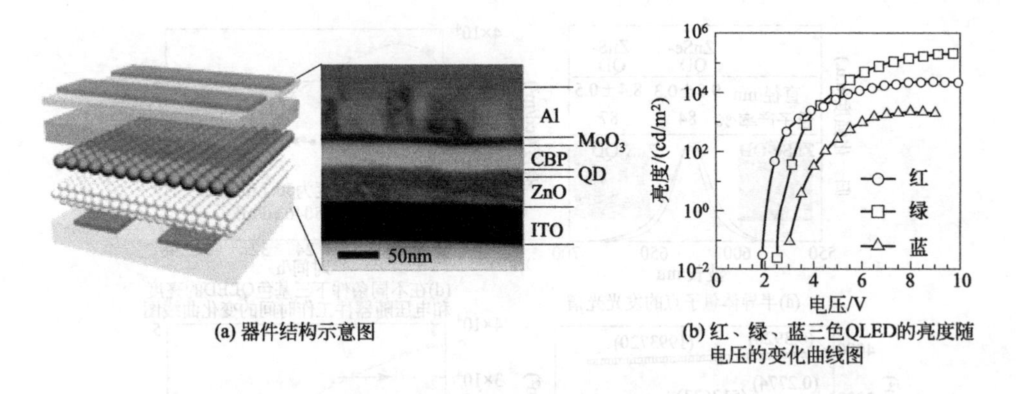

图 6-6　使用有机层/半导体量子点/无机层结构的反型 QLED 部分表征

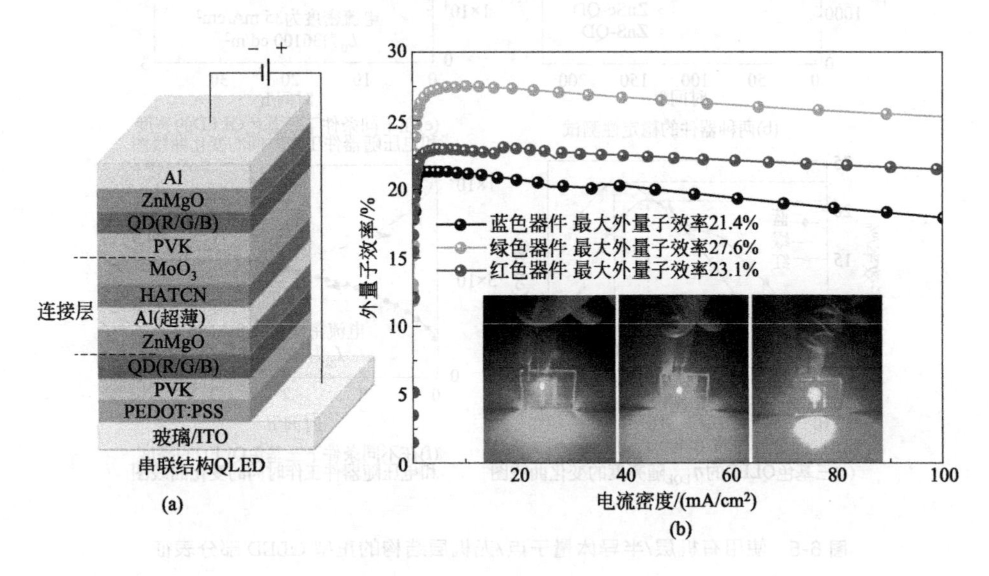

图 6-7　串联结构的 QLED 器件结构 (a) 与红、绿、蓝三色的外量子效率和电流密度的关系曲线（b）

光叠层发光二极管可应用于固态照明领域。串联结构的 QLED 器件在效率和亮度方面相较于单节器件有着明显提升，其性能与最好的 OLED 可相媲美，这为 QLED 进入市场打下了坚实的基础。

6.3 半导体量子点电致发光器件的制备

QLED 的器件制备与 OLED 器件相似，要求每层膜的厚度通常在 100nm 以内，器件的总厚度也仅有几百纳米。QLED 器件每层膜的沉积质量有很多影响因素，包括材料的成膜特性和不同材料之间溶剂的交叉溶解等。常用到的 QLED 成膜技术有溶液成膜技术、光刻技术和物理气相沉积技术等。

6.3.1　溶液成膜技术

溶液成膜指的是将分散在溶剂中的目标材料在衬底上加工成膜的工艺方法。这项技术由于低成本的优点吸引了研究者们的广泛关注。常见的溶液成膜技术有旋涂成膜技术、喷墨打印技术和微接触转印技术等。

(1) 旋涂成膜技术

图 6-8 为旋涂成膜和基片烘烤示意图。首先把配制好的含有目标材料的溶液滴到衬底上，然后再以一定的转速旋转，在旋转力的作用下溶液均匀铺开，此时溶剂快速挥发，留下厚度均一的薄膜。在此过程中，溶剂的特性、浓度和黏度以及旋涂的转速等因素都会影响薄膜的质量和厚度。旋涂一般采用有机溶剂配制溶液，并且可以通过溶液的浓度来调控薄膜的厚度；一般溶液的浓度越大，薄膜越厚。如果想精细调控薄膜的厚度，则需要固定浓度，改变旋涂转速来精细地控制膜厚。该方法具有一定的局限性：不适合大面积成膜；材料浪费严重，利用率较低；实际使用过程中各功能层之间要采用正交溶剂，这就限制了溶剂的选择范围；难以实现薄膜的图案化，因此无法制备三基色的器件集成。但是，由于该方案所需设备较少，操作过程简单，适于实验室的研究工作。

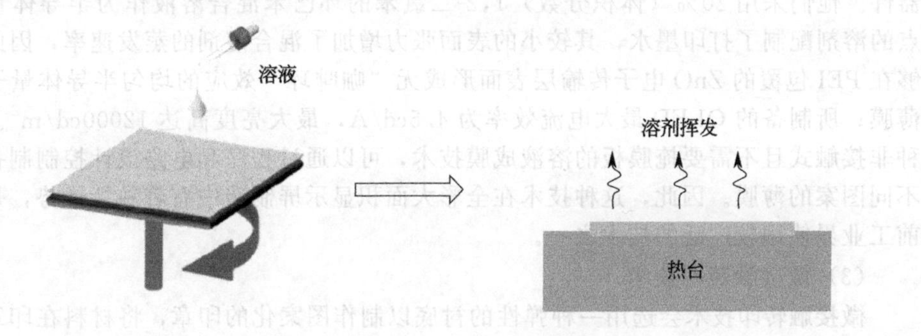

图 6-8　旋涂成膜和基片烘烤示意图

(2) 喷墨打印技术

喷墨打印成膜的过程包括以下三个步骤：首先由电信号控制的喷头释放一定体积的含有目标材料的墨水；然后墨滴落在相应的衬底上；最后墨滴扩散并使溶剂挥发以形成所需形状的薄膜。喷墨打印示意图和喷墨打印法制备的一个半导体量子点 3D 结构示意图见图 6-9。但是，在实际应用过程中，压力作用使墨水喷出时，喷嘴与流出的墨水接触会由于液体的黏性影响墨水边沿滴落的速度，使得喷出的液体并不是全部完全均匀地滴到基底上；因为墨滴的表面张力原因，在墨滴扩散和溶剂挥发的环节，溶质会部分扩散到墨滴边缘，从而易产生“咖啡环”效应，导致最后形成的薄膜中间薄边缘厚。Jabbour 等尝试采用喷墨打印技术来构筑 QLED，他

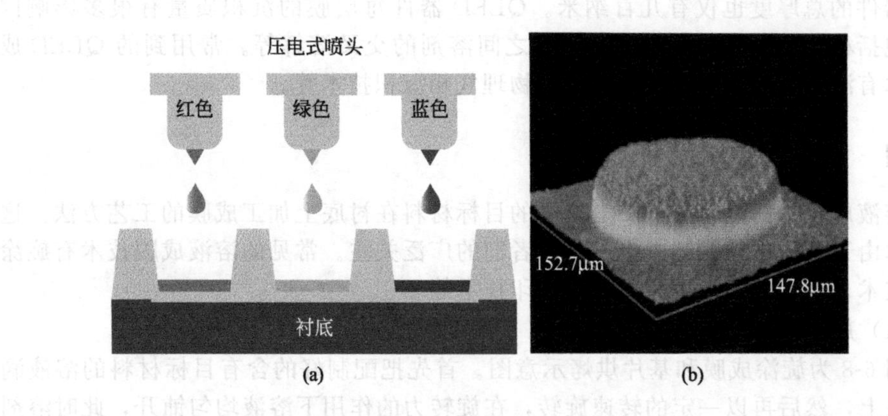

图 6-9 喷墨打印示意图 (a) 和喷墨打印法制备的一个半导体量子点 3D 结构示意图 (b)

们选用氯苯作为半导体量子点的溶剂来避免“咖啡环”效应，然而半导体量子点的氯苯溶液会直接与下层的 poly-TPD 接触；由于 poly-TPD 可溶于氯苯，打印出来的上层半导体量子点膜相当于不在一个光滑的表面上成膜，从而其粗糙度增大，并且膜上还会存在孔洞。因此，他们使用喷墨打印技术制备的 QLED 开启电压较高。为了解决这一问题，Cao 课题组采用喷墨打印技术制备了器件结构为 ITO/ZnO-PEI（聚醚酰亚胺）/喷墨打印半导体量子点/TCTA/NPB/MoO_3/Al 的 QLED 器件。他们采用 20%（体积分数）1,2-二氯苯的环己苯混合溶液作为半导体量子点的溶剂配制了打印墨水，其较小的表面张力增加了混合溶剂的蒸发速率，因此能够在 PEI 包覆的 ZnO 电子传输层表面形成无“咖啡环”效应的均匀半导体量子点薄膜；所制备的 QLED 最大电流效率为 4.5cd/A，最大亮度高达 12000cd/m^2。这种非接触式且不需要掩膜板的溶液成膜技术，可以通过程序和电路设计控制制备出不同图案的薄膜。因此，这种技术在全彩大面积显示屏制造中有着独特优势，是目前工业界使用较广泛的技术之一。

（3）微接触转印技术

微接触转印技术会选用一种弹性的衬底以制作图案化的印章，将材料在印章上形成薄膜，再与目标基底相接触。在一定压力下由于材料对目标基底和印章的黏附力不同，材料会从印章上剥离下来，最终附着在目标基底上。微接触示意图和转印流程示意见图 6-10。2008 年，Bulović 等在构筑 QLED 时采用微接触转印技术沉积半导体量子点膜作为发光层，他们选用了聚二甲基硅氧烷（PDMS）材料作为印章，为了防止 PDMS 衬底的溶胀，采用了化学气相沉积法在 PDMS 衬底上包覆一层聚对二甲苯；由于聚对二甲苯的芳香性与半导体量子点的溶剂氯仿相兼容，可以使其表面能降低到最小，因此能够成功地转移至基底上。之后该课题组采用这项技术制备了红光、绿光和蓝光 QLED，其最大 η_{EQE} 分别为 1.0%、0.5%和 0.2%。随后，Kim 等利用自组装十八烷基三氯硅烷（ODTS）包覆的硅片作为衬底，这种衬底对半导体量子点层的剥离效率可高达 100%，并且半导体量子点薄膜几乎没有任何缺陷，所制备的红光 QLED 发光效率可达 4.25 lm/W。然而，对于传统的微接触转印技术，衬底上的半导

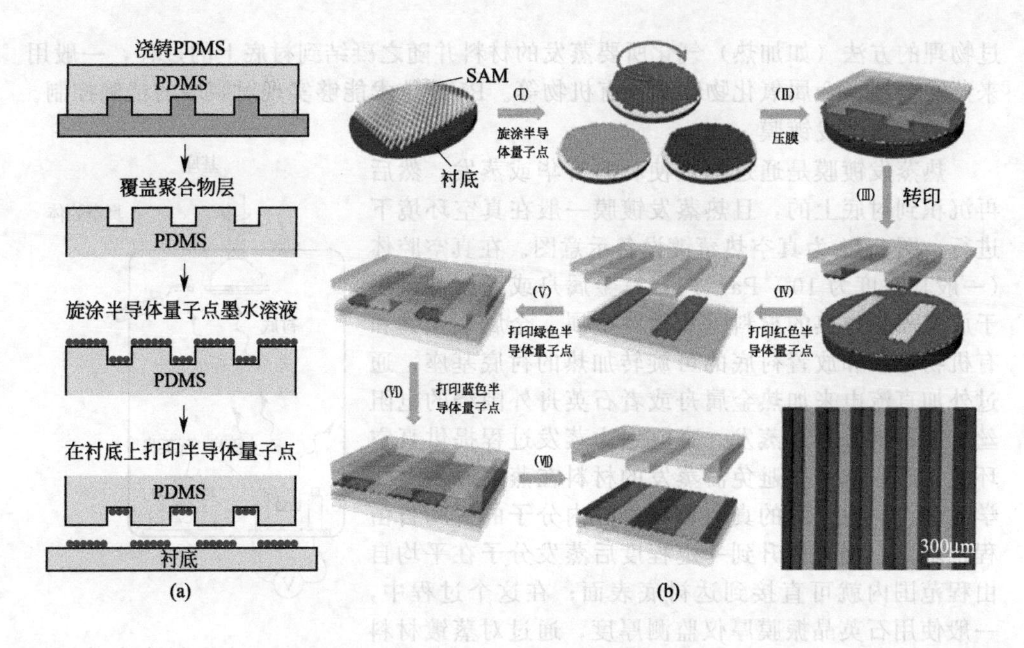

图 6-10　微接触示意图 (a) 和转印流程示意 (b)

体量子点图案和目标基底上的半导体量子点图案存在严重的形状偏差，因此很难获得分辨率小于 1μm 的图案。为了解决这一问题，Choi 等改进了微接触转印过程，利用平面衬底和凹版沟槽在衬底上构造图案阵列，然后将这些图案转移到目标基底上，称为凹版转印；由于半导体量子点位于凹槽边缘上，因此很容易把衬底上的半导体量子点图案转移至目标基底上，利用该技术制备的半导体量子点图案分辨率小于 1μm，像素高达 2460ppi。尽管这种简单低成本的表面图案化转印技术制备的图案分辨率较高，但是很难大规模用于生产，不能达到工业化生产的要求。

6.3.2　光刻技术

光刻技术是利用光化学反应原理或化学、物理刻蚀方法进行精密细微加工的技术。2016 年，Park 等采用该技术构筑了半导体量子点图案。在沉积半导体量子点之前，先把经过氧等离子体处理过的基底浸泡在聚二烯丙基二甲基氯化铵（PDDA）溶液（一种带正离子的聚电解质）中，PDDA 分子就会吸附到带负电的基底表面，这样表面带负电的水溶性半导体量子点就会吸附到 PDDA 分子上；由于半导体量子点与基底之间较强的静电键合作用，基底上的半导体量子点很难被冲刷掉，能够保持原有的形状。他们重复以上步骤，制备出了 40μm×40μm 的全色彩半导体量子点图案。利用光刻技术制备半导体量子点薄膜既具有较高的分辨率，又能够大规模生产，是发展前景较好的成膜技术之一。

6.3.3　物理气相沉积技术

物理气相沉积技术（physical vapor deposition，PVD）是在一个真空环境中通过物理的方法（如加热）气化所要蒸发的材料并随之凝结到衬底上的过程，一般用来蒸镀金属、金属氧化物和部分有机物等。PVD技术能够实现对膜厚的精确控制。

(1) 热蒸发镀膜

热蒸发镀膜是通过加热使材料升华或蒸发，然后再沉积到衬底上的，且热蒸发镀膜一般在真空环境下进行。图6-11为真空热蒸镀设备示意图。在真空腔体（一般真空度为10^{-4}Pa）内置有金属舟或者石英舟用于放置需要加热的材料（一般为金属、金属氧化物和有机物等）和放置衬底的可旋转加热的衬底基座，通过外加直流电来加热金属舟或者石英舟外围绕的电阻丝，使材料升华或蒸发。真空室为蒸发过程提供真空环境，高真空可以避免需蒸发的材料在蒸发时发生化学反应。同时，高的真空意味着腔内分子的平均自由程也增大，当真空升到一定程度后蒸发分子在平均自由程范围内就可直接到达衬底表面；在这个过程中，一般使用石英晶振膜厚仪监测厚度，通过对蒸镀材料的用量控制，实现纳米级别的厚度控制。这种技术成膜的质量较高，但是对于大面积制备依然难以保持整体的均一性。

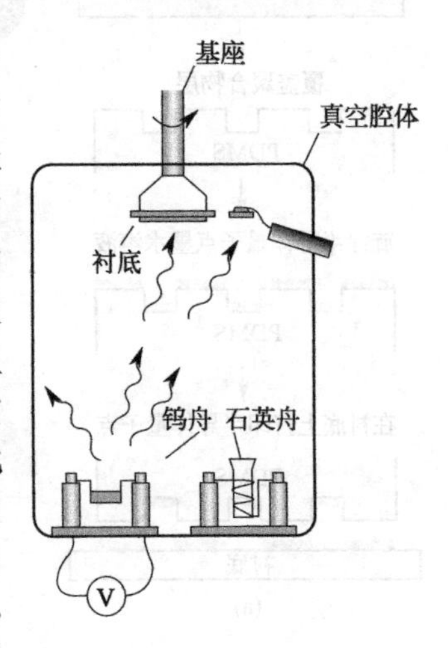

图6-11 真空热蒸镀设备示意图

(2) 磁控溅射镀膜

磁控溅射镀膜是通过电离注入的气体（如Ar）并用其轰击目标靶材，从而使得目标靶材的原子逸出，然后沉积到邻近衬底上的镀膜过程。一般在阴阳两极加上较大电压后，两电极间的工作气体会通过放电而被电离；电离气体在电场和磁场双重作用下，会获得较高的动能，最后轰击在目标靶材上溅射出来原子。原子以一定的动能抵达衬底，经过吸附、脱附和扩散等物理过程，逐渐聚集形成稳定的原子团并逐渐长大，最终形成薄膜。如果用在QLED的制备中，由于等离子体较高的能量，不适合有机材料的薄膜生长，且会破坏有机材料或者半导体量子点，但可以用来制备衬底上的透明电极等薄膜。

6.4 半导体量子点电致发光器件的性能优化

6.4.1 半导体量子点表面修饰和改性

QLED的性能可以通过优化发光层材料得到显著的提升，而对于半导体量子点光学性能的评判，通常从以下五个方面来考量：半导体量子点尺寸的均匀性、半导体量子点光致发光（PL）光谱的半峰宽、光化学稳定性、光致发光量子产率和单量子点的闪烁效应。例如，半导体量子点具有窄而对称的发射光谱有利于制备高色纯度的 QLED；半导体量子点具有较高的量子产率有利于制备器件效率更好的 QLED；减小单量子点的闪烁效应，有利于稳定的光输出。因此，通过对半导体量子点发光材料的纳米结构和表面结构两个方面进行优化，有利于提升半导体量子点的发光性能，从而促进器件性能的优化。

(1) 半导体量子点发光材料纳米结构的优化

由于半导体量子点表面会存在许多表面缺陷态，这些缺陷态常作为非辐射复合中心，捕获电子或空穴，产生非辐射复合，因此降低了半导体量子点的量子产率。通过对半导体量子点发光材料纳米结构的优化可以减少这些非辐射复合。例如，在半导体量子点表面包覆一层其他半导体材料作为壳层，并且通过合金型或阶梯型的壳层来增强核材料与壳层材料之间晶格常数的匹配性；优化结构后的半导体量子点会在一定程度上减少其核材料的表面缺陷态，同时核壳界面处因存在晶格畸变而导致的缺陷态能级也会减少，进而减少非辐射复合，提高发光效率。到目前为止，大多数高性能的 QLED 都是以核壳结构的半导体量子点作为发光层的。在通常情况下，为了降低半导体量子点核和壳层的晶格不匹配度，常常会采用合金型壳层或梯度型合金壳层。Kim 等以不同合金壳层厚度的半导体量子点构筑了 QLED，器件具有相似的电致发光光谱和开启电压。由于厚的合金壳层能够减小由俄歇复合引起的半导体量子点电荷累积和能量损失，较厚壳层的半导体量子点作为发光层的 QLED 器件表现出了较高的外量子效率和亮度，其中基于壳层厚度 6.3nm 的半导体量子点构筑的 QLED 器件最大 η_{EQE} 达到了 7.4%，最大亮度超过了 100000cd/m^2。基于不同合金壳层的核壳结构半导体量子点的 QLED 性能表征见图 6-12。

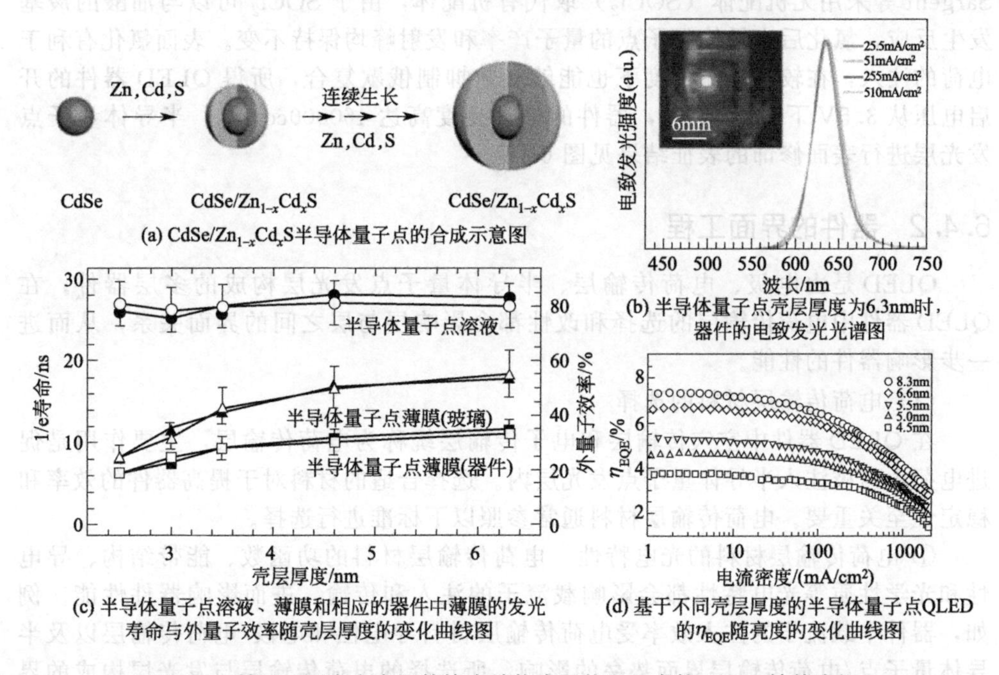

图 6-12 基于不同合金壳层的核壳结构半导体量子点的 QLED 性能表征

2015 年，Qian 等在富 Cd 和 Se 的核及富 Zn 和 S 的外壳层之间插入梯度合金壳层 $Cd_{1-x}Zn_xSe_{1-y}S_y$，通过调控中间壳层的组分使壳层富 CdS 或富 ZnSe。与富 CdS 壳层的半导体量子点相比，基于富 ZnSe 壳层的半导体量子点 QLED 器件具有较高的 η_{EQE}（14.5%）、电流效率（63cd/A）和较低的开启电压，这是因为富 ZnSe 的中间壳层能够把激子有效地限制在富 CdSe 半导体量子点核中，而最外层较薄的 ZnS 不会影响 QLED 中电荷的注入效率。另外，Shen 等在高温下通过外延生长法合成出了蓝光核/壳/壳结构半导体量子点，以合金型的 $Cd_xZn_{1-x}S$ 作为中间壳层，超薄 ZnS 作为外壳层，这种半导体量子点具有较高的光致发光量子产率（100%）且半高全宽小于 18nm。通过调节中间壳层的厚度，可使基于该种半导体量子点的 QLED 器件最大 η_{EQE} 高达 18%。

（2）半导体量子点发光层的表面修饰

除了对半导体量子点的纳米结构进行调控外，半导体量子点的表面配体也会影响相应 QLED 器件的光电性能。例如，Bawendi 等发现在 CdSe/CdS 半导体量子点表面修饰辛硫醇作为其表面配体，能够有效地抑制量子点的闪烁，使 QLED 器件性能得到大幅度提升。但是，配体交换过程中会引起半导体量子点光致发光量子产率的降低。为了解决上述问题，Zhong 等发明了原位配体交换方法，即在反应体系中 ZnS 壳层包覆完成后直接加入 6-巯基己醇（MCH）进行配体交换，并且配体交换前后半导体量子点的量子产率几乎保持不变；使用基于 MCH 修饰的 $CuInS_2$ 半导体量子点构筑了反型 QLED 器件，器件的最大 η_{EQE} 达到了 3.22%。另外，大部分有机配体都含有长碳链，因此选用无机配体成为研究者们关注的热点之一。Sargent 等采用无机配体（$SOCl_2$）取代有机配体，由于 $SOCl_2$ 可以与油酸的羧基发生反应，氯化后半导体量子点的量子产率和发射峰均保持不变。表面氯化有利于电荷的注入，在较高电流密度下也能够有效抑制俄歇复合，所得 QLED 器件的开启电压从 3.5V 下降到 2.5V，器件的最大亮度高达 $460000cd/m^2$。半导体量子点发光层进行表面修饰的表征结果见图 6-13。

6.4.2 器件的界面工程

QLED 是由电极、电荷传输层、半导体量子点发光层构成的多层器件。在 QLED 器件中电荷传输层的选择和改性都会影响层与层之间的界面关系，从而进一步影响器件的性能。

（1）电荷传输层材料的选择

在 QLED 器件中空穴传输层和电子传输层统称为电荷传输层，主要作用是促进电荷由两极注入半导体量子点发光层内。选择合适的材料对于提高器件的效率和稳定性至关重要。电荷传输层材料通常参照以下标准进行选择。

① 电荷传输层材料的光电特性　电荷传输层材料的功函数、能带结构、导电性和光学性质等光电特性都会影响载流子的注入和传输，进而影响器件性能。例如，器件中载流子的注入效率受电荷传输层材料导电性和电极/电荷传输层以及半导体量子点/电荷传输层界面势垒的影响，所选择的电荷传输层与发光层构成的界面既要具有良好的阻挡作用，还要能够平衡注入电荷，才能使激子限制在半导体量

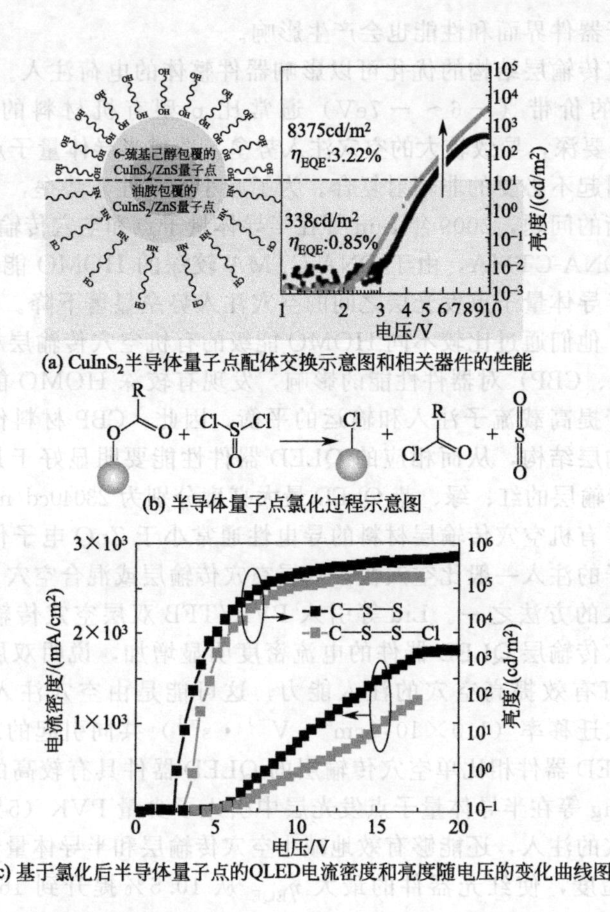

(a) $CuInS_2$半导体量子点配体交换示意图和相关器件的性能

(b) 半导体量子点氯化过程示意图

(c) 基于氯化后半导体量子点的QLED电流密度和亮度随电压的变化曲线图

图 6-13 半导体量子点发光层进行表面修饰的表征结果

子点发光层中，进行有效的激子复合。

② 电荷传输层材料良好的稳定性 电荷传输层和所有涉及电荷传输层的界面都应具有良好的稳定性。由于半导体量子点发光层内激子对水、氧的敏感性较高，电荷传输层材料如果能阻止水、氧的扩散，将大大提高器件的稳定性。

③ 电荷传输层材料溶液加工特性 电荷传输层材料良好的溶液加工特性是制备全溶液 QLED 器件的前提。具有较高浓度和较好稳定性电荷传输材料的溶液是制备连续、无孔且厚度可控薄膜的关键。根据前面提到的各种 QLED 的结构，在早期，真空蒸镀的有机小分子或导电聚合物常被用作电荷传输层材料，构筑了不同结构的 QLED 器件。然而有机电荷传输层材料较低的导电性限制了器件的开启电压、最大亮度和效率的进一步优化，同时有机电荷传输层材料较差的环境稳定性影响了器件的寿命。因此，全无机 QLED 和有机-无机混合 QLED 被广泛采用，并经过多年的努力，基于上述两种类型的 QLED 器件性能得到了显著提升。

(2) 电荷传输层的结构

除了电荷传输层的材料能影响 QLED 器件的性能外，研究者们还发现电荷传输层的结构对于器件界面和性能也会产生影响。

首先，空穴传输层结构的优化可以影响器件整体的电荷注入。例如，CdSe基半导体量子点的价带（－6～－7eV）通常比p型有机材料的最高占据轨道（HOMO）能级要深，导致较大的空穴注入势垒，造成半导体量子点发光层内电荷注入不平衡，引起不必要的非辐射复合。为了减小空穴注入势垒，克服半导体量子点内电荷不平衡的问题，2009年Sun等在半导体量子点和空穴传输层poly-TPD界面层之间插入DNA-CTMA，由于DNA-CTMA较深的HOMO能级（－5.6eV），空穴传输层和半导体量子点发光层之间的空穴注入势垒显著下降。Kawk等也做了更深入的研究，他们通过比较不同HOMO能级的有机空穴传输层材料（DNTPD、α-NPD、TCTA、CBP）对器件性能的影响，发现有较深HOMO能级的空穴传输层材料更有利于提高载流子注入和输运的平衡。因此，CBP材料作为空穴传输层可改善空穴传输层结构，从而相应的QLED器件性能要明显好于其他器件，基于CBP作为空穴传输层的红、绿、蓝QLED最大亮度分别为23040cd/m^2、218800cd/m^{2}和2250cd/m^2。有机空穴传输层材料的导电性通常小于ZnO电子传输层材料的导电性，因此电子的注入一般比空穴快。双层空穴传输层或混合空穴传输层的结构也是提高空穴注入的方法之一。Liu等引入PVK/TFB双层空穴传输层形成梯度势垒，这比单空穴传输层QLED器件的电流密度明显增加，说明双层空穴传输层形成的梯度能级可有效提高空穴的注入能力，这可能是由空穴注入势垒的降低和TFB较高的空穴迁移率（$1.0\times10^{-2}cm^2\cdot V^{-1}\cdot s^{-1}$）共同引起的。另外，相应的红、绿、蓝QLED器件相比单空穴传输层的QLED器件具有较高的效率和更低的开启电压。Liang等在半导体量子点发光层中引入了少量PVK（5%，质量分数），既能够提高空穴的注入，还能够有效地减小空穴传输层和半导体量子点发光层之间界面的表面粗糙度，使红光器件的最大η_{EQE}从10.5%提升到16.8%。Ho等在PVK溶液中加入有机小分子（TcTa、CBP、TPD等）作为器件混合空穴传输层，在合适的掺杂浓度下，器件的开启电压、最大亮度和最高效率都得到了一定程度的提升。

其次，电子传输层的结构优化对QLED器件的性能也有影响。如果空穴传输层结构优化后空穴的注入能力还是低于电子的传输能力，还可通过优化电子传输层的结构来减少电子的注入，这也是提高电荷平衡的有效方法之一。为了减少电子的注入，减缓半导体量子点的充电效应，研究者们尝试在半导体量子点和电子传输层ZnO纳米颗粒之间插入一个绝缘层。例如2014年，Peng和Jin等在半导体量子点和ZnO电子传输层之间插入一层6nm的PMMA以减少电子的注入和金属氧化物对半导体量子点的猝灭作用，结果红光QLED器件的最大η_{EQE}达到20.5%，接近理论最大值。另外，Dong等采用Cs_2CO_3作为电子阻挡层应用于反型QLED，使红光器件的最大电流效率和亮度分别达到了20.5cd/A和165000cd/m^2，器件在初始亮度为500cd/m^{2}时寿命达到了1445h。然而，插入的绝缘层厚度需要精确控制到10nm以下，否则电子的注入将受到严重影响，导致器件开启电压的升高和器件效率的降低。如何控制绝缘层的厚度将是这种优化方法的挑战，给器件制备带来了一定的困难。

(3) 电荷传输层的改性

除了上述改变传输层结构的方法，研究者们从材料本身的特性入手，采用离子掺杂等手段对传统材料直接改性，从而优化载流子的注入和输运平衡。

Nathan 等采用简单的溶胶凝胶法合成了不同尺寸的 ZnO 纳米粒子，随着纳米粒子尺寸的减小，ZnO 膜的带隙和导电性增大，因此较小的 ZnO 纳米粒子拥有比较合适的能带结构和较好的电荷注入平衡。当尺寸为 2.9nm 的 ZnO 纳米粒子作为电子传输层时，所对应的器件最大发光效率、功率效率和 η_{EQE} 分别为 12.5cd/A、4.69 lm/W 和 4.2%。除了 ZnO 纳米粒子的尺寸调控，对其进行阳离子掺杂也是电子传输层改性的策略之一。Jin 等采用 Mg 掺杂的 ZnO 纳米粒子作为电子传输层取代绝缘层 PMMA，也同样起到了抑制半导体量子点猝灭与降低载流子注入和输运能力的作用，使电子和空穴的注入和输运达到平衡，从而促进器件性能的提高。结果，红光和绿光 QLED 的最大 η_{EQE} 分别达到了 18.2%和 18.1%。不同离子对 ZnO 纳米离子的改性效果不同，Tang 课题组对 ZnO 纳米粒子探究了阳离子价态和离子半径对能带和带隙等方面的影响，分别将掺杂 Li^{+}、Mg^{2+}、Ca^{2+} 和 In^{3+} 的 ZnO 纳米粒子作为电子传输层，构筑了 InP/ZnS 半导体量子点作为发光层的 QLED。其中，基于 Mg^{2+} 掺杂的 ZnO 构筑的 QLED 性能最好，红光 QLED 的最大 η_{EQE} 达到 3.57%。在 Mg^{2+} 掺杂的 ZnO 基础上，在其表面引入氯离子，这种 Cl^{-} 钝化的 Mg^{2+} 掺杂 ZnO 纳米粒子可有效抑制激子在半导体量子点/电子传输层界面处的猝灭，同时能有效降低电子的注入，平衡载流子在发光层的注入，使 QLED 器件的性能进一步提升，最大 η_{EQE} 达到了 4.24%。红色 InP/ZnS 半导体量子点发光二极管以 ZnO：Mg 和 Cl@ZnO：Mg 作为电子传输层时的表征结果见图 6-14。

除了电子传输层 ZnO 纳米粒子，研究者们也对其他类型功能层材料进行了改性处理。QLED 常用 PEODT：PSS 作为空穴注入层，起到促进空穴注入的作用，但是其较低的电导率难以满足高性能 QLED 的要求。针对 QLED 中 PEDOT：PSS 电导率低的问题，Shen 等通过 Au 纳米粒子掺杂 PEDOT：PSS 对器件的空穴注入层进行改性，研究了 PEDOT：PSS 掺杂金纳米粒子前后 QLED 器件性能的变化情况。以 ZnCdSe/ZnS 核壳结构半导体量子点作为发光层，以掺杂不同粒径和不同浓度 Au 纳米粒子的 PEDOT：PSS 作为空穴注入层，构筑结构简单的 QLED，优化 Au 纳米颗粒的粒径和掺杂浓度使 QLED 的最大 η_{EQE} 与电流效率分别达到了 8.2%和 29.1cd/A，比未掺杂 Au 纳米粒子时的器件性能提高了 80%。

除此之外，对电荷传输层材料的表面进行改性也是提高器件性能的途径。通过化学共价键或物理吸附的方式引入其他分子来调节电荷传输层材料的表面性质，也可以优化电荷传输层的性能。例如，Cho 报道了一种氨基官能化的支化聚合物配体，不仅能够控制电荷的注入，还能够与半导体量子点和 ZnO 表面键合，使 ZnO 的能带结构得到改变，进而有效控制从 ZnO 电子传输层到半导体量子点层的电子注入速率，平衡注入电荷。该器件的 η_{EQE} 从 3.86%提升到了 11.36%。

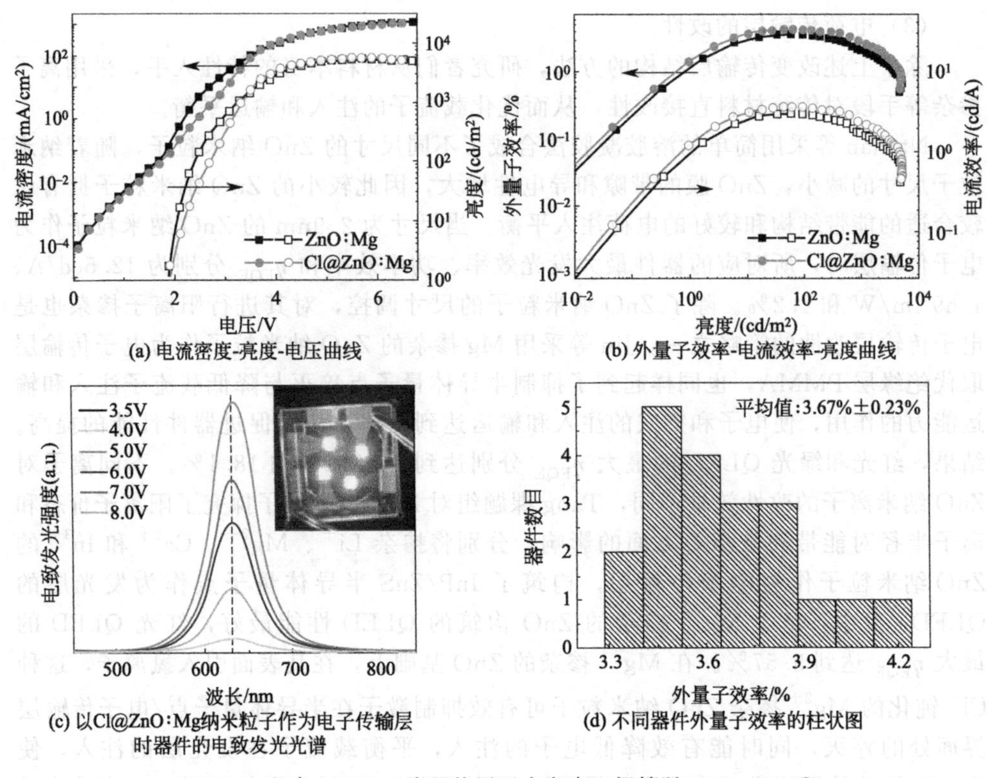

(a) 电流密度-亮度-电压曲线

(b) 外量子效率-电流效率-亮度曲线

(c) 以Cl@ZnO∶Mg纳米粒子作为电子传输层时器件的电致发光光谱

(d) 不同器件外量子效率的柱状图

图 6-14 红色 InP/ZnS 半导体量子点发光二极管以 ZnO∶Mg 和 Cl@ ZnO∶Mg 作为电子传输层时的表征结果

6.5 半导体量子点电致发光器件的性能评估

本节将从 QLED 中的发光机理、QLED 的性能评估、影响 QLED 性能的因素等方面展开阐述。

(1) QLED 中的发光机理

在 QLED 的发光过程中，人们普遍认为的发光机理是：电荷的直接注入发光和能量转移发光。电荷的直接注入发光机理是指当 QLED 两极加上正向偏压时，电子和空穴分别从阴极和阳极注入电子注入层和空穴注入层，通过电子传输层和空穴传输层的传输作用，两种相反电荷的载流子到达半导体量子点发光层。当两者相互靠近时，两者形成电子-空穴对，即所谓的激子，激子会通过辐射发光过程回到基态，或者通过非辐射发热过程降低自身能量。在 QLED 的电致发光过程中，增加电子和空穴的注入概率，并使得两种载流子平衡注入，有助于提高器件的辐射复合发光效率，对优化 QLED 的启亮电压和电致发光的效率有着重要作用。

另一种机理是能量转移发光机理。能量转移是指激发态分子将激发的激子能量转移到邻近的分子后回到基态，接受能量的受体跃迁到激发态形成激子的过程；提供激子能量的分子称为给体。在以有机物作为载流子传输层的QLED中，大多存在这种发光机制，其过程是先在半导体量子点邻近的有机物中形成激子，然后共振转移给量子点发光。能量转移有两种方式：Förster能量转移和Dexter能量转移。Förster能量转移又称为共振能量转移，是一种给体和受体之间偶极子耦合的长程能量转移过程。Dexter能量转移则指的是给体分子LUMO能级上的电子直接转移到受体的LUMO能级上，同时HOMO能级中的空穴也直接转移到受体的HOMO能级，在受体中形成激子而给体回到基态的短程能量转移过程。半导体量子点中激子形成机制示意见图6-15。

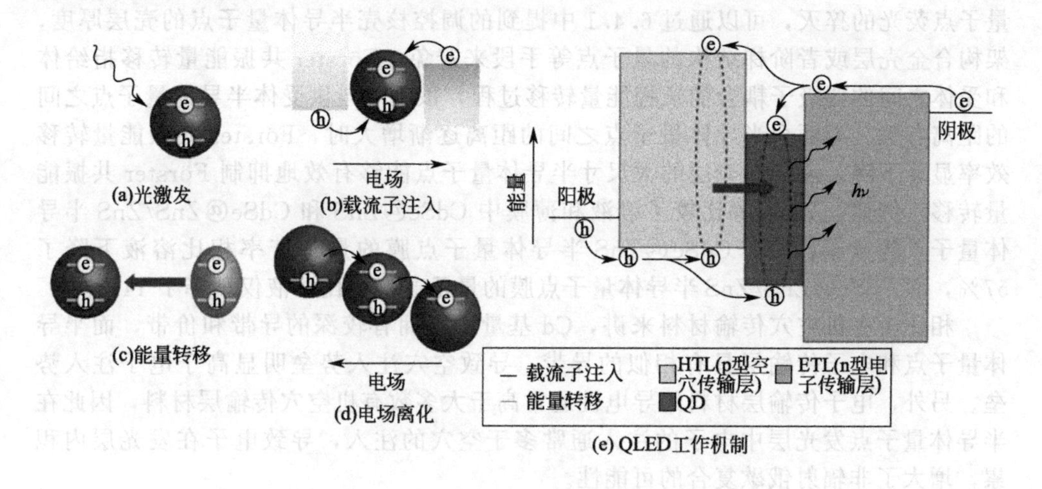

图6-15　半导体量子点中激子形成机制示意

(2) QLED的性能评估

评估QLED器件性能通常涉及以下不同的参数。

• 电致发光光谱（EL）。测试QLED电致发光过程中器件不同波长的光强度分布的图谱。

• 亮度。器件指定方向上的发光强度和与垂直于该方向的发光面积之比，单位为cd/m^2。

• 电流效率。亮度与对应电流密度的比值，单位为cd/A。

• 流明效率。光通量与输入电能的比值，单位为lm/W。

但是，这几个参数受人眼对色彩的敏感度（红、绿、蓝）影响，因此很难在不同的波长下比较其相对大小。为了比较不同颜色QLED器件的性能，研究者们通常使用外量子效率和器件寿命这两个性能参数。

外量子效率（η_{EQE}）。η_{EQE} 用公式表达如下：$\eta_{EQE}=\eta_{IQE}\eta_{oc}=\gamma\eta_{rad}\eta_{oc}$。式中，$\eta_{IQE}$、$\eta_{oc}$、$\gamma$、$\eta_{rad}$ 分别是内量子效率、出光效率、激子与注入电荷的比例、器件工作过程中激子发生辐射复合的比例。η_{IQE} 与 γ 和 η_{rad} 有关，反映了由电子和空穴在半导体量子点发光层中发生辐射复合过程所产生的光子数量；η_{oc} 与器件各功能层及空气之间折射率的差异有关；γ 代表器件中的电荷平衡；η_{rad} 与QLED的猝灭机制有关。

器件寿命（通常用T_{50}表示）。T_{50}指的是器件在特定的电流密度下，亮度衰减一半时所对应的时间。QLED器件的寿命在不同的初始亮度下的计算公式如下：

$$T_{50}L_0^n=\text{常数}$$

式中，L_0是初始亮度；n是加速因子，取决于器件结构和所用的材料。在QLED中，加速因子的取值范围为1.5～2。

(3) 影响QLED性能的因素

QLED性能的损耗主要受非辐射复合和电荷注入不平衡两个因素影响。非辐射复合 QLED中存在的非辐射复合机制主要分为俄歇复合和Förster共振能量转移。俄歇复合指激子的能量转移给半导体量子点中多余的电子或空穴，造成半导体量子点荧光的猝灭，可以通过6.4.1中提到的调控核壳半导体量子点的壳层厚度，架构合金壳层或者阶梯结构的量子点等手段来避免。Förster共振能量转移指给体和受体之间的偶极子耦合的长程能量转移过程，该机制与供受体半导体量子点之间的距离有关。当两个半导体量子点之间的距离逐渐增大时，Förster共振能量转移效率显著下降，因此厚壳层的大尺寸半导体量子点能够有效地抑制Förster共振能量转移。例如，Yang等比较了溶液和薄膜中CdSe@ZnS和CdSe@ZnS/ZnS半导体量子点的量子产率，CdSe@ZnS半导体量子点膜的量子产率相比溶液下降了57%，而CdSe@ZnS/ZnS半导体量子点膜的量子产率相比溶液仅下降了14%。

相比于有机空穴传输材料来讲，Cd基量子点拥有较深的导带和价带，而半导体量子点和电子传输层具有相似的导带，导致空穴注入势垒明显高于电子注入势垒。另外，电子传输层材料的导电性通常高于大多数有机空穴传输层材料，因此在半导体量子点发光层中电子的注入通常多于空穴的注入，导致电子在发光层内积累，增大了非辐射俄歇复合的可能性。

综合上面两个因素，为了提高QLED的器件性能，需要同时具备如下的特性：半导体量子点发光层的光致发光效率较高，即高质量的半导体量子点材料；器件中各个接触界面的能级匹配度好，载流子注入势垒很小；空穴和电子平衡注入半导体量子点层，从而降低非辐射复合的发生；合理的器件结构，使得光的取出效率较高，减少光的传输损耗。

6.6 半导体量子点电致发光器件的展望

经过二十多年的努力，研究者们通过优化半导体量子点发光材料和器件结构及界面工程使QLED的性能得到很大程度的提高，QLED在下一代低成本、低功耗、宽色域和超薄柔性显示器方面有着巨大潜力。然而，实现QLED市场化还存在一定的困难和挑战。

(1) 蓝光QLED的器件性能

蓝光QLED的效率和寿命都远小于相应的红光和绿光QLED，在初始亮度为$100cd/m^2$时，目前蓝光QLED的寿命约为7000h，红光和绿光QLED的寿命是其200多倍。另外，蓝光QLED中的猝灭机制仍然不是十分清楚。蓝光半导体量子点薄膜之间的能量传递，蓝光半导体量子点与电荷传输层之间的电荷转移及器件中电场诱导产生的激子猝灭等都可能是导致蓝光QLED中激子猝灭的原因，这些因素都有可能降低QLED的效率，进一步导致器件寿命下降。为了提高蓝光QLED的性能，可以继续从优化蓝光半导体量子点的组分和表面性能，寻找高性能的空穴传输层材料以及改善器件结构等途径入手。

(2) 器件性能衰减机制

Leo等将QLED器件的性能衰减机制归结为外因和内因两方面，受该工作的启发，Peng等对QLED器件的性能衰减过程进行了系统探讨。外因主要包括电极的脱落与空气中水、氧和光等引起的化学反应，这些因素都将破坏各功能层材料和界面之间的性能；而内因主要是在器件工作过程中产生的。例如，注入载流子经非辐射复合产生的热量使得器件温度升高，载流子在器件中的聚集而引起电压升高，注入载流子和材料之间的电化学反应及注入载流子和光子耦合产生的焦耳热等。与OLED相比，对QLED器件性能衰减机制的研究还需要进一步探讨，这对提高QLED器件的寿命有着非常重要的意义。

(3) 大面积QLED的生产

目前，还没有喷墨印刷技术制备大面积QLED的先例。喷墨印刷技术开发对大面积QLED来说是至关重要的，这其中涉及稳定墨水体系和成膜工艺的开发等。因此，需要很大努力去攻克QLED商业化中制备技术上的难题。

(4) 低毒无镉QLED的开发

目前QLED的发展主要集中在镉基QLED，但是重金属镉元素会对环境和人类身体健康造成极大危害。尽管无重金属QLED已经取得了一定进展，但是相较于镉基QLED，低毒无镉QLED在器件性能、稳定性和色纯度等方面还有一定的差距。因此，还需要进一步开发低毒无镉半导体量子点材料和器件。

参考文献

[1] Tang C W, VanSlyke S A. Organic electroluminescent diodes [J]. Applied Physics Letters, 1987, 51: 913-915.

[2] Colvin V L, Schlamp M C, Alivisatos A P. Light-emitting diodes made from cadmium selenide nanocrystals and a semiconducting polymer [J]. Nature, 1994, 370: 354-357.

[3] Schlamp M C, Peng X, Alivisatos A P. Improved efficiencies in light emitting diodes made with CdSe (CdS) core/shell type nanocrystals and a semiconducting polymer [J]. Journal of Applied Physics, 1997, 82: 5837-5842.

[4] Coe S, Woo W K, Bawendi M, et al. Electroluminescence from single monolayers of nanocrystals in molecular organic devices [J]. Nature, 2002, 420: 800-803.

[5] Michalet X, Pinaud F F, Bentolila L A, et al. Quantum dots for live cells, in vivo imaging, and diagnostics [J]. Science, 2005, 307: 538-544.

[6] Konstantatos G, Howard I, Fischer A, et al. Ultrasensitive solution-cast quantum dot photodetectors [J]. Nature, 2006, 442: 180-183.

[7] Zhao J, Bardecker J A, Munro A M, et al. Efficient CdSe/CdS quantum dot light-emitting diodes using a thermally polymerized hole transport layer [J]. Nano Letters, 2006, 6: 463-467.

[8] Stouwdam J W, Janssen R A J. Electroluminescent Cu-doped CdS quantum dots [J]. Advanced Materi-

als, 2009, 21: 2916-2920.
[9] Anikeeva P O, Halpert J E, Bawendi M G, et al. *Quantum dot light-emitting devices with electroluminescence tunable over the entire visible spectrum* [J]. Nano Letters, 2009, 9: 2532-2536.
[10] Caruge J M, Halpert J E, Wood V, et al. Colloidal quantum-dot light-emitting diodes with metal-oxide charge transport layers [J]. Nature Photonics, 2008, 2: 247-250.
[11] Cho K S, Lee E K, Joo W J, et al. High-performance crosslinked colloidal quantum-dot light-emitting diodes [J]. Nature Photonics, 2009, 3: 341-345.
[12] Kim H Y, Park Y J, Kim J, et al. Transparent InP quantum dot light - emitting diodes with ZrO_2 electron transport layer and indium zinc oxide top electrode [J]. Advanced Functional Materials, 2016, 26: 3454-3461.
[13] Qian L, Zheng Y, Xue J G, et al. Stable and efficient quantum-dot light-emitting diodes based on solution-processed multilayer structures [J]. Nature Photonics, 2011, 5: 543-548.
[14] Mashford B S, Stevenson M, Popovic Z, et al. High-efficiency quantum-dot light-emitting devices with enhanced charge injection [J]. Nature Photonics, 2013, 7: 407.
[15] Dai X, Zhang Z, Jin Y, et al. Solution-processed, high-performance light-emitting diodes based on quantum dots [J]. Nature, 2014, 515: 96-99.
[16] Dong Y, Caruge J M, Zhou Z, et al. Ultra-bright, highly efficient, low roll-off inverted quantum dot light emitting devices (QLEDs) [C]. Symposia VLSI Technology, Dig Tech Pap, 2015, 46: 270-273.
[17] Zhang H, Chen S, Sun X W. Efficient red/green/blue tandem quantum-dot light-emitting diodes with external quantum efficiency exceeding 21% [J]. ACS Nano, 2017, 12: 697-704.
[18] Shen H, Gao Q, Zhang Y, et al. Visible quantum dot light-emitting diodes with simultaneous high brightness and efficiency [J]. Nature Photonics, 2019, 13: 192-197.
[19] Coe-Sullivan S, Steckel J S, Woo W K, et al. Large-area ordered quantum-dot monolayers via phase separation during spin-casting [J]. Advanced Functional Materials, 2005, 15: 1117-1124.
[20] Niu Y H, Munro A M, Cheng Y J, et al. Improved performance from multilayer quantum dot light-emitting diodes via thermal annealing of the quantum dot layer [J]. Advanced Materials, 2007, 19: 3371-3376.
[21] Sun Q, Wang Y A, Li L S, et al. Bright, multicoloured light-emitting diodes based on quantum dots [J]. Nature Photonics, 2007, 1: 717-722.
[22] Castelli A, Meinardi F, Pasini M, et al. High-efficiency all-solution-processed light-emitting diodes based on anisotropic colloidal heterostructures with polar polymer injecting layers [J]. Nano Letters, 2015, 15: 5455-5464.
[23] Mueller A H, Petruska M A, Achermann M, et al. Multicolor light-emitting diodes based on semiconductor nanocrystals encapsulated in GaN charge injection layers [J]. Nano Letters, 2005, 5: 1039-1044.
[24] Wood V, Panzer M J, Halpert J E, et al. Selection of metal oxide charge transport layers for colloidal quantum dot LEDs [J]. ACS Nano, 2009, 3: 3581-3586.
[25] Ji W, Liu S, Zhang H, et al. Ultrasonic spray processed, highly efficient all-inorganic quantum-dot light-emitting diodes [J]. ACS Photonics, 2017, 4: 1271-1278.
[26] Kwak J, Bae W K, Lee D, et al. Bright and efficient full-color colloidal quantum dot light-emitting diodes using an inverted device structure [J]. Nano Letters, 2012, 12: 2362-2366.
[27] Lee K H, Lee J H, Kang H D, et al. Over 40 cd/A efficient green quantum dot electroluminescent device comprising uniquely large-sized quantum dots [J]. ACS Nano, 2014, 8: 4893-4901.
[28] Manders J R, Qian L, Titov A, et al. High efficiency and ultra-wide color gamut quantum dot LEDs for next generation displays [J]. Journal of the Society for Information Display, 2015, 23: 523-528.
[29] Yang Y, Zheng Y, Cao W, et al. High-efficiency light-emitting devices based on quantum dots with tailored nanostructures [J]. Nature Photonics, 2015, 9: 259.
[30] Shen H, Cao W, Shewmon N T, et al. High-efficiency, low turn-on voltage blue-violet quantum-dot-

based light-emitting diodes [J]. Nano Letters, 2015, 15: 1211-1216.
[31] Wang O, Wang L, Li Z, et al. High-efficiency, deep blue ZnCdS/$Cd_xZn_{1-x}S$/ZnS quantum-dot-light-emitting devices with an EQE exceeding 18% [J]. Nanoscale, 2018, 10: 5650-5657.
[32] Cao W, Xiang C, Yang Y, et al. Highly stable QLEDs with improved hole injection via quantum dot structure tailoring [J]. Nature Communications, 2018, 9: 2608.
[33] Song J, Wang O, Shen H, et al. Over 30% external auantum efficiency light-emitting diodes by engineering quantum dot-assisted energy level match for hole transport layer [J]. Advanced Functional Materials, 2019, 1808377.
[34] Su Q, Zhang H, Xia F, et al. Tandem red quantum-dot light-emitting diodes with external quantum efficiency over 34% [C]. SID Symposium Digest of Technical Papers, 2018, 49: 977-980.
[35] Shen P, Cao F, Wang H, et al. Solution-processed double-junction quantum-dot light-emitting diodes with an EQE of over 40% [J]. ACS Applied Material & Interfaces, 2018, 11: 1065-1070.
[36] Dai X, Deng Y, Peng X, et al. Quantum-dot light-emitting diodes for large-area displays: towards the dawn of commercialization [J]. Advanced Materials, 2017, 29: 1607022.
[37] Haverinen H M, Myllylä R A, Jabbour G E. Inkjet printing of light emitting quantum dots [J]. Applied Physics Letters, 2009, 94: 073108.
[38] Jiang C, Zhong Z, Liu B, et al. Coffee-ring-free quantum dot thin film using inkjet printing from a mixed-solvent system on modified ZnO transport layer for light-emitting devices [J]. ACS Applied Materials & Interfaces, 2016, 8, 26162-26168.
[39] Kim L A, Anikeeva P O, Coe-Sullivan S A, et al. Contact printing of quantum dot light-emitting devices [J]. Nano Letters, 2008, 8: 4513-4517.
[40] Kim T H, Cho K S, Lee E K, et al. Full-colour quantum dot displays fabricated by transfer printing [J]. Nature Photonics, 2011, 5: 176-182.
[41] Choi M K, Yang J, Kang K, et al. Wearable red-green-blue quantum dot light-emitting diode array using high-resolution intaglio transfer printing [J]. Nature Communications, 2015, 6: 7149.
[42] Park J S, Kyhm J, Kim H H, et al. Alternative patterning process for realization of large-area, full-color, active quantum dot display [J]. Nano Letters, 2016, 16: 6946-6953.
[43] Bailey R E, Nie S. Alloyed semiconductor quantum dots: tuning the optical properties without changing the particle size [J]. Journal of the American Chemical Society, 2003, 125: 7100-7106.
[44] Pal B N, Ghosh Y, Brovelli S, et al. 'Giant' CdSe/CdS core/shell nanocrystal quantum dots as efficient electroluminescent materials: strong influence of shell thickness on light-emitting diode performance [J]. Nano Letters, 2011, 12 (1): 331-336.
[45] Kim S, Im S H, Kim S W. Performance of light-emitting-diode based on quantum dots [J]. Nanoscale, 2013, 5: 5205-5214.
[46] Shen H, Lin Q, Wang H, et al. Efficient and bright colloidal quantum dot light-emitting diodes via controlling the shell thickness of quantum dots [J]. ACS Applied Materials & Interfaces, 2013, 5: 12011-12016.
[47] Lim J, Jeong B G, Park M, et al. Influence of shell thickness on the performance of light-emitting devices based on CdSe/$Zn_{1-X}Cd_XS$ core/shell heterostructured quantum dots [J]. Advanced Materials, 2014, 26: 8034-8040.
[48] Li Z, Hu Y, Shen H, et al. Efficient and long-life green light-emitting diodes comprising tridentate thiol capped quantum dots [J]. Laser & Photonics Reviews, 2017, 11: 1600227.
[49] Bai Z, Ji W, Han D, et al. Hydroxyl-terminated $CuInS_2$ based quantum dots: toward efficient and bright light emitting diodes [J]. Chemistry of Materials, 2016, 28: 1085-1091.
[50] Li X, Zhao Y B, Fan F, et al. Bright colloidal quantum dot light-emitting diodes enabled by efficient chlorination [J]. Nature Photonics, 2018, 12: 159-164.
[51] Sun Q, Subramanyam G, Dai L, et al. Highly efficient quantum-dot light-emitting diodes with DNA-CTMA as a combined hole-transporting and electron-blocking layer [J]. ACS Nano, 2009, 3: 737-743.

[52] Liu Y, Jiang C, Song C, et al. Highly efficient all-solution processed inverted quantum dots based light emitting diodes [J]. ACS Nano, 2018, 12: 1564-1570.
[53] Liang F, Liu Y, Hu Y, et al. Polymer as an additive in the emitting layer for high-performance quantum dot light-emitting diodes [J]. ACS Applied Materials & Interfaces, 2017, 9: 20239-20246.
[54] Ho M D, Kim D, Kim N, et al. Polymer and small molecule mixture for organic hole transport layers in quantum dot light-emitting diodes [J]. ACS Applied Materials & Interfaces, 2013, 5: 12369-12374.
[55] Zhang H, Sui N, Chi X, et al. Ultrastable quantum-dot light-emitting diodes by suppression of leakage current and exciton quenching processes [J]. ACS Applied Materials & Interfaces, 2016, 8: 31385-31391.
[56] Pan J, Chen J, Huang Q, et al. Size tunable ZnO nanoparticles to enhance electron injection in solution processed QLEDs [J]. ACS Photonics, 2016, 3: 215-222.
[57] Zhang Z, Ye Y, Pu C, et al. High-performance, solution-processed, and insulating-layer-free light-emitting diodes based on colloidal quantum dots [J]. Advanced Materials, 2018, 30: 1801387.
[58] Kim J H, Han C Y, Lee K H, et al. Performance improvement of quantum dot-light-emitting diodes enabled by an alloyed ZnMgO nanoparticle electron transport layer [J]. Chemistry of Materials, 2014, 27: 197-204.
[59] Sun Y, Wang W, Zhang H, et al. High-performance quantum dot light-emitting diodes based on Al-doped ZnO nanoparticles electron transport layer [J]. ACS Applied Materials & Interfaces, 2018, 10: 18902-18909.
[60] Cao S, Zheng J, Zhao J, et al. Enhancing the performance of quantum dot light-emitting diodes using room-temperature-processed Ga-doped ZnO nanoparticles as the electron transport layer [J]. ACS Applied Materials & Interfaces, 2017, 9: 15605-15614.
[61] Liang X, Ren Y, Bai S, et al. Colloidal indium-doped zinc oxide nanocrystals with tunable work function: rational synthesis and optoelectronic applications [J]. Chemistry of Materials, 2014, 26: 5169-5178.
[62] Cho I, Jung H, Jeong B G, et al. Multifunctional dendrimer ligands for high-efficiency, solution-processed quantum dot light-emitting diodes [J]. ACS Nano, 2016, 11: 684-692.
[63] Chen F, Lin Q, Wang H, et al. Enhanced performance of quantum dot-based light-emitting diodes with gold nanoparticle-doped hole injection layer [J]. Nanoscale Research Letters, 2016: 11, 376.
[64] Yang X Y, Mutlugun E, Zhao Y B, et al. Solution processed tungsten oxide interfacial layer for efficient hole-injection in quantum dot light-emitting diodes [J]. Small, 2014, 10: 247-252.
[65] Zhang H, Wang S T, Sun X W, et al. Solution-processed vanadium oxide as an efficient hole injection layer for quantum-dot light-emitting diodes [J]. Journal of Materials Chemistry C, 2017, 5: 817-823.
[66] Cao F, Wang H, Shen P, et al. High-efficiency and stable quantum dotlight-emitting diodes enabled by a solution-processed metal-doped nickel oxide hole injection interfacial layer [J]. Advanced Funcional Materials, 2017, 27: 1704278.
[67] Yang X, Zhang Z H, Ding T, et al. High-efficiency all-inorganic full-colour quantum dot light-emitting diodes [J]. Nano Energy, 2018, 46: 229-233.
[68] Deniz A A, Dahan M, Grunwell J R, et al. Single-pair fluorescence resonance energy transfer on freely diffusing molecules: observation of Förster distance dependence and subpopulations [J]. Proceedings of the National Academy of Sciences, 1999, 96: 3670-3675.
[69] Shirasaki Y, Supran G J, Bawendi M G, et al. Emergence of colloidal quantum-dot light-emitting technologies [J]. Nature Photonics, 2013, 7: 13-23.
[70] Chu T Y, Chen J F, Chen S Y, et al. Highly efficient and stable inverted bottom-emission organic light emitting devices [J]. Applied Physics Letters, 2006, 89: 053503.
[71] Lindla F, Boesing M, van Gemmern P, et al. Employing exciton transfer molecules to increase the lifetime of phosphorescent red organic light emitting diodes [J]. Applied Physics Letters, 2011, 98: 173304.

第7章

卤素钙钛矿材料及其电致发光器件

近年来，卤素钙钛矿材料由于具有良好的光电和磁学等性能受到了广大科学工作者的关注，在太阳能电池、发光二极管、激光器和光催化领域得到了广泛应用。尤其是在太阳能电池领域，在短短几年时间内，钙钛矿太阳能电池的光电转换效率就从最初的3.8%增加到了23.3%，与商业化的硅基太阳能电池相当。另外，在发光器件领域，随着钙钛矿材料和器件结构工程技术的不断发展，钙钛矿发光二极管(PeLED)的外量子效率从最初报道的0.0125%提高到20%以上，并且器件的色纯度高、亮度高且发光颜色可调。目前钙钛矿发光二极管存在的主要挑战包括：纯蓝色(发射波长450～470nm)和纯红色(发射波长620～650nm)的发光器件光谱不稳定，器件的稳定性亟待提高。本章将详细介绍卤化物钙钛矿材料的结构和制备方法、钙钛矿发光器件的结构和发光机理以及提高钙钛矿电致发光器件性能的策略等。

7.1 卤素钙钛矿材料的结构及发光特点

7.1.1 卤素钙钛矿材料的结构

钙钛矿是指基于天然矿物氧化钙的三维结构的大型结晶陶瓷家族。这种矿物是在19世纪被古斯塔夫·罗斯在俄罗斯乌拉尔山脉发现的，并以俄罗斯矿物学家列夫·佩洛夫斯基(Lev Perovski)的名字命名。这类矿物是指拥有类似于钛酸钙($CaTiO_3$)晶体结构的一大类物质，其化学式为ABX_3。钙钛矿材料结构示意图见图7-1。其中，3D结构是由一系列共享角BX_6八面体组成的，“A”正离子占据了立方八面体空腔，保持了系统的电中性。在卤素钙钛矿中，“A”是一价阳离子，通常表示甲基胺(MA^+)、甲酰胺(FA^+)、铯(Cs^+)、铷(Rb^+)离子或其混合物；“B”是二价阳离子，可以是铅（Pb^{2+}）、锡（Sn^{2+}）、铋（Bi^{2+}）、铜（Cu^{2+}）离子或其混合物；“X”是指卤素阴离子，包括氯（Cl^-）、溴（Br^-）、碘（I^-）离子或其混合物。通过改变阳离子和阴离子组分，可以调控卤素钙钛矿的光学带隙。改变“A”阳离子会引起“B—X”键的变化，最终使钙钛矿晶格膨胀和收缩。典型的“A”离子，例如 Cs^+、MA^+ 和 FA^+ 的有效离子半径（R）遵循 $R_{Cs^+}<R_{MA^+}<R_{FA^+}$ 趋势。“A”阳离子半径的增大导致晶格的整体膨胀，且晶格的整体膨胀也与钙钛矿的光学带隙减小有关。在卤素钙钛矿体系中，“B”是二价金属阳离子，而“X—B—X”键角的差异影响了其光学带隙的调控。当“X”卤素离子的尺寸增大时，卤素钙钛矿相应的吸收峰位会发生红移，这是由卤素原子电负性的共价特性增加所致。卤素钙钛矿可分为有机-无机杂化钙钛矿（A 为有机基团阳离子）和全无机型钙钛矿（A 为无机阳离子）。

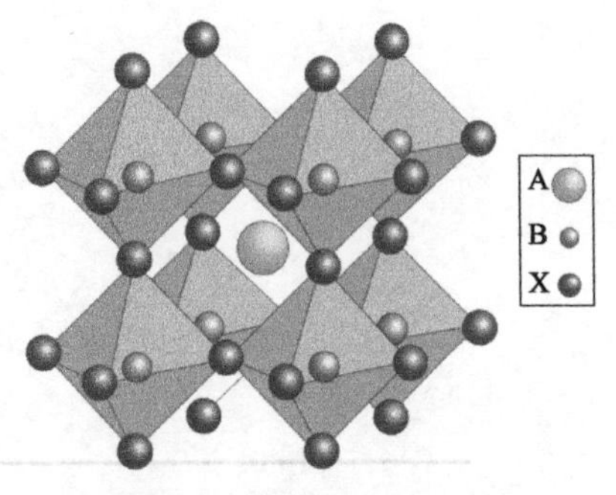

图 7-1 钙钛矿材料结构示意图

常用的钙钛矿材料可分为三维（3D）、二维（2D）和零维（0D）钙钛矿。其中，二维卤化物钙钛矿是由钙钛矿单位细胞沿基面方向周期性排列形成的，它们通常利用插层分子将 3D 卤素钙钛矿进行插层，形成层状二维结构，这可以被描绘成 3D 钙钛矿沿<100>方向切割成一个重复单位厚的切片。插层分子有许多种类型，通常情况下，是丁胺正离子（BA）。BA 上的胺正离子取代 A 位，形成有规律排列的碳链阵列，该阵列之间通过范德华力相连，令不同层数的钙钛矿层堆叠起来，形成 2D 结构。2D 卤素钙钛矿的基本结构见图 7-2。根据层状结构层间钙钛矿层八面体

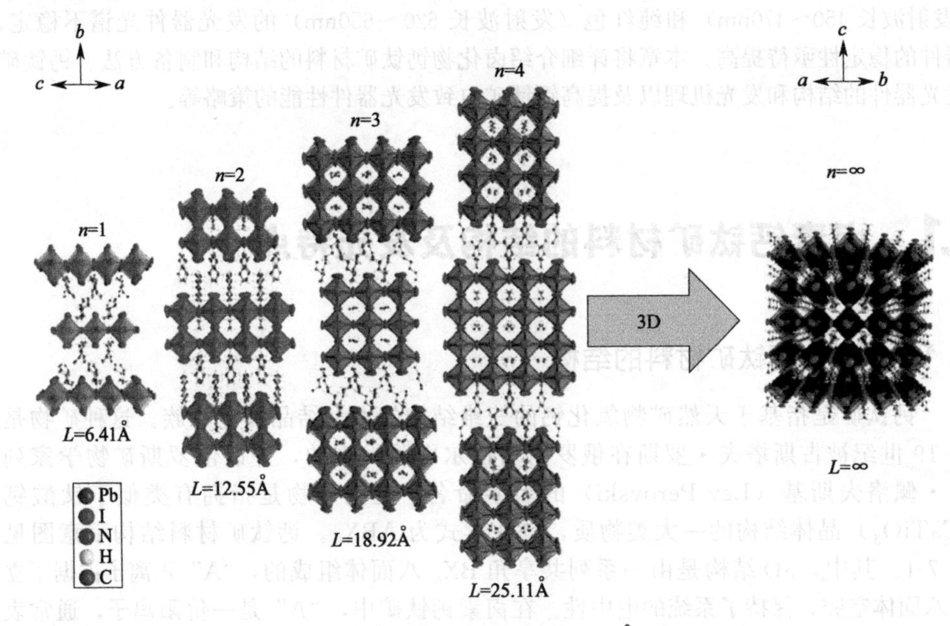

图 7-2 2D 卤素钙钛矿的基本结构（1Å= 0.1nm）

层数 n 的数量，可以得到 $n=1$、2、3、…、$+\infty$（3D）等层数各不相同的 2D 钙钛矿。

2D 钙钛矿类似于 K_2NiF_4 材料的 Ruddlesden-Popper（RP）结构（鲁德莱斯顿-波普尔相位），该结构的卤素钙钛矿结构简式为 $(BA)_2(MA)_{n-1}Pb_nI_{3n+1}$，其中 n 是两层有机链之间金属阳离子的层数。通过调节 n 值的大小，钙钛矿的物理和化学性质也会随之变化，可实现能带的调控。以丁胺（BA）为插层分子的 2D 钙钛矿最早由 Kanatzidis 等报道，他们系统研究了 $(BA)_2(MA)_{n-1}Pb_nI_{3n+1}$ 的晶体结构与光学性能的关系。这种 2D 钙钛矿材料为直接带隙，E_g 随 n 值的增加而逐渐下降，其光学带隙从 2.24eV（$n=1$）变化到 1.52eV（$n=+\infty$）。当 $n\leqslant 2$ 时，钙钛矿在室温下就有很强的光致发光现象，其在 LED 领域有潜在应用前景。当 $n\geqslant 3$ 时，其在可见光范围内有很强的吸收特性，在光伏器件领域有潜在应用。

和 3D 钙钛矿相比，2D 钙钛矿的较大优势就是钙钛矿层中间的插层分子有较大的设计空间，可从碳链的长度、碳链的种类，甚至是双胺碳链来改变插层分子的分子结构，从而改变钙钛矿的光学性质。图 7-3 为常用的二维钙钛矿材料插层分子的分子结构。这些不同结构和性能的分子对钙钛矿的光电性能有着十分显著的影响。研究者们使用聚邻乙氧基苯胺（POEA）作为插层分子，将 $MAPbBr_3$ 的 3D 钙钛矿材料插层形成 2D 钙钛矿，并且通过调节 POEA 的使用量实现钙钛矿材料发射光谱的调控，其发光颜色可从绿光转变为蓝光。另外，使用萘甲胺（NMA）作为插层分子可成功制备出 2D 钙钛矿材料，其光致发光量子产率有一定的提升。类似的，三种二胺分子［1,4-丁二胺（BDA）、1,6-己二胺（HDA）、十八胺（ODA）］分别用作插层分子可得到三种二维钙钛矿材料，它们的吸收光谱表明其光学带隙分别为 2.37eV、2.44eV、2.55eV。如果将双功能团的氨基酸（AVA）分子作为插层分子加入 3D 钙钛矿中，AVA 上的胺基和羧基均可与钙钛矿相互作用实现 2D 钙钛矿的制备。

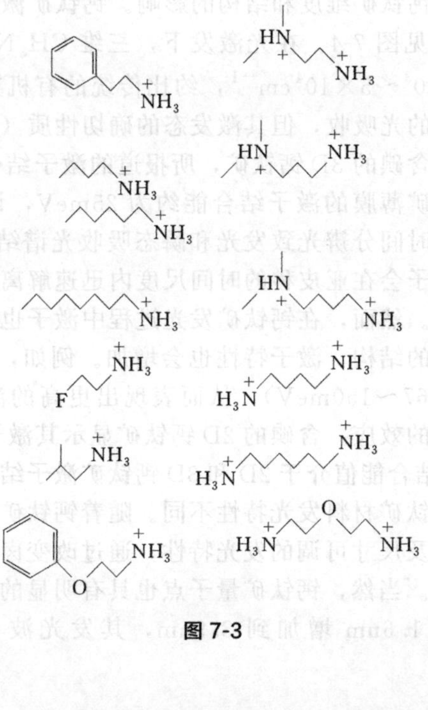

图 7-3

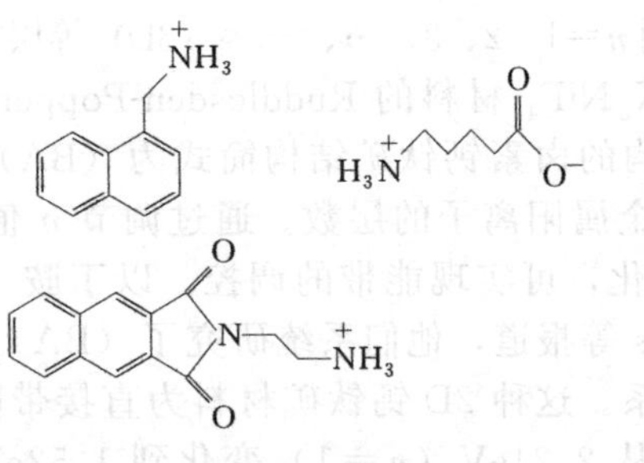

图 7-3 常用的二维钙钛矿材料插层分子的分子结构

与传统的Ⅱ-Ⅵ族量子点一样，0D 钙钛矿纳米晶通常被称为钙钛矿量子点。2015 年，Zhong 等发展了配体辅助再沉淀技术，利用简单的溶剂共混调控沉淀过程，制备出高发光性能的有机-无机杂化钙钛矿量子点；通过调控卤素种类可使发射光谱覆盖整个可见光区（400～800nm），室温和低激发密度下其光致发光量子产率可达 70%。同一年，Kovalenko 等采用高温热注射方法制备出了全无机钙钛矿量子点（$CsPbX_3$，X=Cl、Br、I），其直径在 4～15nm 左右；通过调控卤素离子种类，光致发光范围可在可见光（400～700nm）内进行变化，其光致发光量子产率高达 90%。0D 钙钛矿量子点具有成本低廉、工艺简单等特点，在发光二极管、激光等领域具有优势，是一类具有成长潜力的新型量子点材料。

7.1.2 卤素钙钛矿材料的发光特点

卤素钙钛矿的光物理过程始于电子和空穴分别通过光照或电场注入导带与价带，电子和空穴的复合过程存在辐射复合和非辐射复合两种途径，它们之间是竞争过程，在某种程度上受钙钛矿维度和结构的影响。钙钛矿激子结合能和光致发光波长与钙钛矿层数的关系见图 7-4。在光激发下，三维 $CH_3NH_3PbI_3$ 钙钛矿在可见光区的吸收系数为 $5\times10^3\sim5\times10^4cm^{-1}$，约比传统的有机染料高一个数量级。虽然钙钛矿材料具有有效的光吸收，但其激发态的确切性质（激子与自由载流子）一直是争论的焦点。对于含碘的 3D 钙钛矿，所报道的激子结合能在 2～50meV 的范围内。在室温下，钙钛矿薄膜的激子结合能约为 25meV，说明激发态主要是由载流子组成的。事实上，时间分辨光致发光和瞬态吸收光谱结果表明，含碘的 3D 钙钛矿中室温下形成的激子会在亚皮秒的时间尺度内迅速解离成自由载流子，导致自由载流子占据主导地位。然而，在钙钛矿发光过程中激子也是存在的，随着激发密度的增大或改变钙钛矿的结构，激子特性也会增加。例如，含溴的 3D 钙钛矿表现出更高的激子结合能（67～150meV），从而表现出更高的激子性质。在低维钙钛矿中也可以观察到类似的效应，含碘的 2D 钙钛矿显示其激子结合能约为 320meV，而准 2D 钙钛矿的激子结合能值介于 2D 和 3D 钙钛矿激子结合能值之间。所以，不同结构和不同维度的钙钛矿材料发光特性不同。随着钙钛矿尺寸的减小，钙钛矿量子点表现出元素可调以及尺寸可调的发光特性，通过改变卤素的种类可实现发光在整个可见光区内的调控。当然，钙钛矿量子点也具有明显的量子尺寸效应，含溴钙钛矿量子点的尺寸从 1.6nm 增加到 3.9nm，其发光波长可从 440nm 增加到

550nm。除了元素调控，通过改变量子点表面的配体类型和掺杂离子类型都可实现钙钛矿量子点发光特性的调控。例如，多个课题组的研究表明将 Mn^{2+} 引入全无机钙钛矿量子点中可提升量子点的稳定性。纯的全无机钙钛矿量子点薄膜在室温和空气环境中保存 30d 之后，几乎就观察不到发光，而在掺杂 Mn^{2+} 后的全无机钙钛矿薄膜可在室温和空气环境中保存 120d，发光强度仍能保持在原来的 60 倍以上。除此之外，通过调控 Mn/Pb 元素比例可改变其光致发光量子产率。当 Mn：Pb 比例为 2：1 时，其量子产率最大，且随着温度的升高，发光强度增加，发射峰位发生一定程度的蓝移。

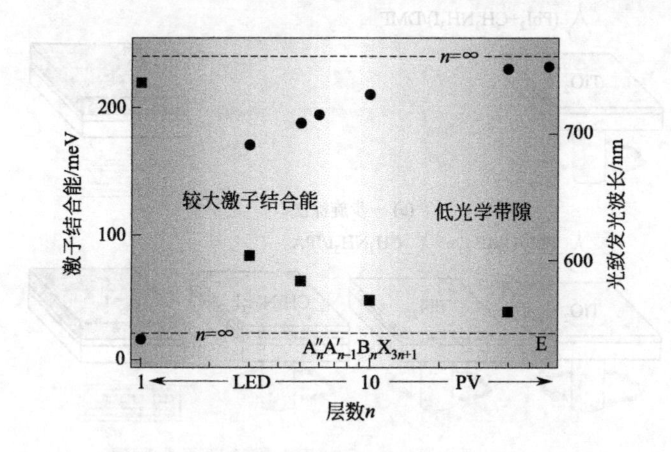

图 7-4　钙钛矿激子结合能和光致发光波长与钙钛矿层数的关系

7.2　卤素钙钛矿材料的制备方法

对于不同结构的卤素钙钛矿材料制备方法非常多，不同的制备方法得到的产物可以有不同的用途。下面主要简单介绍一下常见的钙钛矿薄膜和钙钛矿量子点的制备方法。钙钛矿薄膜的制备方法主要包括溶液旋涂法、气相蒸发法等；而钙钛矿量子点的制备方法主要包括高温注入法、阴离子交换法、过饱和重结晶法和微波合成法等。

7.2.1　卤素钙钛矿薄膜的制备方法

溶液旋涂法是一种常见的制备卤素钙钛矿多晶薄膜的方法，主要分为一步法和两步法。图 7-5 给出了一步和两步溶液法制备 $CH_3NH_3PbI_3$ 薄膜的示意图。一步法最早是由日本的 Miyasaka 课题组提出来的，他们在 TiO_2 层上旋涂卤甲胺和卤化铅前驱体得到了有机-无机杂化的 $CH_3NH_3PbI_3$。这种方法一般分为三个步骤：首先，将前驱体材料 PbI_2 和 CH_3NH_3I 以一定比例溶解配成溶液，溶剂主要有二甲基甲酰胺（DMF）或二甲基亚砜（DMSO）等；然后，采用旋涂的方法将前驱体溶液旋涂至洁净的衬底上；最后，将上述衬底转移到手套箱中进行退火处理，即可得到结晶性良好的多晶薄膜。而两步法的步骤主要包括：先将 PbI_2 的 DMF 溶液旋涂至洁净衬底上，退火成膜后，再将 CH_3NH_3I 的异丙醇（IPA）溶液旋涂至 PbI_2 层上，之后经过退火处理得到结晶性良好的多晶薄膜。溶液法制备钙钛矿材料方法简单、成本低廉，但可能存在某些前驱物溶解度低、成膜性不均匀（有空隙或针孔）等缺点。随着钙钛矿薄膜制备技术的发展，在溶液法基础之上发展了许多改进的制备技术，这些技术都可用于制备钙钛矿材料。图 7-6 为不同钙钛矿薄膜的制备技术示意图。

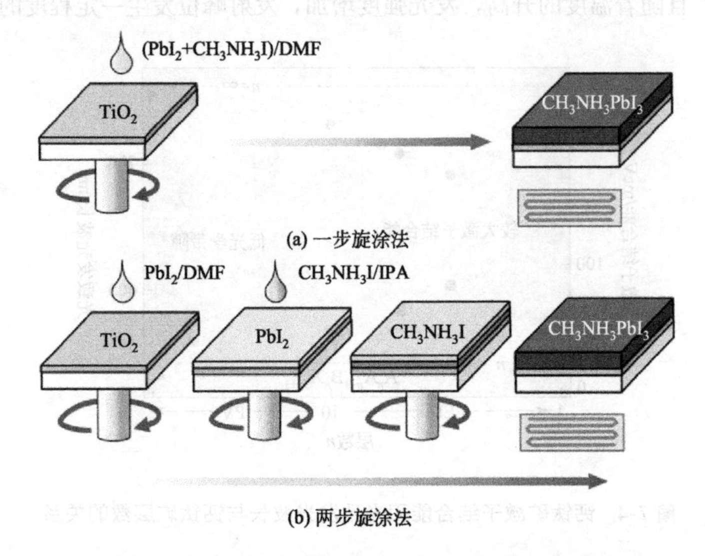

图 7-5 一步和两步溶液法制备 $CH_3NH_3PbI_3$ 薄膜的示意图

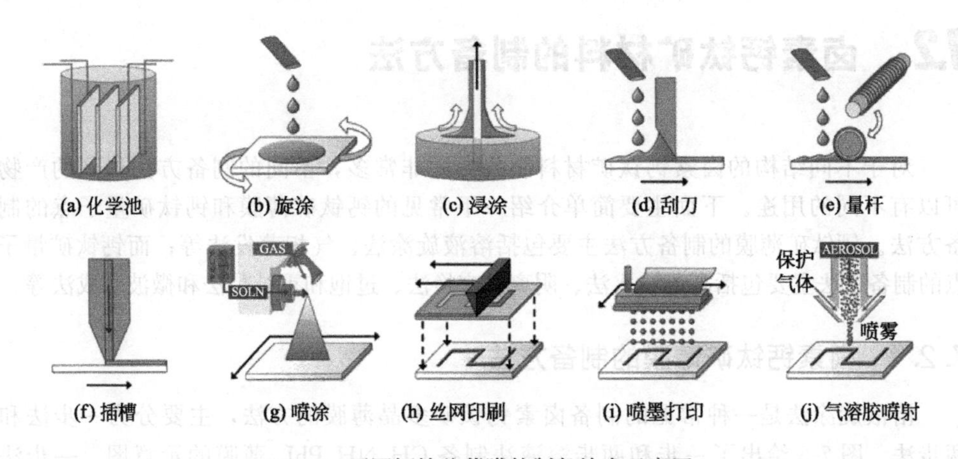

图 7-6 不同钙钛矿薄膜的制备技术示意图

除了溶液法，气相蒸发法是制备钙钛矿薄膜的另一种合成方法。这种方法通常是将前驱物作为蒸发源，利用热蒸发的方式不断输送到基底上，如气相辅助溶液法。该方法先利用溶液旋涂的方式将无机前驱体沉积到基底上，然后退火处理提高薄膜结晶性；之后将有机前驱体采用热蒸发的方式不断输送至无机薄膜表面，使两者发生反应，最后得到钙钛矿薄膜。除此之外，还可以将前驱物中的无机源和有机源同时放置在真空镀膜机内，进行双源共蒸发。双源共蒸发法示意图见图 7-7。该方法是在真空腔中进行的，可以各自调整两个蒸发源的蒸发速率同时蒸发，使有机源和无机源在基底上相遇并进行反应沉积在基底表面。一般来说，利用气相蒸发法制备的钙钛矿薄膜相对比较致密，受污染程度低，成膜性较好，缺陷较少，一般不会出现针孔等。但是，其制备工艺复杂，成本也比溶液法稍高。

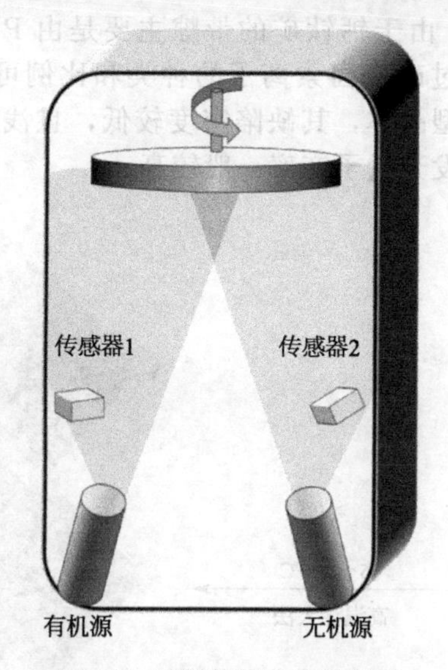

图 7-7 双源共蒸发法示意图

7.2.2 卤素钙钛矿量子点的制备方法

卤素钙钛矿量子点的制备需要量子点成核和生长所需的前驱体及表面配体，这样一方面能够防止量子点的团聚，另一方面能够抑制表面缺陷，减少电子和空穴的非辐射复合。因此，钙钛矿量子点在合成过程中可以通过改变离子型前驱体和配体的种类、用量及反应条件来调控其晶型、形貌和发光性能。目前常见的钙钛矿量子点的合成方法有以下几种。

(1) 高温热注入法

2015 年，Protesescu 等首次报道了利用高温热注入法制备具有均匀立方形貌和优异光学性能的胶体 $CsPbX_3$（X＝Cl、Br 和 I）量子点。热注入法的常见实验装置见图 7-8。在标准的合成过程中，将一定量的 PbX_2 粉末溶解在表面活性剂（通常是有机胺和有机酸，如油胺和油酸）和溶剂（通常是十八烯）中，然后将混合液体通入惰性气体进行脱气处理；之后在一定温度（通常为 120～200°C）下将加热的预先制备好的 Cs 前驱体溶液（通常为油酸铯）注入上述混合体系中，反应一定时间后用冰水浴进行冷却得到 $CsPbX_3$ 量子点。由于 $CsPbX_3$ 的固有离子晶体特性，其成核和生长速度非常快，可以在几秒内完成。因此，通过改变反应温度或前驱体浓度可以有效地调控立方 $CsPbX_3$ 量子点的尺寸。图 7-9 展示了热注入法合

成的 $CsPbX_3$（X＝Cl、Br 和 I）钙钛矿量子点溶液在紫外灯下的照片和发射光谱。同样的，有机-无机杂化卤素钙钛矿量子点也可以采用该方法制备得到。例如，$MAPbBr_3$ 钙钛矿量子点通过将 MABr 和 $PbBr_2$ 加入油酸、油胺溴、十八烯混合溶液中制备得到，将其分散在甲苯中可保持 3 个月，其光致发光量子产率约为 20%。其他卤素元素取代的 $MAPbX_3$（X＝Cl、Br、I）钙钛矿量子点也可采用相同的方法成功制备出来，其光致发光范围可在 400～750nm 内调节，光致发光量子产率大大提高（约 50%～70%）。由于钙钛矿的带隙主要是由 Pb 的 4f 轨道和卤素的 3d 轨道共同决定的，因此通过改变卤素离子的种类和比例可有效调节其发射光谱范围。另外，钙钛矿为离子型晶体，其缺陷密度较低，且浅缺陷一般集中在导带里，因而钙钛矿量子点的光致发光量子产率一般较高。

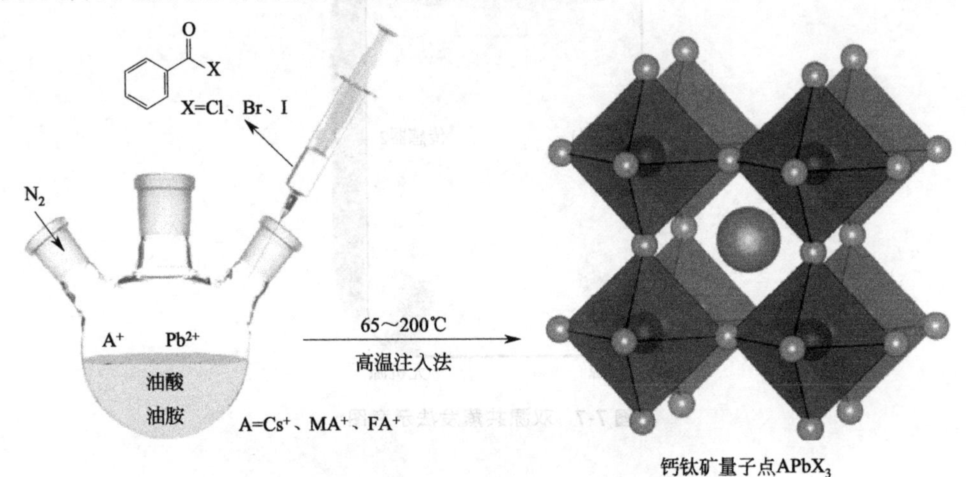

图 7-8　热注入法的常见实验装置

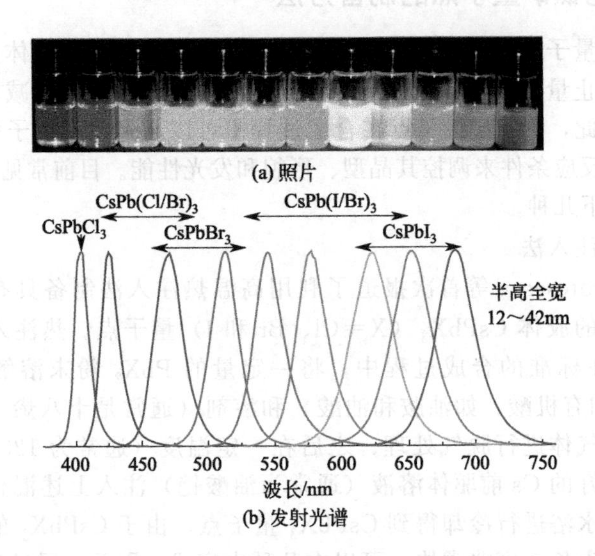

图 7-9　热注入法合成的 $CsPbX_3$（X= Cl、Br 和 I）钙钛矿量子点溶液在紫外灯下的照片和发射光谱

（2）过饱和重结晶法

尽管高温热注入法已得到广泛应用，但是该方法不利于大批量合成，而且高温条件下反应速度较快，其形貌和光学性能的改性范围非常有限。为了弥补高温热注入法的不足，2016年Zeng课题组提出过饱和重结晶法制备卤素钙钛矿量子点。首先，一定量的CsX和PbX_2（X=Cl、Br、I或它们的混合物）溶解在良溶剂中（通常为DMF和DMSO），并加入一定量的表面活性剂（油胺和油酸）；之后，将少量上述溶液加入不良溶剂（通常是甲苯）中。无机离子在甲苯中的溶解度要小得多（在10^{-7}g m/L以内），而DMF或DMSO与甲苯是互溶的。由于金属离子不溶于甲苯，在相互混合的溶液中会立即产生高度过饱和状态，从而导致$CsPbX_3$量子点快速重新结晶。通过改变卤素离子的种类和比例可以制备出红、绿、蓝三色钙钛矿量子点，其光致发光量子产率分别为80%、95%和70%，半峰宽分别为35nm、20nm和18nm；并且稳定性较高，在室温下可存放30d，量子产率仅下降10%。之后，Sun等采用该方法制备出光致发光量子产率高达80%的$CsPbX_3$量子点，通过改变反应条件可使发射峰从380nm调节至693nm。通过选用不同的有机酸和胺的种类及沉淀过程可制备出不同形貌的纳米晶，如纳米立方块、一维纳米棒和二维纳米片等。

（3）阴离子交换法

在合成$CsPbX_3$量子点的过程中，通过调节卤素离子的种类和用量可有效调控量子点的发光范围和性质。然而，高亮度的$CsPbCl_3$和$CsPbI_3$量子点的合成通常不像$CsPbBr_3$量子点那么容易。幸运的是，与有机-无机杂化钙钛矿量子点类似，Kovalenko课题组和Manna课题组几乎同时独立地开发了一种更简便的阴离子交换法用于制备$CsPbCl_3$和$CsPbI_3$量子点。由于它们的离子特性，通过快速的卤化物阴离子交换反应，能使其带隙和光致发光范围在整个可见光谱区域内进行调节。$CsPbBr_3$量子点由于稳定性好、发光强度强，常被用于初始材料。将制备好的$CsPbBr_3$量子点与同种类的卤化铅盐混合，阴离子交换反应会在几秒内迅速发生，导致发射波长的蓝移（Br到Cl或I到Br的路线）或红移（Br到I或Cl到Br的路线）。值得注意的是，即使没有任何额外的卤化物来源，这种阴离子交换反应也可以通过直接混合不同卤化物成分的$CsPbX_3$量子点而发生；所得到的量子点形状、晶体结构甚至光致发光性能都与它们的母体量子点基本相同，只是在阴离子交换后尺寸发生了微小的变化。如前所述，由于离子半径的显著差异，$CsPb(Cl/I)_3$量子点的合成是不可能的。因此，阴离子交换只能在Cl-Br对和Br-I对之间双向进行；而不能从$CsPbCl_3$到$CsPbI_3$，也不能反向进行。用大量过量碘源处理$CsPbCl_3$量子点将导致光致发光颜色从蓝色直接转换为红色，而不具有连续性，反之亦然。图7-10展示了使用不同反应路径和前驱体并利用阴离子交换法合成$CsPbX_3$量子点。

（4）微波加热法

微波加热是指依靠物体吸收微波能量将其转换为热能，使自身整体同时升温的加热方式，这一点区别于其他常规加热方式。这种加热方法可以通过实现均匀的加热从而控制结晶速率，有利于实现量子点的量产，克服了高温热注入法不能大规模生产的缺点。Long课题组首次采用这种方法制备了卤素钙钛矿量子点，主要包括

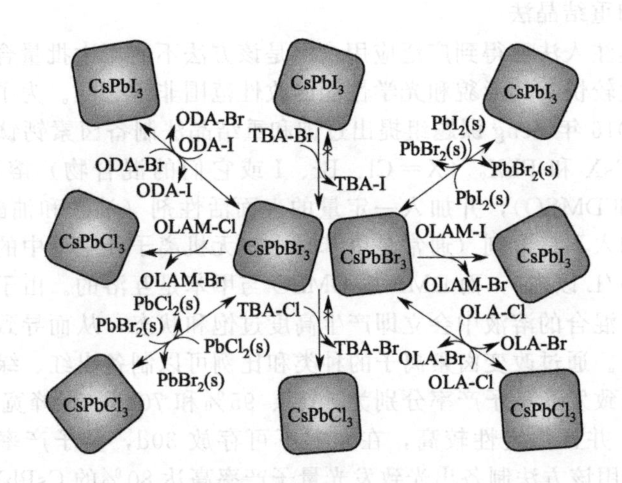

图 7-10 使用不同反应路径和前驱体并利用阴离子交换法合成 $CsPbX_3$ 量子点

以下步骤：在微波辐射之前由于固体前驱体的溶解度较小，液相中前驱体浓度也非常低；在微波的辐射下，固体前驱体开始在液-固界面附近溶解，伴随着 $CsPbX_3$ 量子点成核并形成晶种；随后，在封端配体和连续溶解的前驱体存在下，将获得的晶种暴露以进一步促进晶体生长，生长速度可以通过前驱体的溶解速度来控制，这对于获得纳米级别的 $CsPbX_3$ 量子点非常重要；最后，停止微波辐射，通过热猝灭终止反应，可以在容器底部获得发光的 $CsPbX_3$ 量子点。

（5）配体辅助再沉淀法

Zhong 课题组报道了采用配体辅助再沉淀法制备发光性能强且颜色可调的有机-无机杂化钙钛矿量子点 $CH_3NH_3PbX_3$（X＝Cl、Br 和 I）。这种合成方法的操作较为简单，将溶于 DMF 中的前驱体（主要包括 PbX_2、MAX 和正辛胺）滴入甲苯中，进行充分搅拌，在很短的反应时间内就可以生成 $CH_3NH_3PbX_3$ 量子点。这种钙钛矿量子点的绝对光致发光量子产率可以达到 70%，而且通过调控卤化物种类可以实现发光波长在 405～730nm 范围内变化。图 7-11 给出了采用配体辅助再沉淀法制备的波长可调节的有机/无机杂化钙钛矿量子点照片和发射光谱。在此基础之上，Tang 课题组通过调控 CH_3NH_3Br 和 $PbBr_2$ 的比例实现 $CH_3NH_3PbX_3$ 量子点的尺寸调控，其尺寸可以在 1.6～3.9nm 范围内变化，相应的发光波长可以从 440nm 变化到 530nm。

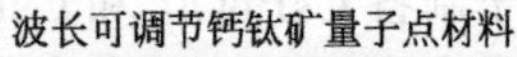

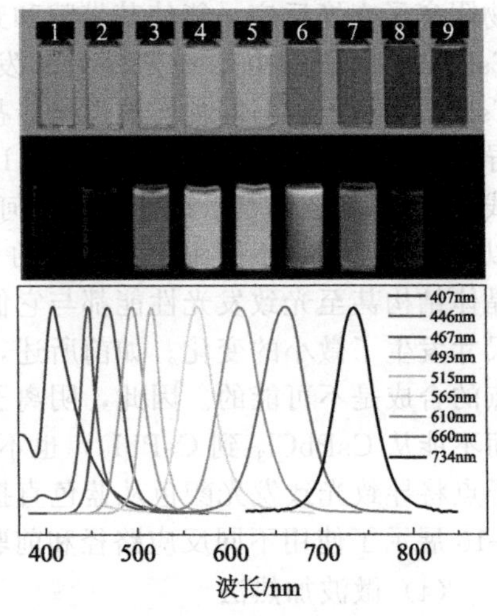

图 7-11 采用配体辅助再沉淀法制备的波长可调节的有机/无机杂化钙钛矿量子点照片和发射光谱

除了上述方法，模板辅助合成、静电纺丝法、溶剂热法等也用于制备各种尺寸和形貌的钙钛矿量子点，为钙钛矿量子点在未来的各种应用奠定了基础。

7.3 基于卤素钙钛矿材料的电致发光器件发展

卤素钙钛矿材料优异的光电性能使其成为下一代显示和照明应用最有竞争力的备选材料之一。钙钛矿材料的电致发光研究可以追溯到1994年，当时首次使用二维 $(C_6H_5C_2H_4NH_3)_2PbI_4$ 作为发射层，然而早期钙钛矿的电致发光只能在低温下检测到。2014年，剑桥大学的研究学者首次报道了基于钙钛矿材料的室温钙钛矿型电致发光器件。然而，由于钙钛矿薄膜的质量较差和光致发光量子产率低，导致电致发光器件的效率很低。2015年，Zeng课题组首次报道了基于全无机钙钛矿量子点的红绿蓝三色电致发光器件，当时器件的外量子产率低于1%。经过近年来研究者们的努力，在钙钛矿薄膜质量、钙钛矿量子点表面配体、器件结构和界面工程等方面均取得了较大突破，因而钙钛矿电致发光器件的性能也得到了快速提升。目前绿色、红色和近红外钙钛矿电致发光器件的外量子效率均已突破了20%，这已经非常接近传统量子点和纯有机电致发光器件的性能了。然而，作为三基色之一的蓝色钙钛矿电致发光器件发展较为缓慢，这严重制约了全彩色钙钛矿发光二极管的发展。近年来，随着钙钛矿材料和器件工艺的发展，蓝色钙钛矿电致发光器件的外量子效率也超过了12%。

钙钛矿电致发光器件的结构与传统的量子点发光器件和有机发光器件的结构相似，通常是作为发光层的钙钛矿层夹在p型空穴传输层（HTL）和n型电子传输层（ETL）之间。钙钛矿器件结构和工作机理示意图见图7-12。载流子通过HTL和ETL注入钙钛矿发光层，然后在钙钛矿发光层中复合形成激子，激子通过发光辐射回到基态。然而由于钙钛矿材料的发光寿命大于传统的有机电致发光小分子和聚合物材料，在传统的器件结构中常常会于电子或空穴传输层之间产生发光猝灭。另外，钙钛矿薄膜常常存在表面粗糙度大且易于形成孔洞等问题，因此钙钛矿电致发光器件的结构与传统电致发光器件又有所区别。通常情况下，钙钛矿电致发光器件也可以分为正型结构和反型结构器件。对于正型结构器件，常常使用具有高功函数和导电性能好的PEDOT∶PSS或 NiO_x 作为空穴注入层，在其上面制备高质量的钙钛矿薄膜，之后蒸镀电子传输层和电极。而在反型器件结构中，ZnO由于高的电子迁移率和较低的电子注入势垒成为最常用的电子传输层。为了改善钙钛矿与ZnO之间的接触，通常采用界面层（如聚乙烯亚胺和聚乙烯亚胺乙氧基化）来提高钙钛矿薄膜的结晶度和表面覆盖率。

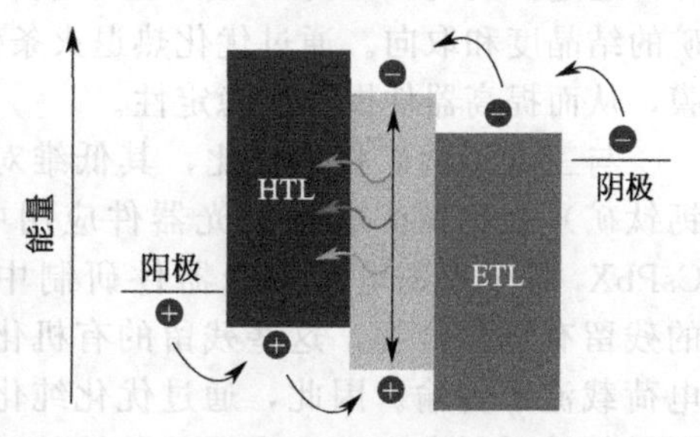

图7-12 钙钛矿器件结构和工作机理示意图

7.4 卤素钙钛矿电致发光器件性能提升策略

为了进一步提高卤素钙钛矿电致发光器件的性能，近年来通过国内外科学工作者的共同努力，钙钛矿电致发光器件得益于钙钛矿薄膜质量的优化、钙钛矿材料的结构设计、界面工程和器件结构的优化以及发光机理的深刻认识，从最初器件外量子效率不足1%提高到了外量子效率超过20%。下面将从钙钛矿薄膜质量的提升、卤素钙钛矿材料的组分和结构优化、卤素钙钛矿电致发光器件的界面工程等方面介绍钙钛矿电致发光器件性能提升的策略。

7.4.1 钙钛矿薄膜质量的优化

根据钙钛矿型光伏器件的研究结果，钙钛矿活性层的薄膜形貌对器件性能起着至关重要的作用。在钙钛矿电致发光器件中，考虑到钙钛矿薄膜厚度较薄，任何不连续的小孔都可能导致漏电现象发生，从而降低器件的工作稳定性。经过国内外科学工作者的努力，发现通过控制薄膜沉积条件、引入添加剂和调节基底的表面性质等途径可以改善钙钛矿薄膜的质量。例如，通过将结晶的 $CsPbBr_3$ 嵌入薄的聚乙烯氧化物（PEO）聚合物基质中，在晶体生长的早期阶段，通过有机溶剂的蒸气处理，可以获得具有较高发光效率且结晶度和形态改善的高质量钙钛矿薄膜。此外，通过控制钙钛矿薄膜的后退火过程不仅会显著改善薄膜的形貌，还会改变钙钛矿的结晶度和取向。通过优化热退火条件，可形成具有连续形貌的高结晶钙钛矿薄膜，从而提高器件操作的稳定性。

与三维钙钛矿材料相比，其低维对应物（包括零维钙钛矿纳米晶和二维 RP 钙钛矿）在钙钛矿电致发光器件应用中表现出更好的器件性能。例如，在基于 $CsPbX_3$ 量子点的电致发光器件研制中，量子点的纯化过程可除去胶体溶液中的残留有机化合物，这些残留的有机化合物可阻止钙钛矿薄膜内均匀膜的形成和电荷载流子传输。因此，通过优化纯化工艺和引入合适的有机配体，可以显著提高钙钛矿量子点电致发光器件的性能。另外，利用准二维 RP 型钙钛矿作为发光层，可实现钙钛矿电致发光器件性能的突破，当引入 1-萘胺和苯基乙基胺、苯基丁基胺和苄基胺等大体积阳离子形成量子阱状二维 RP 钙钛矿时，可显著提高钙钛矿薄膜的辐射复合速率，从而提高了器件性能。在准二维钙钛矿薄膜中，由于相态性质的不同，钙钛矿和长有机阳离子的相分离一直存在，这不仅影响钙钛矿薄膜的形貌，而且阻碍了钙钛矿纳米片的电荷传输。例如，有机分子 1,4,7,10,13,16-已酰氯辛烷（冠）被引入钙钛矿薄膜中可以抑制相偏析。冠醚中的氧原子和有机阳离子中的氢原子之间形成氢键，导致空间位阻增加，从而抑制长有机阳离子的自聚集。除了准二维钙钛矿薄膜中的相分离问题外，钙钛矿纳米片取向不良也会降低其使用寿命。为了促进电荷载流子通过钙钛矿薄膜的传输，钙钛矿晶体应垂直生长在衬底上，否则长的有机阳离子会阻碍电荷载流子的注入。例如，通过使用热铸法，可以制备出具有高结晶性和择优取向的纯相2D钙钛矿薄膜，基于该薄膜的电致发光器件与室温钙钛矿器件相比，基于热铸钙钛矿薄膜的电致发光器件表现出更高的电流密度和辐射强度，表明其有效的电荷注入效率。在相同的偏压下，高取向纯相2D钙钛矿电致发光器件的工作寿命比2D/3D混合相的器件要长，说明钙钛矿电致发光器件的工作稳定性与钙钛矿薄膜的相纯度和取向相关。

钙钛矿薄膜表面或内部的本征缺陷也会影响电致发光器件的稳定性。Rand课题组的研究结果表明，电应力对$MAPbI_3$基电致发光器件的效率有显著影响，器件的外量子效率随着扫描电压重复测量的增加从最开始的5.9%增加到30次后的7.4%。施加扫描电压重复测量30次后电致发光器件的外量子效率-电流密度关系曲线图见图7-13。钙钛矿薄膜中缺陷的减少是提高效率的合理机制，在钙钛矿薄膜中空位诱导的缺陷被过量离子的局部离子运动很好地钝化，这表明钙钛矿薄膜的体材料或表面缺陷对器件性能起着至关重要的作用。在表面缺陷方面，由无界电子对组成的Lewis碱能很好地钝化钙钛矿材料中的空位缺陷。例如，通过在$CH_3NH_3PbI_3$钙钛矿薄膜的上面旋涂一层三辛基氧化膦（TOPO）有机分子，钙钛矿膜中的缺陷数目明显减少，从而使得电极接触改善，有利于器件性能的提高。图7-14给出了$CH_3NH_3PbI_3$基钙钛矿电致发光器件有TOPO和没有TOPO时的器件性能曲线。与没有旋涂TOPO有机分子的电致发光器件相比，旋涂了一层TOPO有机分子的电致发光器件性能提高了18%。除TOPO分子外，PEI和PFN等有机分子也被成功地用于钙钛矿薄膜的钝化剂。最近，有科学家通过引入5-氨基戊酸（5AVA）添加剂钝化钙钛矿薄膜中的缺陷，形成具有亚微米结构的钙钛矿晶体，增强器件的光输出耦合，使这种红外钙钛矿电致发光器件的外量子效率提高到了20%以上。当恒流密度为$100mA/cm^2$时，η_{EQE}下降到初始值的一半所需的时间约为20h，可与性能良好的近红外OLED相媲美。

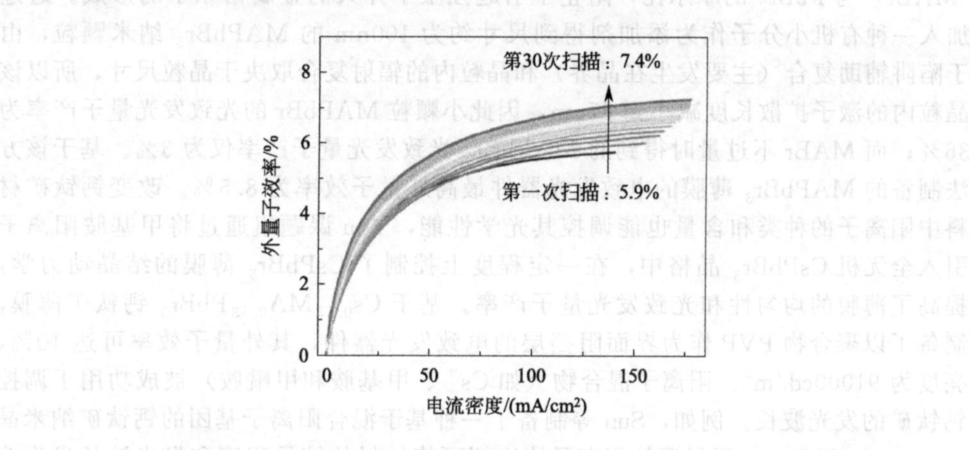

图7-13　施加扫描电压重复测量30次后电致发光器件的外量子效率-电流密度关系曲线

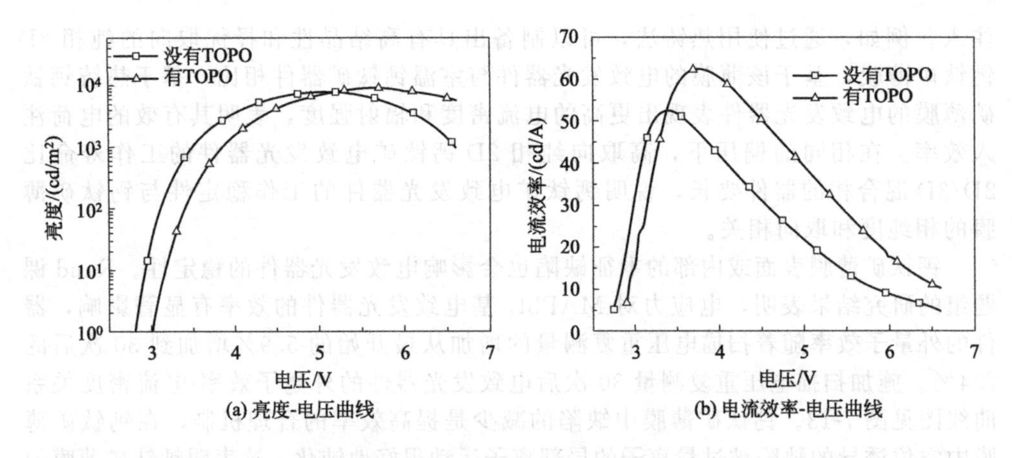

图 7-14 $CH_3NH_3PbI_3$ 基钙钛矿电致发光器件有 TOPO 和没有 TOPO 时的器件性能曲线

7.4.2 卤素钙钛矿材料组分和结构优化

(1) 钙钛矿材料组分优化

通过改变钙钛矿材料的组分可以来调节钙钛矿材料的发光波长和量子产率。例如，英国剑桥大学的 Friend 研究组率先报道了通过调控卤素离子种类和含量可改变发光波长从蓝色到绿色区域，基于不同 Cl/Br 比例的有机/无机杂化钙钛矿材料 $CH_3NH_3Pb(Br_xCl_{1-x})_3$ ($0\leqslant x\leqslant1$) 的电致发光器件表现出较窄的发射宽度，且开启电压较低。图 7-15 给出了基于不同氯元素含量的有机/无机钙钛矿杂化材料的电致发光器件发射光谱。另外，卤素离子含量在某种程度上可有效降低多余金属原子的形成。研究者们在制备绿色 $MAPbBr_3$ 钙钛矿薄膜时，通过改变甲基溴化胺 (MABr) 与 $PbBr_2$ 的摩尔比，阻止了引起强激子猝灭的金属铅原子的形成。通过加入一种有机小分子作为添加剂得到尺寸约为 100nm 的 $MAPbBr_3$ 纳米颗粒，由于陷阱辅助复合（主要发生在晶界）和晶粒内的辐射复合取决于晶粒尺寸，所以该晶粒内的激子扩散长度减小到 67nm，因此小颗粒 MAPbBr 的光致发光量子产率为 36%；而 MABr 不过量时得到的 $MAPbBr_3$ 光致发光量子产率仅为 3%。基于该方法制备的 $MAPbBr_3$ 薄膜的电致发光器件最高外量子效率为 8.5%。改变钙钛矿材料中阳离子的种类和含量也能调控其光学性能，You 课题组通过将甲基胺阳离子引入全无机 $CsPbBr_3$ 晶格中，在一定程度上控制了 $CsPbBr_3$ 薄膜的结晶动力学，提高了薄膜的均匀性和光致发光量子产率。基于 $Cs_{0.87}MA_{0.13}PbBr_3$ 钙钛矿薄膜，制备了以聚合物 PVP 作为界面阻挡层的电致发光器件，其外量子效率可达 10%，亮度为 91000cd/m^2。阳离子混合物（如 Cs^+、甲基胺和甲酰胺）被成功用于调控钙钛矿的发光波长。例如，Sun 等制备了一种基于混合阳离子基团的钙钛矿纳米晶 ($FA_{1-x}Cs_xPbBr_3$)，通过调控阳离子的比例可使材料的结晶程度和发光波长发生改变。基于混合阳离子钙钛矿的电致发光器件，其发光强度达到了 55005cd/cm^2，并且钙钛矿材料的稳定性有了极大提高。另外，通过调控有机/无机杂化钙钛矿材料中甲基胺 (MA^+) 和乙基胺 (EA^+) 的比例，可以调控其发光波长范围。乙基胺的引入可以降低材料的缺陷态密度，有利于提高光致发光量子产率和光稳定性。基于这种混合阳离子有机/无机杂化钙钛矿材料的绿色电致发光器件最大外量子效率为7.7%，是基于$MAPbBr_3$发光器件的1.9倍，并且器件的稳定性有一定程度的提高。

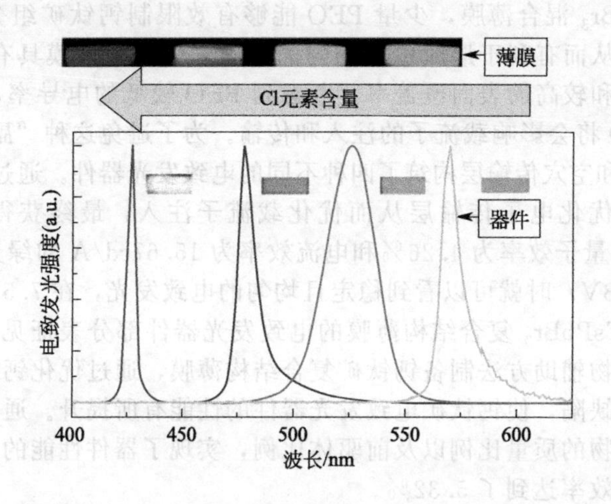

图7-15 基于不同氯元素含量的有机/无机钙钛矿杂化材料的电致发光器件发射光谱

虽然调控卤素离子种类和比例能够获得发射波长更短的蓝光发射，氯离子的引入使发射光谱在蓝光区域连续可调，但是氯离子的引入会导致钙钛矿薄膜的光致发光量子产率和电荷传输能力有所下降，另外还会引起相分离问题。为了解决这一问题，Yao课题组利用苯丁基溴化胺（PBABr）作为长链阳离子引入氯元素，制备了发射光谱在470～504nm范围内连续可调的准二维钙钛矿薄膜。随着氯离子含量的不断增加，发射光谱逐渐蓝移，但是光致发光量子产率也逐渐下降。最终，在30%～50%氯元素掺杂条件下，分别获得了电致发光光谱在490nm、481nm和473nm的钙钛矿电致发光器件。尽管氯离子的引入可以对钙钛矿薄膜的发射峰位置进行调控，但是卤素离子混合的准二维钙钛矿电致发光器件在不同电压或不断通电下，电致发光峰位置逐渐红移。这可能是由于混合卤素钙钛矿自身结构不稳定，离子迁移问题使得在电场作用下产生相分离现象，从而导致光谱发生移动。因此，混合卤素钙钛矿材料还需要更为有效的方法来抑制电场下的相分离，从而提高光谱的稳定性。

（2）钙钛矿材料结构优化

虽然卤素钙钛矿材料具有较高的光致发光量子产率，但是其不稳定性和不同卤化物钙钛矿材料混合容易发生阴离子交换造成相分离，影响了其进一步的实际应用。为了保持卤素钙钛矿材料较高的发光性能和防止阴离子交换反应发生，对钙钛矿材料的结构进行进一步优化是非常必要的。其中，将钙钛矿材料与其他类型材料复合构筑复合结构的钙钛矿材料体系是较为常见的。近年来，国内外科研工作者开发了一种惰性材料包覆卤素钙钛矿材料的方法，即将钙钛矿材料嵌入有机聚合物基体中，如聚甲基丙烯酸甲酯（PMMA）、聚环氧乙烯（PEO）等。这种体系一般有两个关键要求：一是在不聚集的情况下，将卤素钙钛矿材料均匀嵌入基质中；二是要在这种结构体系中保持钙钛矿材料的发光性能，即钙钛矿材料必须保持良好的钝化。Yu 课题组采用一步法将钙钛矿材料与聚合物 PEO 混合制备了无针孔且均匀的复合薄膜，在此基础之上构筑了单层电致发光器件，器件呈现出较低的开启电压（2.9V）和较高的亮度（4064cd/m^2）。另外，Gao 等使用旋涂法在 PEO 辅助下制备出 PEO-$CsPbBr_3$ 混合薄膜，少量 PEO 能够有效限制钙钛矿组分的扩散，使晶粒的长大受阻，从而有利于形成致密均匀的薄膜，因此该薄膜具有高达 60%的光致发光量子产率和较高的表面覆盖率。考虑到 PEO 较低的电导率，钙钛矿薄膜中多余的痕量 PEO 将会影响载流子的注入和传输。为了避免这种“副作用”，使用不同的电子传输层和空穴传输层构筑了四种不同的电致发光器件。通过改变 PEDOT：PSS 的电导率和优化电子传输层从而优化载流子注入，最终获得了最大亮度为 53525cd/m^2、外量子效率为 4.26%和电流效率为 15.67cd/A 的绿光器件。该器件在低驱动电压（3V）时就可以看到稳定且均匀的电致发光，在 7.5V 时达到最大亮度。基于 PEO-$CsPbBr_3$ 复合结构薄膜的电致发光器件部分表征见图 7-16。Liu 等采用同样的聚合物辅助方法制备钙钛矿复合结构薄膜，通过优化钙钛矿晶粒尺寸和钝化表面形貌的缺陷，使钙钛矿电致发光器件的性能有所提升。通过进一步调控钙钛矿材料与聚合物的质量比例以及前驱体比例，实现了器件性能的大幅度提升，器件的最大外量子效率达到了 5.32%。

除了钙钛矿-聚合物复合体系，Li 等开发出一种基于 $CsPbBr_3$-Cs_4PbBr_6 复合

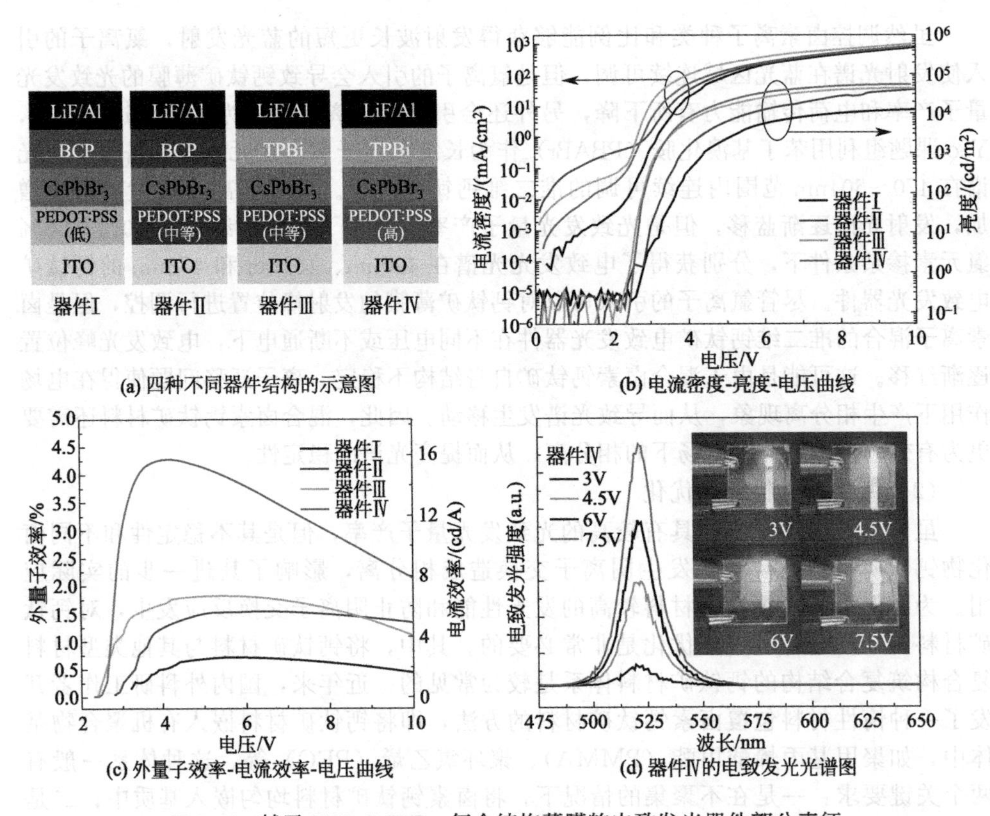

图 7-16 基于 PEO-$CsPbBr_3$ 复合结构薄膜的电致发光器件部分表征

材料的电致发光器件。该体系是将 $CsPbBr_3$ 微晶嵌入宽禁带的 Cs_4PbBr_6 基质中，Cs_4PbBr_6 既保护 $CsPbBr_3$ 微晶免受外界环境的影响，也能有效阻止颗粒之间的团聚，从而提高 $CsPbBr_3$ 的稳定性。基于 $CsPbBr_3$-Cs_4PbBr_6 复合体系的电致发光器件外量子效率和发光亮度均显著高于纯 $CsPbBr_3$ 的器件。通过优化 $CsPbBr_3$-Cs_4PbBr_6 之间的比例和薄膜厚度，可以有效规避 Cs_4PbBr_6 较低电荷传输的性能。在连续工作条件下，无机复合钙钛矿层的稳定性也得到改善。此外，构筑核壳结构钙钛矿材料也是一种有效提高发光性能和稳定性的策略。Wei 等在已合成的 $CsPbBr_3$ 钙钛矿中加入 MABr 添加剂（其中 MA 为 $CH_3NH_3^+$），利用 $CsPbBr_3$ 和 MABr 在极性溶剂 DMSO 中溶解度差异大的特点，通过精确调控添加剂的用量成功制备出 $CsPbBr_3$/MABr 准核壳结构，大幅减少了晶体内的非辐射复合缺陷，提高了钙钛矿薄膜的发光效率。另一方面，通过在发光层和电子传输层之间掺入一层 PMMA 阻挡层，有效改善了电子和空穴的注入速度匹配情况，进一步提高了钙钛矿电致发光器件的效率，最终该器件的外量子效率超过了 20%，稳定性超过 100h。基于 $CsPbBr_3$/MABr 准核壳结构的电致发光器件部分表征见图 7-17。

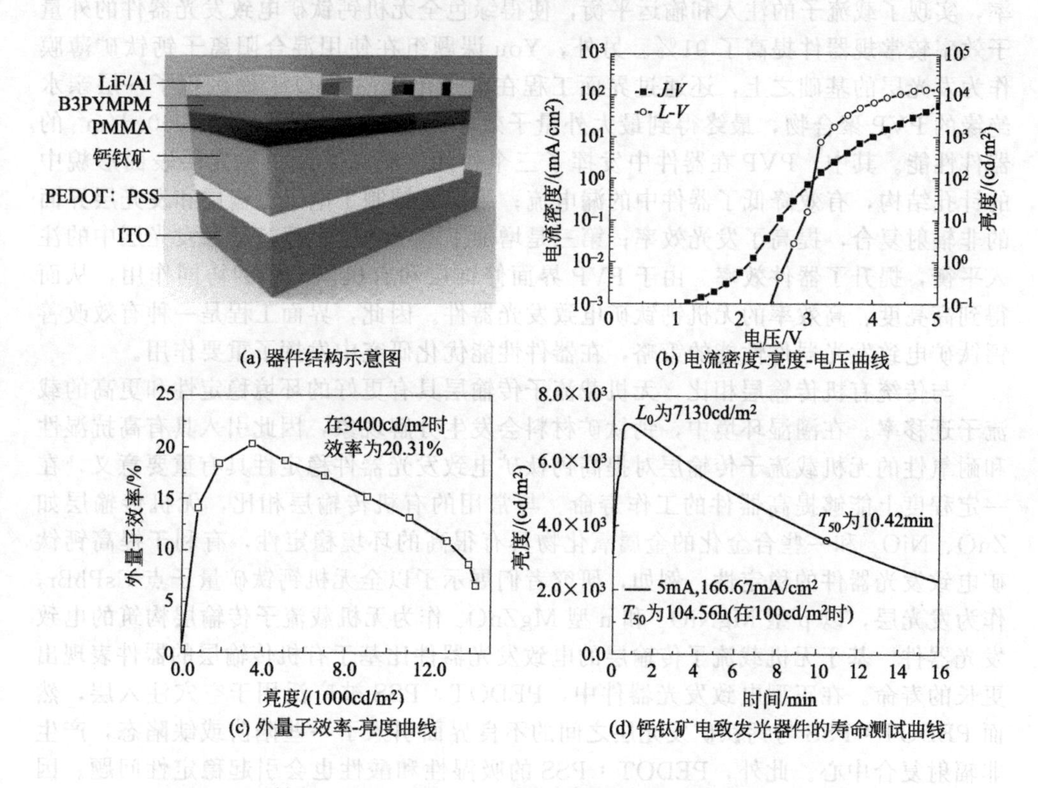

图 7-17 基于 $CsPbBr_3$/MABr 准核壳结构的电致发光器件部分表征

7.4.3 卤素钙钛矿电致发光器件的界面工程

在钙钛矿电致发光器件中各功能层之间的内在联系对于提高器件性能非常关

键，尤其是电子注入层或传输层及空穴注入层或传输层的选择。这主要是因为电子或空穴注入/传输的不平衡会导致电子或空穴的积累，从而导致非辐射复合（大多数是俄歇复合）。在量子点电致发光器件和有机电致发光器件中，研究者们在平衡载流子注入效率和器件稳定性方面做出了巨大努力，器件性能得到了巨大提升，这些方法也可以用于钙钛矿电致发光器件中。载流子的注入和传输不仅仅取决于载流子传输层的迁移率，而且还取决于载流子传输层的注入势垒和功能层厚度。例如，Rogach 等引入了一层厚度为 5nm 的全氟化聚合物（PFI）作为界面修饰层来提升空穴传输层 TPD/PFI 的功函数，从而降低钙钛矿发光层与空穴传输层之间的注入势垒；同时也抑制了载流子从发光层向空穴传输层的自发注入，降低了发光猝灭的可能性。因此，在一定程度上提升了器件中空穴向发光层中的注入效率，促使钙钛矿电致发光器件的性能提升。通过界面层的优化，钙钛矿电致发光器件的最大亮度为 $1377cd/m^2$，比没有 PFI 的器件提升了 3 倍。Demir 等为了平衡全无机钙钛矿电致发光器件中载流子注入和输运，在常用的电子传输层 TPBi 中加入了三（8-羟基喹啉）铝（Alq_3）形成了 TPBi/Alq_3/TPBi 新的电子传输层，降低了电子注入速率，实现了载流子的注入和输运平衡，使得绿色全无机钙钛矿电致发光器件的外量子效率较常规器件提高了 91%。另外，You 课题组在使用混合阳离子钙钛矿薄膜作为发光层的基础之上，还通过界面工程在电子传输层 ZnO 上面沉积了一层亲水绝缘的 PVP 聚合物，最终得到最大外量子效率为 10.4%、亮度为 $91000cd/m^2$ 的器件性能。其中，PVP 在器件中发挥了三个作用：第一是减少发光层表面形貌中的针孔结构，有效降低了器件中的漏电流；第二是抑制了电子传输层和发光层界面的非辐射复合，提高了发光效率；第三是增加了电子和空穴载流子在发光层中的注入平衡，提升了器件效率。由于 PVP 界面修饰层和有机阳离子的协同作用，从而得到高亮度、高效率的无机钙钛矿电致发光器件。因此，界面工程是一种有效改善钙钛矿电致发光器件性能的策略，在器件性能优化研究中发挥了重要作用。

与传统有机传输层相比，无机载流子传输层具有更好的环境稳定性和更高的载流子迁移率。在潮湿环境中，钙钛矿材料会发生分解现象，因此引入具有高抗湿性和耐氧性的无机载流子传输层对提高钙钛矿电致发光器件稳定性具有重要意义，在一定程度上能够提高器件的工作寿命。与常用的有机传输层相比，无机传输层如 ZnO、NiO_x 和一些合金化的金属氧化物具有很高的环境稳定性，有利于提高钙钛矿电致发光器件的稳定性。例如，研究者们展示了以全无机钙钛矿量子点 $CsPbBr_3$ 作为发光层，以 p 型 $MgNiO_x$ 和 n 型 $MgZnO_x$ 作为无机载流子传输层构筑的电致发光器件。基于无机载流子传输层的电致发光器件比基于有机传输层的器件表现出更长的寿命。在正型电致发光器件中，PEDOT：PSS 被广泛用于空穴注入层，然而 PEDOT：PSS 与钙钛矿发光层之间的不良界面引入了一些陷阱或缺陷态，产生非辐射复合中心。此外，PEDOT：PSS 的吸湿性和酸性也会引起稳定性问题。因此，研究者引入无机材料 NiO_x 取代 PEDOT：PSS，获得了低陷阱态的结晶度高的钙钛矿薄膜，并在此基础之上以 NiO_x 作为空穴传输层构筑了钙钛矿电致发光器件。该器件表现出良好的稳定性。

如前所述，无针孔结构的钙钛矿薄膜是获得稳定和高效钙钛矿电致发光器件的理想材料。然而，研究者们最近发表了基于不完全覆盖和粗糙形貌的钙钛矿薄膜电致发光器件。该器件使用绝缘层-钙钛矿层-绝缘层（IPI）结构，可以显著降低漏电流。在传统的器件结构中，钙钛矿发光层夹在空穴传输层和电子传输层之间，注入的电子和空穴将直接通过针孔结构形成漏电流。在这种 IPI 结构中，钙钛矿层夹在绝缘氟化锂之间，因此载流子被注入钙钛矿层中后，通过针孔阻塞，同时抑制空穴/电子传输层之间的界面猝灭效应。这种 IPI 结构的钙钛矿电致发光器件在 3mA 的连续电流下，其寿命可超过 96h。

7.5 钙钛矿发光材料与器件的展望

虽然钙钛矿发光材料和电致发光器件在过去的几年受到了国内外科学工作者的广泛关注，无论是材料的制备方法、发光性能还是器件工艺和性能指标都获得了长足进步，然而事实上，钙钛矿电致发光器件的研究仍然处于初期。目前钙钛矿发光材料和电致发光器件的发展仍然面临着许多挑战，譬如钙钛矿发光材料的稳定性问题，包括对光、氧气、湿度和热等多方面的稳定性；蓝光电致发光器件的效率较低且工作寿命短；大部分钙钛矿材料含有重金属元素铅，而无铅钙钛矿的发展还较为缓慢。下面对未来钙钛矿发光材料和电致发光器件的发展进行几点展望。

① 实现卤素钙钛矿发光材料的掺杂及无铅化。目前钙钛矿发光材料的主要研究对象集中在含铅材料，但铅对人体的器官和神经系统等均有影响，并能通过皮肤接触等途径进入人体内，而且铅的排出非常困难。因此，国内外研究者将某些过渡金属元素或稀土元素掺杂到钙钛矿材料中实现钙钛矿发光材料的少铅化，并改善了其发光性能和稳定性。另外，科学工作者们也越来越意识到开发无铅钙钛矿发光材料的重要性。尽管已有报道实现了用锡（Sn）、铋（Bi）、锗（Ge）等元素替代铅元素制备出了无铅钙钛矿材料，但是无铅钙钛矿材料的光学和电学特性与含铅钙钛矿材料相比仍相去甚远。因此，提高无铅钙钛矿材料的发光效率、色纯度和稳定性也是制备高性能钙钛矿电致发光器件的前提条件。

② 在卤素钙钛矿发光材料的表面包覆无机壳层形成核壳结构。由于钙钛矿材料具有离子化合物的特性，极易发生阴离子交换反应，具有突出的离子迁移问题。离子迁移对钙钛矿材料的制备就像一把双刃剑，一方面使其光谱调控非常容易，而另一方面则会造成卤素钙钛矿材料结构的不稳定性。因此，在卤素钙钛矿材料的表面包覆一层无机壳层形成核壳结构将会变得非常困难。虽然有一些报道实现了对钙钛矿材料的表面包覆，但是包覆效果并不完美，对材料的光学性能和稳定性也没有太大改观。如何实现钙钛矿材料的核壳结构将是未来钙钛矿材料制备的一大挑战，这对提升材料的稳定性和光学性能有着重要的意义。

③ 提升钙钛矿发光材料和器件的稳定性。钙钛矿材料的稳定性已成为制约其产业化的首要难题。虽然国内外科学工作者通过不同的策略使钙钛矿材料和发光器件的稳定性得到了很大提高，但是距离商业化应用还有较长的路要走。因此，如何在不影响钙钛矿光电性能的前提下提升其稳定性依然是一个挑战。

④ 钙钛矿电致发光器件的界面工程。选用适当的新型材料作为器件的界面修饰层，通过提高钙钛矿发光层的质量、抑制界面之间的非辐射复合、提高电子与空穴的注入平衡或调控各功能层之间的能级势垒等途径，以进一步优化器件的性能。

⑤ 开发高性能蓝光钙钛矿电致发光器件。与红光和绿光钙钛矿电致发光器件性能相比，作为三基色之一的蓝光电致发光器件性能还有待进一步提高。虽然最近蓝光钙钛矿电致发光器件的性能有了显著增长，但是距离红光和绿光电致发光器件还有较大差距。未来应针对三维蓝光钙钛矿材料加入适当的添加剂进行钝化以提高其发光性能；同时，要针对蓝光钙钛矿量子点设计导电性能好的配体，调控其成膜性和提升其固态发光性能。另外，开发无铅蓝光钙钛矿也是非常必要的。

⑥ 开展钙钛矿发光材料和器件物理过程的深层次探索。任何的实验研究都需要理论基础的支持，而钙钛矿在理论基础方面的研究仍然很薄弱，因此应进一步加深钙钛矿理论方面的计算并分析其物理特性和光物理过程，为实验研究提供可靠的理论支撑。

参考文献

[1] 刘王宇，陈斐，孔淑琪，等. 全无机钙钛矿量子点的合成、性质及发光二极管应用进展 [J]. 发光学报，2020，41 (2)：117-133.

[2] 章楼文，沈少立，李露颖，等. 铯铅卤化物钙钛矿型平面异质结 LED 的应用与发展 [J]. 无机材料学报，2019，34 (1)：37-48.

[3] Filip M R，Eperon G E，Snaith H J，et al. Steric engineering of metal-halide perovskites with tunable optical band gaps [J]. Nature Communications，2014，5：5757.

[4] Stoumpos C C，Cao D H，Clark D J，et al. Ruddlesden-popper hybrid lead iodide perovskite 2D homologous semiconductors [J]. Chemistry of Materials，2016，28：2852-2867.

[5] Wang N，Cheng L，Ge R，et al. Perovskite light-emitting diodes based on solution-processed self-organized multiple quantum wells [J]. Nature Photonics，2016，10：699-704.

[6] Jemli K，Audebert P，Galmiche L，et al. Two-dimensional perovskite activation with an organic luminophore [J]. ACS Applied Materials&Interfaces，2015，7：21763-21769.

[7] Zhang T，Xie L，Chen L，et al. In situ fabrication of highly luminescent bifunctional amino acid crosslinked 2D/3D $NH_3C_4H_9COO$ $(CH_3NH_3PbBr_3)_n$ perovskite films [J]. Advanced Functional Materials，2017，27：1603568.

[8] Protesescu L，Yakunin S，Bodnarchuk M I，et al. Nanocrystals of cesium lead halide perovskites ($CsPbX_3$，X=Cl，Br，and I)：Novel optoelectronic materials showing bright emission with wide color gamut [J]. Nano Letters，2015，15：3692-3696.

[9] Kim Y-H，Wolf C，Kim Y-T，et al. Highly efficient light-emitting diodes of colloidal metal-halide perovskite nanocrystals beyond quantum size [J]. ACS Nano，2017，11：6586-6593.

[10] Zhang X，Liu H，Wang W，et al. Hybrid perovskite light-emitting diodes based on perovskite nanocrystals with organic-inorganic mixed cations [J]. Advanced Materials，2017，29：1606405.

[11] Akkerman Q A，D' Innocenzo V，Accornero S，et al. Tuning the optical properties of cesium lead halide perovskite nanocrystals by anion exchange reactions [J]. Journal of the American Chemical Society，2015，137：10276-10281.

[12] Jellicoe T C，Richter J M，Glass H F J，et al. Synthesis and optical properties of lead-Free cesium tin halide perovskite nanocrystals [J]. Journal of the American Chemical Society，2016，138：2941-2944.

[13] Schmidt L C，Pertegás A，González-Carrero S，et al. nontemplate synthesis of $CH_3NH_3PbBr_3$ perovskite nanoparticles [J]. Journal of the American Chemical Society，2014，136：850-853.

[14] Zhang F，Zhong H，Chen C，et al. Brightly luminescent and color-tunable colloidal $CH_3NH_3PbX_3$

(X=Br, I, Cl) quantum dots: Potential alternatives for display technology [J]. ACS Nano, 2015, 9: 4533-4542.

[15] Li G, Tan Z-K, Di D, et al. Efficient light-emitting diodes based on nanocrystalline perovskite in a dielectric polymer matrix [J]. Nano Letters, 2015, 15: 2640-2644.

[16] Yu J C, Kim D W, Kim D B, et al. Improving the stability and performance of perovskite light-emitting diodes by thermal annealing treatment [J]. Advanced Materials, 2016, 28: 6906-6913.

[17] Imran M, Caligiuri V, Wang M, et al. Benzoyl halides as alternative precursors for the colloidal synthesis of lead-based halide perovskite nanocrystals [J]. Journal of the American Chemical Society, 2018, 140: 2656-2664.

[18] Liu W, Lin Q, Li H, et al. Mn^{2+}-doped lead halide perovskite nanocrystals with dual-color emission controlled by halide content [J]. Journal of the American Chemical Society, 2016, 138: 14954-14961.

[19] Castañeda J A, Nagamine G, Yassitepe E, et al. Efficient biexciton interaction in perovskite quantum dots under weak and strong confinement [J]. ACS Nano, 2016, 10: 8603-8609.

[20] Lin Q, Armin A, Nagiri R C R, et al. Electro-optics of perovskite solar cells [J]. Nature Photonics, 2015, 9: 106-112.

[21] Phuong L Q, Yamada Y, Nagai M, et al. Free carriers versus excitons in $CH_3NH_3PbI_3$ perovskite thin films at low temperatures: Charge transfer from the orthorhombic phase to the tetragonal phase [J]. The Journal of Physical Chemistry Letters, 2016, 7: 2316-2321.

[22] Tan Z-K, Moghaddam R S, Lai M L, et al. Bright light-emitting diodes based on organometal halide perovskite [J]. Nature Nanotechnology, 2014, 9: 687-692.

[23] Cho H, Jeong S-H, Park M-H, et al. Overcoming the electroluminescence efficiency limitations of perovskite light-emitting diodes [J]. Science, 2015, 350: 1222.

[24] Cho H, Wolf C, Kim J S, et al. High-efficiency solution-processed inorganic metal halide perovskite light-emitting diodes [J]. Advanced Materials, 2017, 29: 1700579.

[25] Lee J-W, Choi Y J, Yang J-M, et al. In-situ formed type I nanocrystalline perovskite film for highly efficient light-emitting diode [J]. ACS Nano, 2017, 11: 3311-3319.

[26] Zhang L, Yang X, Jiang Q, et al. Ultra-bright and highly efficient inorganic based perovskite light-emitting diodes [J]. Nature Communications, 2017, 8: 15640.

[27] Xiao Z, Kerner R A, Zhao L, et al. Efficient perovskite light-emitting diodes featuring nanometre-sized crystallites [J]. Nature Photonics, 2017, 11: 108-115.

[28] Sadhanala A, Ahmad S, Zhao B, et al. Blue-green color tunable solution processable organolead chloride-bromide mixed halide perovskites for optoelectronic applications [J]. Nano Letters, 2015, 15: 6095-6101.

[29] Kim H P, Kim J, Kim B S, et al. High-efficiency, blue, green, and near-infrared light-emitting diodes based on triple cation perovskite [J]. Advanced Optical Materials, 2017, 5: 1600920.

[30] Li J, Bade S G R, Shan X, et al. Single-layer light-emitting diodes using organometal halide perovskite/poly (ethylene oxide) composite thin films [J]. Advanced Materials, 2015, 27: 5196-5202.

[31] Chen P, Xiong Z, Wu X, et al. Highly efficient perovskite light-emitting diodes incorporating full film coverage and bipolar charge injection [J]. The Journal of Physical Chemistry Letters, 2017, 8: 1810-1818.

[32] Quan L N, Quintero-Bermudez R, Voznyy O, et al. Highly emissive green perovskite nanocrystals in a solid state crystalline matrix [J]. Advanced Materials, 2017, 29: 1605945.

[33] Wang J, Wang N, Jin Y, et al. Interfacial control toward efficient and low-voltage perovskite light-emitting diodes [J]. Advanced Materials, 2015, 27: 2311-2316.

[34] Li J, Xu L, Wang T, et al. 50-fold EQE improvement up to 6.27% of solution-processed all-inorganic perovskite $CsPbBr_3$ QLEDs via surface ligand density control [J]. Advanced Materials, 2017, 29: 1603885.

[35] Zhao B, Bai S, Kim V, et al. High-efficiency perovskite-polymer bulk heterostructure light-emitting di-

odes [J]. Nature Photonics, 2018, 12: 783-789.

[36] Yantara N, Bhaumik S, Yan F, et al. Inorganic halide perovskites for efficient light-emitting diodes [J]. The Journal of Physical Chemistry Letters, 2015, 6: 4360-4364.

[37] Cao Y, Wang N, Tian H, et al. Perovskite light-emitting diodes based on spontaneously formed submicrometre-scale structures [J]. Nature, 2018, 562: 249-253.

[38] Lin K, Xing J, Quan L N, et al. Perovskite light-emitting diodes with external quantum efficiency exceeding 20 percent [J]. Nature, 2018, 562: 245-248.

[39] Vashishtha P, Halpert J E. Field-driven ion migration and color instability in red-emitting mixed halide perovskite nanocrystal light-emitting diodes [J]. Chemistry of Materials, 2017, 29: 5965-5973.

[40] Dai X, Zhang Z, Jin Y, et al. Solution-processed, high-performance light-emitting diodes based on quantum dots [J]. Nature, 2014, 515: 96-99.

[41] Song J, Li J, Li X, et al. Quantum dot light-emitting diodes based on inorganic perovskite cesium lead halides ($CsPbX_3$) [J]. Advanced Materials, 2015, 27: 7162-7167.

[42] Song J, Li J, Xu L, et al. Room-temperature triple-ligand surface engineering synergistically boosts ink stability, recombination dynamics, and charge injection toward EQE-11.6% perovskite QLEDs [J]. Advanced Materials, 2018, 30: 1800764.

[43] Li G, Rivarola F W R, Davis N J L K, et al. Highly efficient perovskite nanocrystal light-emitting diodes enabled by a universal crosslinking method [J]. Advanced Materials, 2016, 28: 3528-3534.

[44] Tan Y, Zou Y, Wu L, et al. Highly luminescent and stable perovskite nanocrystals with octylphosphonic acid as a ligand for efficient light-emitting Diodes [J]. ACS Applied Materials&Interfaces, 2018, 10: 3784-3792.

[45] Si J, Liu Y, He Z, et al. Efficient and high-color-purity light-emitting diodes based on in situ grown films of $CsPbX_3$ (X=Br, I) nanoplates with controlled thicknesses [J]. ACS Nano, 2017, 11: 11100-11107.

[46] Tian Y, Zhou C, Worku M, et al. highly efficient spectrally stable red perovskite light-emitting diodes [J]. Advanced Materials, 2018, 30: 1707093.

[47] Shi Z, Li S, Li Y, et al. Strategy of solution-processed all-Inorganic heterostructure for humidity/temperature-stable perovskite quantum dot light-emitting diodes [J]. ACS Nano, 2018, 12: 1462-1472.

[48] Wang Z, Luo Z, Zhao C, et al. Efficient and stable pure green all-inorganic perovskite $CsPbBr_3$ light-emitting diodes with a solution-processed NiO_x interlayer [J]. The Journal of Physical Chemistry C, 2017, 121: 28132-28138.

[49] Yu J C, Kim D B, Jung E D, et al. High-performance perovskite light-emitting diodes via morphological control of perovskite films [J]. Nanoscale, 2016, 8: 7036-7042.

[50] Zou Y, Ban M, Yang Y, et al. Boosting perovskite light-emitting diode performance via tailoring interfacial contact [J]. ACS Applied Materials & Interfaces, 2018, 10: 24320-24326.

[51] Yuan Y, Tang A W. Progress on the controllable synthesis of all-inorganic halideperovskite nanocrystals and their optoelectronic applications [J]. Journal of Semiconductors. 2020, 41: 011201.

[52] Tsai H, Nie W, Blancon J-C, et al. High-efficiency two-dimensional ruddlesden-popper perovskite solar cells [J]. Nature, 2016, 536: 312-316.

[53] Zhang X, Sun C, Zhang Y, et al. Bright perovskite nanocrystal films for efficient light-emitting devices [J]. The Journal of Physical Chemistry Letters, 2016, 7: 4602-4610.

[54] Zhao L, Gao J, Lin Y L, et al. Electrical stress influences the efficiency of $CH_3NH_3PbI_3$ perovskite light emitting devices [J]. Advanced Materials, 2017, 29: 1605317.

[55] Bohn B J, Tong Y, Gramlich M, et al. boosting tunable blue luminescence of halide perovskite nanoplatelets through postsynthetic surface trap repair [J]. Nano Letters, 2018, 18: 5231-5238.

[56] 王志斌，朱晓东，贾浩然，等．蓝光钙钛矿发光二极管：从材料制备到器件优化 [J]．发光学报，2020，41 (8)：879-898.

[57] 曾海波，董宇辉．钙钛矿量子点：机遇与挑战 [J]．发光学报，2020，41 (8)：940-944.